博士论丛

基于整体观的当代岭南建筑气候适应性创作策略研究

Research on the Creation Strategy for Contemporary Lingnan Architectural Climate Adaptability based on the Holistic View

麦华 著

中国建筑工业出版社

图书在版编目（CIP）数据

基于整体观的当代岭南建筑气候适应性创作策略研究 / 麦华著. — 北京：中国建筑工业出版社，2018.8
（博士论丛）
ISBN 978-7-112-22385-5

Ⅰ.①基…　Ⅱ.①麦…　Ⅲ.①建筑 — 研究 — 广东
Ⅳ.①TU-862

中国版本图书馆CIP数据核字（2018）第137681号

本书主要以系统论的整体观核心思想为指导，把建筑气候适应性问题与建筑创作相结合，试图初步构建当代岭南建筑气候适应性创作策略理论，寻求能够整体解决问题的设计策略，探索一条在全面兼顾多种因素的基础上、侧重从气候的技术性问题切入的、凸显岭南建筑地域特色的理性创作之路，为当代地域性建筑创作研究添砖加瓦。

本书可供广大建筑师、建筑技术工作者、高等院校建筑学专业师生学习参考。

责任编辑：吴宇江　李珈莹
责任校对：张　颖

博士论丛
基于整体观的当代岭南建筑气候适应性创作策略研究
麦华　著
*
中国建筑工业出版社出版、发行（北京海淀三里河路9号）
各地新华书店、建筑书店经销
北京点击世代文化传媒有限公司制版
大厂回族自治县正兴印务有限公司印刷
*
开本：787×1092 毫米　1/16　印张：15¾　字数：286 千字
2018 年8月第一版　2018 年8月第一次印刷
定价：**55.00**元
ISBN 978-7-112-22385-5
（32246）

序

“岭南”是一个地理名词，“岭南建筑”通常指根植于“岭南”这一特定地域环境中的具有独特地域特色的建筑。建筑是地区的产物，世界上没有抽象的建筑，只有具体的、地区的建筑。优秀的建筑总是扎根于具体的环境之中，与所在地区的地理气候、具体的地形地貌和城市环境相适应，与当地的社会、经济、人文等因素相融合。从环境的角度，建筑的地域性首先受区域地理气候的影响，不同的纬度和地形形成不同气候环境，影响和制约建筑空间乃至建筑形式，这是铸造建筑的形象和风格的一个基本点。位于五岭之南的广东，日照时间长，高温、多雨、潮湿，四季树木常青，人们喜爱室外活动，崇尚自然，因而建筑处理注重通风、遮阳、隔热、防潮和园林绿化配置，逐渐形成轻巧通透、淡雅明快、朴实自然的岭南建筑风格。

回顾现代岭南建筑教育与实践的发展历程，可以发现有两个特质一直薪火相传：一个是坚持理性主义的价值观；另一个是关注特定的地域环境与建筑的关系。早在 1945 年，以夏昌世、龙庆忠、陈伯齐三位教授为代表的岭南建筑先驱就确立了岭南现代建筑的核心思想，坚持建筑创作中的技术理性和对现代性的追求，并强调对地域气候和地域文化的关注，探究经济、实用、美观和具有岭南地方特色的创作策略。岭南现代建筑先驱们将技术理性同岭南地区的具体环境气候相结合，关注建筑与环境气候的适应性、功能和技术上的合理性，摸索出了一条既不复古也不崇洋的研究和创作道路。20 世纪五六十年代，他们在华南开现代建筑创作风气之先，设计了一批具有现代主义精神的先锋作品；受此影响，在 20 世纪七八十年代，后继者们又创作出一批影响全国的优秀建筑作品，为中国建筑学界带来了清新的空气。这种重理性的、重地域的建筑创作理念与创作策略深刻影响了一代又一代岭南建筑学人。直至今天，岭南建筑师的优秀代表性作品依然坚持创作中的技术理性精神和对现代性的追求，强调建筑形式与当地气候环境的有机结合，这两个一脉相传的特质正是现代岭南建筑能够不断焕发光彩的本质原因。

建筑是时代的写照，是社会经济、科技、文化的综合反映。当今科学技术日新月异，哲学思想、文化观念、生态观念和审美观念日益多元，建筑学必然也随之向着多元化发展。用过去传统的、孤立的方法去理解建筑和建筑创作，已经很难满足今天时代的要求。新的设计观念、新的思维方式和技术手段使建筑创作进入了一个崭新的多元复合时代，建筑师需要用一种无论在空间上还是时间上都更加系统、更加整体的观念和策略，去适应当今时代的特点和要求。在多年的建筑创作实践中，我一直致力于建筑文化传承和创新的探索和研究，逐渐形成“两观三性”的建筑创作理论，即建筑要坚持“整体观”和“可持续发展观”，建筑创作要体现“地域性、文化性、时代性的和谐统一”，这是从事建筑创作的一个基本点。其中“整体观”强调建筑师要有一个整体的观念，要视建筑创作为一个系统工程，从整体中把握，在综合中创作。“可持续发展观”强调建筑在时间维度上的整体思维。建筑的地域性、文化性、时代性也是一个整体的概念。地域性是建筑赖以生存的根基，文化性是建筑的内涵和品味，时代性体现建筑的精神和发展，三者又是相辅相成、不可分割的。多年来，正是在这种系统、整体的理论指导下，我和我的团队以及学生们在教学研究和创作实践中都取得了不少的优秀成果。

气候适应性建筑创作是当代建筑学领域重要的前沿研究方向，也是现代岭南建筑理论研究与设计实践的一贯传统。作为一名长期在华南地区从事建筑设计实践的建筑师，麦华博士对当前岭南建筑创作特色缺失及气候设计片面化等现实问题进行了深入思考。他选取气候适应性作为切入点，与建筑创作相结合，运用系统、整体、动态的研究思路与方法，完成了《基于整体观的当代岭南建筑气候适应性创作策略研究》。在此研究中，他运用了系统理论与整体观思想，索古论今，中外并举，进行了有针对性的深入系统研究，回应了当前这个多元复合时代的新要求。同时，也自觉坚持建筑创作中的技术理性精神，强调建筑创作与地域环境气候的有机结合，传承与发扬了现代岭南建筑的两个基本特质。这一研究选题视角较为新颖，切中目前建筑节能和建筑创作分置研究的问题，初步构建了与建筑气候适应性相结合的理性创作策略，契合了当代绿色建筑发展的社会需求。其研究方法注重理论探讨与实践总结的有机结合，观点鲜明、结构清晰、资料翔实，在观念和方法两个层面取得了具有创新性的研究成果。该书的出版对当代建筑气候适应性设计具有理论的指导意义和实用价值。

何镜堂

2018 年 7 月于广州

目　录

第1章 绪论

1.1 研究缘起与背景——对三个“片面化”现象的思考

1.1.1 全球化和地域性背景下的当代岭南建筑

建筑根植于地域环境，地域性是建筑与生俱来的本质属性，并且一直伴随着建筑历史的整个过程。自从20世纪50年代现代主义建筑风行世界开始，关于建筑全球化和地域性问题的争论就从未停息过。全球化环境既推动了建筑技术的进步，也带来了建筑文化的趋同。早期的现代主义建筑以不加区别、千篇一律的抽象模式在全球传播，割断了建筑与地域自然文化的关联性，特别是在许多拥有悠久历史文化传统的国家和地区，这促使不同地区、不同文化背景下的建筑师们开始审慎地对待现代主义建筑的基本创作原则，并引发了对现代主义建筑的地域性探索高潮。①

21世纪以来，凭借信息化时代成熟互联网技术的便利，西方建筑新思维的传播变得更为深入、快速和广泛，建筑的全球化也愈加迅猛。与此同时，恰逢中国的城市化建设也在如火如荼的进行着，在西方强势文化传播影响下，很多中国城市建筑盲目照搬西方国家的建筑形式。在经历了十多年的建设大繁荣后，中国城市面貌日趋同质化，出现了“千城一面”的现象，城市和建筑大都缺乏地域特色，这个当前中国普遍存在的问题已不仅仅是建筑界的思考，同时也引起公众的关注和政府部门的重视。

一直以来，岭南建筑都追寻着一条地域性建筑探索创新之路，在20世纪50年代、60年代、80年代几创辉煌，在全国产生了广泛而深远的影响，但在20世纪90年代以后却进入了“缓慢发展期”②。近年来，为了传承和弘扬岭南文化，催生更多的具有岭南特色的建筑和规划，政府密集地发起了一系列的活动：2011年8月，广东省住房和城乡建设厅开展了第一届“岭南特色规划与建筑设计评优活动”，并在2013年12月又开展了第二届；2012年11月，广州市政府集合各级部门和建筑界举行了“弘扬岭南文化与发展绿色建筑动员大会”，提出了《广州市规划建设领域弘扬岭南文化与发展绿色建筑行动计划》，随后，又由广州市城乡建设委员会组织高校

① 卢峰．重庆地区建筑创作的地域性研究 [D]. 重庆：重庆大学，2004：8.

② 陆元鼎．岭南人文·性格·建筑 [M]. 北京：中国建筑工业出版社，2005.

和设计院编制、发布了《广州市岭南特色城市设计及建筑设计指南》。另外，在近年经济生活水平提高以后，出于对居住环境的关心和对精神文化归属感的追寻，媒体和公众也更加关注城市和建筑特色，“岭南建筑”成为一个网络热门词语。

在当下这个热切的现象背后，不难发现一个隐忧：大部分的媒体、公众、官员，甚至是建筑师对“岭南建筑”的理解是片面、表象或者模糊的。其中有的人拿岭南传统和近代建筑的形式符号代表岭南建筑，有的人用“轻巧、通透、淡雅”等带有主观理解色彩的词语定义岭南建筑；有的人干脆把近年来建成的所有城市标志性建筑都称为岭南建筑（图 1-1)。

图 1-1　以“岭南建筑”为主题在百度上搜索到的图片

（来源：作者根据网络图片整理）

在建筑学术界，对于“岭南建筑”的定义其实也一直处在探讨和争论当中，并未有一个统一的共识。唐孝祥教授将目前学术界比较典型的观点归纳为“地域论”“风格论”和“过程论”三种类型。这三种观点分别从地理概念、文化艺术风格和创作实践活动的角度出发界定“岭南建筑”。“地域论”认为岭南建筑就是建在岭南地区的建筑，“风格论”认为岭南建筑就是具有独特的岭南文化艺术风格的建筑，“过程论”认为岭南建筑就是在岭南地区开展的建筑创作实践活动。唐孝祥教授认为，这三种观点都具有一定的合理性，但也都存在片面性，都是分别从某个局部出发得出的定义，并不能全面概括“岭南建筑”的完整内涵。[①]

不管是公众还是建筑界，所有这些对“岭南建筑”特色的片面化、表象化，以及混乱、模糊的认识的存在，不但不利于营造富有地域特色的城市和建筑，反而会导致更大混乱和特色的消失。此外，所有的地域文化都不是固化的，而是一个动态的、不断发展变化的过程。今天，世界各地的不同文化特别是西方主流文化，借助于互联网与信息技术更加方便、更加迅速、更加深入地在全球交流传播，使得世界各地的地域文化受到更大的冲击和影响，各种地域文化已无可避免地发生变化甚至趋同，岭南文化当然也不例外。因此，单单从传统的地域文化特点出发研究建筑的地域性特色表达，显然已经无法真正满足或契合今日的全球化环境需要。影响建筑地域性的其他因素也应该受到重视，比如地域的自然环境因素，特别是相对固定不变的气候因素。

总之，在全球一体化大背景下的今天，极有必要对当代岭南建筑的地域性特色表达进行整体深入的解读与拓展，特别是要从建筑创作理论研究的角度，探索符合时代要求的当代岭南建筑设计策略与方法，用以指导建筑师的设计创作，并引导规划建设部门的管理工作。

1.1.2 环境危机和可持续发展背景下的建筑气候适应性

1973 年爆发世界能源危机后，人类开始反思建立在工业文明基础之上的行为模式，节约能源与保护环境成为人类对自身长远、持续发展的共识与行为准则。

建筑活动是人类改造自然最大的活动之一，现代技术的进步实现了对建筑空间环境的绝对控制，满足了日益提高的环境质量需求，但同时却是以消耗大量能源和各种自然资源为代价。据统计，现代人类建筑活动所消耗的能源、资源和排放的污染物已占到社会总量的五成左右（图 1-2）。

我国是人口大国，建筑需求量大，建筑业正处于鼎盛时期，建筑能耗非常巨大。据统计，目前我国既有建筑将近 400 亿 m^2，99% 为高耗能建筑。每年新建建筑面积高达 16 ~ 20 亿 m^2，超过所有发达国家年建成建筑面积的总和，新建建筑中 95% 以上也属于高耗能建筑，单位面积能耗是发达国家的 3 倍以上。因此，我国的建筑节能问题异常突出。[②]

传统的建筑模式是通过利用自然力量的方式应对地域气候，建筑师主要通过建筑形式、自然通风、遮阳等建筑设计手段以及各种保温防热措施，

---

① 唐孝祥，郭谦．岭南建筑的技术个性与创作哲理 [J]. 华南理工大学学报（社会科学版），2002（09）.

② 刘加平，谭良斌，何泉．建筑创作中的节能设计 [M]. 北京：中国建筑工业出版社，2009.

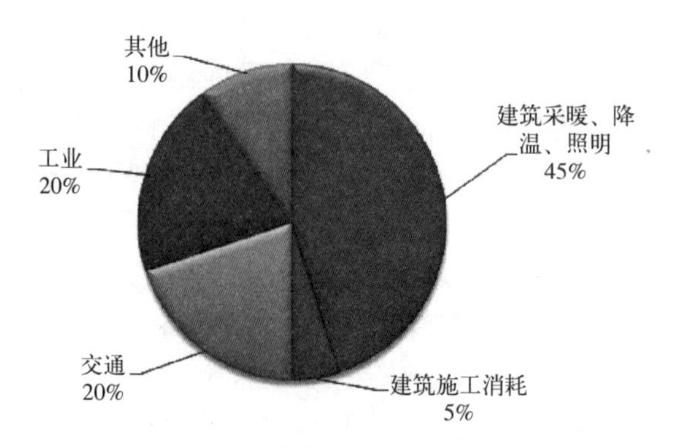

图 1-2　全球能源消耗比例

（来源：作者根据《建筑节能设计手册——气候与建筑》相关数据绘制）

充分利用自然潜能，营造适宜的建筑内部环境，解决建筑的冬季防寒和夏季降温问题。这种利用自然潜能应对气候的方式技术简单，在整个建筑使用过程中是低能耗甚至是零能耗的。但是，因为受到自然气候的制约，所营造的建筑内部环境的适宜性和稳定性不太理想。这种设计思维的运用一直持续到 20 世纪中叶，随着小型空调设备迅速发展而逐渐受到冷落。

20 世纪下半叶，在西方发达国家强势建筑文化的影响下，许多中国当代建筑都盲目照搬欧美国家的建筑形式，过于强调建筑的构造形式和艺术美，而较少考虑不同地区气候对建筑的影响。特别是在 20 世纪 90 年代建筑空调技术在我国普遍推广应用以后，建筑师大都把建筑气候问题完全交给暖通工程师去解决，而建筑师自己只醉心于创造“与资源、环境毫不相干的漂亮外衣”（图 1-3）。[①]

图 1-3　建筑的“时装之冬”与“时装之夏”

（来源：孙喆 . 谈全球化环境下的气候适应性建筑 [J]. 南方建筑，2004（03）.）

① 秦佑国，李保峰 .“生态”不是漂亮话 [J]. 新建筑，2003（02）.

20 世纪 90 年代中期以后，全球气候变化问题受到了高度重视，强调绿色低碳发展理念，实现社会、经济、技术和环境可持续发展的道路成为全球共识，并且在很多国家已上升到国家发展战略层面。那种建立在资源无限、环境容量无限理念之上的现代建筑设计理论和方法受到挑战，在建筑领域提出了"生态建筑""绿色建筑"理念，建筑节能的设计思想开始兴起。建筑被看作是整个生态环境系统的一个有机组成部分，必须降低建筑对环境的消极影响，并强调其在整个生命周期的节能效应。在我国，大力倡导建筑节能、推广绿色低碳建筑已经成为国家的重要发展战略和强制要求。建设绿色低碳社会对建筑的节能设计提出更高的要求，研究地域建筑的气候适应性成为建筑节能减排的重要课题。

然而，在面对建筑气候适应性问题的时候，由于已经形成了对技术设备的依赖性，建筑师仍然会采取片面化的"技术"手段，过分依靠所谓的节能低碳新技术来解决问题①。即使是很多节能、低碳技术，在生产、建造和使用过程中同样需要消耗能源和自然资源，所以，单纯通过堆砌先进技术来解决建筑气候适应性问题，不但不是保护环境、绿色节能的最佳选择，相反还会造成更大的能源和自然资源的浪费。另外，这种技术堆砌模式与单纯依靠空调设备模式相类似，都是把气候问题与建筑设计分离开来，很容易产生在整体上极不和谐、让人难以理解的"高科技怪物"的建筑作品（图 1-4）。

图 1-4　技术堆砌的"高科技"建筑方案缺乏地域特色

（来源：作者收集整理）

因此，建筑师迫切需要重新关注并全面思考在新时代背景下的建筑气候适应性问题。一方面，要克服片面以耗能的技术设备手段来解决建筑气候适应性问题的思路方法；另一方面，也要应时代发展要求，在研究、继承和发扬传统的建筑气候适应性设计思维的基础上，以创新方式发展富有

① 肖毅强 . 关于低碳时代建筑空间形态设计的思考 [J]. 南方建筑，2011（01）.

时代特色的策略和方法。只有通过多样化的建筑设计策略以及适宜的技术手段来共同应对气候问题，才能获得良好的建筑环境空间，并实现社会与环境的和谐可持续发展。

1.1.3 科技进步和建筑多元化背景下的建筑创作

多元化有着深刻的社会根源和思想根源，反映了人们对差异性和多样性的追求。20 世纪 70 年代，西方国家的科技发展与进步为多元化生产提供了更多的可能，从而促进了多元化思潮的产生，并同时影响到建筑界。进入 20 世纪 90 年代以后，借助于普及的互联网技术，西方多元化建筑思潮迅速影响全球。层出不穷、变幻不断的多元化建筑新思维、新风格以图像的方式在全球同步传播，让人眼花缭乱，对其他国家造成了巨大的冲击。特别在城市建设高速发展的中国，由于设计周期的紧迫，很多建筑师无视建筑设计的理性创作过程，仅凭对几张图片的肤浅理解而采取“拿来主义”，照搬照抄、大量快速复制国外新建筑的外观造型，建筑设计仿佛进入一种快餐式的读图仿效时代。

科学技术是一把双刃剑。现代空调技术让我们获得能够精确控制的舒适室内空间环境，而过分依赖却使建筑师丢掉了利用建筑设计要素应对气候的基本功力；现代材料、现代建造技术和计数机辅助设计让我们获得了创造建筑空间造型的极大自由，而运用过度却导致了许多徒有其表、纯造型、表皮化的非实用建筑；网络的出现让信息的流动变得更加方便快捷，扩展了建筑师的工作方式，但是，如果对海量易得的信息缺乏自身的独立思考，只能是胡搭乱拼，成为缺乏灵魂的效颦东施。

自 20 世纪 20 年代以来，岭南建筑都追寻着一条现代性与地域性相结合的理性探索创新之路，特别在 20 世纪 50 ~ 80 年代间几创辉煌，在全国产生了广泛而深远的影响。进入 20 世纪 90 年代以后，广东建筑由于经济的持续发展，又获得了机遇和挑战，建筑师充分发挥智慧和能力，营建了大批新建筑，部分作品质量达到了国内甚至国际先进水平，但是相对来说，新建筑在岭南特色发展方面却进入了“缓慢发展期”①。建筑师在大规模建设的高潮中，特别是市场经济的冲击下，面对多元缤纷的社会形态，显得力不从心，常常跟着市场导向走，比较被动，整个建筑界处于一个比较迷茫的、发展的过程②。

在经历了 20 多年的建设大繁荣后，岭南建筑在建造水平上得到极大的提高，建筑外观也呈现出丰富多彩的局面，但从整体上来说，大都缺乏

---

① 陆元鼎 . 岭南人文 · 性格 · 建筑 [M]. 北京：中国建筑工业出版社，2005：91-92.

② 何镜堂 . 建筑创作与建筑师素养 [J]. 建筑学报，2002（09）.

地域特色，从而导致“千城一面”现象的出现。笔者认为，导致当代岭南建筑地域特色相对缺失现象的主要原因在很大程度上是由于建筑创作的非理性倾向。归纳起来，这种非理性倾向主要表现在以下三个方面：形式表现的非理性、文化价值表现的非理性以及技术表现的非理性。

首先是形式表现的非理性现象。当代建造技术和材料技术的跨越式进步以及计算机辅助设计应用大大促进了建筑业的发展，让当代建筑师获得了创造建筑空间造型的极大自由，建筑外观也呈现出丰富多彩的局面。但非理性的片面过度运用这种创作自由，却导致了许多徒有其表、纯造型、表皮化的非实用建筑出现，或是东施效颦的“国际潮流”建筑，甚至出现了许多令人莫名其妙、啼笑皆非的“奇奇怪怪”的建筑。这类建筑几乎无视建筑的功能属性以及对所在环境的呼应，使建筑创作落入了形式主义的窠臼中。

其次是文化价值表现的非理性现象。一方面，盲目崇尚移植西方文化价值观。变幻不断的西方文化思潮借助互联网以图像方式在全球同步传播，让人眼花缭乱，对高速发展的中国造成了巨大的冲击。很多建筑师无视建筑设计的理性创作过程，仅凭对几张图片的肤浅理解而采取“拿来主义”，照搬照抄、快速复制国外新建筑，导致地域特色丧失。另一方面，建筑师对岭南传统地域文化缺乏深入发掘与解读，忽视地域文化的动态发展性，仅以片面、表象或者模糊的理解，通过简单表面化的拼贴岭南传统和近代建筑形式符号来表现岭南文化，成为一种为了提高商业利润的伪地域文化概念营销手段。

最后是技术表现的非理性现象。一方面，在创作中过于关注建筑理念、空间意匠，仅以文化价值或审美价值去解读与品评建筑，缺乏对建筑技术层面的研究，表现出明显的技术惰性。另一方面，盲目引进、移植不合本地域且代价高昂的高新技术，忽视地域自身条件，造成能源消耗过多及环境负荷增加，不利于传统建筑技术的继承与发展。更为严重的是地域建筑创作中价值理性与工具理性的背离，出现了以激进意识形态上的创新为目的的技术非理性现象[①]。

以上地域建筑创作的非理性的“片面化”现象不仅出现在岭南地区，在整个当代中国都具有普遍性。建筑是艺术和技术的产物，其本质就是人类适应环境的肉体及精神的庇护所。今天，发达的科学技术让我们的建筑创作获得了前所未有的艺术自由度，但是建筑毕竟不同于纯艺术，滥用这种自由会使建筑成为只可观看的雕塑作品。建筑设计创作是一个富于逻辑性的理性思维过程，建筑师必须深入思考适应地域的自然气候、文化观念

---

① 章明，张姿．当代中国建筑的文化价值认同分析（1978-2008）[J]. 时代建筑，2009（3）：18-23.

和技术材料等因素，以理性务实、以人为本的创作观与方法论，紧紧围绕建筑的本质功能属性，在整体上体现出高度的逻辑合理性，在丰富多彩的外观形式内蕴含相应的核心价值，使建筑散发出一种由里而外的气质之美，这样的建筑才能称之为一个完整优秀的当代地域建筑。拨开建筑历史上千变万化的风格特征表象，这种理性主义的创作思维方式一直贯穿始终，可谓是建筑设计创作的永恒之道。

1.2 研究对象与界定

1.2.1 整体观思维的引入

由上文可知，在当代背景下，岭南建筑三个相关问题都存在着"片面化""孤立化"和"非理性化"现象：一是在全球一体化和地域性博弈背景下当代岭南建筑特色相对缺失现象；二是在环境危机和提倡可持续发展理念背景下当代岭南建筑气候适应性设计策略的片面孤立化现象；三是在科技跨越式发展和建筑多元化背景下当代岭南建筑非理性创作现象。片面孤立的建筑气候适应性设计策略完全依赖空调设备解决气候问题，漠视岭南自然气候特征对建筑的基本要求；非理性建筑创作策略盲目照搬照抄西方现代建筑的文化、美学符号与建筑形式，漠视岭南地域自然与文化特征对建筑的基本要求；因此，两者都导致了当代岭南建筑特色的相对缺失。另一方面，固化的、片面地把传统岭南建筑气候适应性设计策略直接应用于当代建筑，或者把传统岭南建筑特征符号直接应用于当代建筑创作，两者都无法完全满足当代建筑已经发展变化的新需要，转而又回到依赖设备和照搬西方的老路，这同样导致了当代岭南建筑特色的相对缺失。

笔者认为，以上三个问题产生的主要原因都是由于片面、孤立化的思维与策略方法。建筑是一个在特定的社会背景下，综合了自然环境、社会文化、经济技术等多方面因素的复杂的人工物质系统。因此，对建筑设计的研究需要以系统的思维及相应的科学方法，从整体性和动态演化的角度进行分析研究。无论是岭南建筑气候适应性问题还是建筑创作问题，各自独立的对待处理都会导致片面、孤立化的结果，都需要以系统的思维进行整体分析与设计处理。因此，有必要引入系统理论的整体观思维，把气候适应性策略问题与建筑创作相结合，探索一条在全面兼顾多种因素的基础上、侧重从气候的技术性问题切入的、重塑岭南建筑地域特色的理性创作之路。

系统思想源远流长。作为一门现代科学的系统论，是由美国理论生物学家 L.V. 贝塔朗菲（L.Von.Bertalanffy）创立的。"系统"概念通常被定义为：由若干要素以一定结构形式联结构成的具有某种功能的有机整体。系统概念可以从三个方面理解：系统由若干要素（部分）组成；系统具有一定的结构；系统具有一定的功能性。整体性是系统最基本的特性，系统论的核心思想是系统的整体观念，即系统必须作为一个有机整体发挥其特有的功能，这种功能是各组成要素（部分）在孤立状态时所没有的。①

系统论的出现，使人类的思维方式发生了深刻的变化。以往研究问题一般是运用由笛卡尔奠定理论基础的分析方法，即把事物分解成若干部分，再以部分的性质去说明复杂事物。这种方法着眼于局部或要素，遵循的是单项因果决定论，因而不能反映事物之间的联系和相互作用，不能如实说明事物的整体性。它只适合认识较为简单的事物，而不能胜任对复杂问题的研究，在现代科学高度整体化和综合化的发展趋势下，在人类面临许多规模巨大、关系复杂、参数众多的复杂问题面前，就显得无能为力了。而系统方法却能为现代复杂问题提供有效的新思路和新方法，从而促进现代科学的发展。

系统论反映了现代科学发展的趋势，反映了现代社会化大生产的特点，反映了现代社会生活的复杂性，所以它的理论和方法能够得到广泛的应用。建筑作为一个复杂的人工物质系统，具有系统的各项特征。建筑的设计、建造与发展是一项系统工程，它是在特定的社会背景下，综合了自然环境、社会文化、经济技术等多方面因素的复杂系统。建筑系统既作为独立系统存在，同时也属于更大范围的地球环境的子系统。因此，在建筑创作设计研究及实践过程中需要系统论的整体思维及相应的科学方法，需要从综合性、复杂性和动态演化的多方位、多角度对其进行研究。在系统论的整体观思想基础上，把当代岭南建筑气候适应性策略问题与建筑创作相结合进行整体综合研究，有利于摆脱片面化的设计策略，从而真正表现出当代岭南建筑的地域特色。

1.2.2 当代岭南建筑

1.“岭南建筑”定义

在自然地理上，岭南是指五岭以南的地区，五座大山将岭南地区与中原分割开来，形成了独特的岭南自然人文特色。对于建筑界来说，陆元鼎教授的观点比较具有代表性，他认为岭南从地域上来说有广义和狭义两种解释：广义上的岭南包括了五岭以南的地区，狭义上的岭南则主要是指广东省，甚至可以缩小到珠江三角洲地区。以前并没有“岭南建筑”的提法，1949 年中华人民共和国成立之初，建筑界只有“广东建筑”的称呼。1960 年广东建筑界在广东省建筑学会的组织下展开了创造建筑新风格的大讨

① 杨鸿智．系统论的综合介绍．新浪博客，http：//blog.sina.com.cn/s/blog_43b0f4b301018mfb.html

论，一致认为广东建筑在岭南地区，就要有岭南风格、岭南特色。同时也把岭南建筑范围作了更具体的解释，认为从实践上来看，岭南地区范围可以更确切地集中到最中心地带，即讲广府话的珠江三角洲地区。[①]

"岭南建筑"作为一个特指名词，最早是由华南工学院建筑系的夏昌世教授在1957年正式提出的，当时夏昌世教授在《建筑学报》上发表了一篇论文，题目为《亚热带建筑的降温问题——遮阳·隔热·通风》，文章中首次用到了"岭南建筑"这个名词，并指出岭南建筑应该满足遮阳、隔热、通风的要求。此后，"岭南建筑"逐渐成为广东现代新建筑的代名词，知名于全国建筑界。[②]

2. 本研究对"岭南建筑"在地理范围上的限定

从地理范围上看，无论是广义上还是狭义上，岭南建筑的范围都很广。出于研究方便，本书主要以珠江三角洲核心地区，特别是广州地区的建筑作为研究对象，原因有三：一是广州从古至今一直是岭南政治、经济、文化中心，外部的影响和交流也首先从广州开始，再向岭南其他地区扩散，广州地区各个时期各种类型的建筑也最为全面，从某种意义上，广州建筑可以说是岭南建筑的代表；二是广州建筑有着丰富而连贯的史料记载，特别是近代以来，无论是政府城建机构档案还是建筑教育机构的相关研究都非常翔实，可以为本书提供充实可信、连续可比对的研究资料；三是广州地处珠江三角洲平原中心地区，地形相对单一，可以减少复杂地形地貌对气候适应性研究的影响，更有利于发掘气候适应性本身的规律。

3. 本研究对"当代岭南建筑"在时间范围上的限定

从时间范围上看，岭南历史文化悠久，广州的建城历史就有2400多年。很多相关研究一般把岭南建筑分为传统建筑（或称古建筑）、近代建筑和现代建筑三个时期。本书主要研究对象是当代岭南建筑，时间范围主要集中在改革开放以来的30多年。在这一时期内，全球一体化深入发展，信息技术得到了普遍应用，世界多元文化与技术更加快速深入地相互交流与融合，使当代岭南无论在自然环境、社会文化、经济技术以及人们的观念方面都发生了剧烈的变化，当代岭南建筑设计问题也同时发生了剧变，与过去相比变得更加复杂，因此，需要从动态演化的角度重点审视分析。

建筑的气候适应性与生俱来，由于同一地区气候的相对恒定性，所以从古至今需要解决的问题也是相对不变的，但在不同时期随着文化的渐变加上技术的发展，解决的策略和方法也会随之转变，因此，得到了丰富多彩的建筑形式。为了相对完整的发掘岭南建筑气候适应性的规律，本书同

---

① 陆元鼎．岭南人文·性格·建筑[M]．北京：中国建筑工业出版社，2005：3.

② 唐孝祥，郭谦．岭南建筑的技术个性与创作哲理[J]．华南理工大学学报（社会科学版），2002（09）.

时也对原始、传统和现代三个时期的岭南建筑气候适应性策略发展过程进行了比较全面的对比分析研究，以便能够相对客观地总结出岭南建筑气候适应性的整体性特征与发展规律。

1.2.3 气候适应性创作策略

1. 建筑气候适应性

“适应性”概念源于生物学，原指生物为了生存与发展繁衍，对大自然环境采取的积极共生策略和能力。引用到建筑学领域，建筑气候适应性是指建筑适应自然气候环境的策略或能力，目的是为建筑内部的人们提供安全与舒适的室内环境。

英国建筑师拉夫·厄斯金曾说:“如果没有气候问题，人类就不需要建筑了”。人类是恒温生物，体温的恒定是人类生存与繁衍的基本保障。面对地球上不同地域及不同季节变化多端的自然气候环境，人类除了通过自身生理机能调节以及衣物调节等措施外,很大程度上都得依靠建筑这个“庇护所”来对抗恶劣气候环境，以保证自身的生存温度，并尽可能的使自己更加舒适。因此，建筑首先要能够应对当地的气候，遮风挡雨、御寒避暑始终是建筑最为基本、最为重要的性能之一，这是建筑产生的根源，也是建筑气候适应性的基本含义。

千百年来，人们主要通过利用建筑物自身的设计策略来应对气候，例如通过选址布局、平面朝向、空间组合、建筑用材、构造处理等方法，合理利用各种保温、防热以及自然通风等措施适应地区气候特点，以简洁巧妙、经济自然的方式应对当地的气候问题。直到20世纪中期，现代科技的发展进步使得完全依靠机器设备调节建筑室内环境气候变成可能，设备调节成为建筑气候适应性的另一种解决方式，建筑气候适应性的基本策略发生了里程碑式的巨大变革。

西方现代建筑气候设计理论将上述两种建筑应对气候的方式进行了明确的分类定义，把传统的通过建筑物自身的建筑学设计获得良好室内环境的设计方法称为“被动式设计”(Passive Design)，而相对应的利用机械设备系统和外部能源输入来控制环境状况的设计方法称为“主动式设计”。“主动式设计”要通过消耗大量的能源与自然资源来维持宜人的建筑环境，所以在20世纪70年代，世界能源危机爆发和可持续发展理念提出后，建筑师重新认识到传统气候设计思维的价值，被动式设计方法成为当代建筑节约能源的主要途径，也是生态建筑、绿色建筑理论实践的主要方面。

2. 建筑气候适应性创作策略

广义的建筑气候适应性不单单是解决人类安全与舒适度的问题，它还涉及气候与建筑的辩证关系，涉及建筑应对气候的思维方式的演变。地域自然气候环境长期影响着当地人们的生产与生活，逐渐沉淀出独特的地域文化，同时也影响着当地的建筑，造就了丰富多彩的地域建筑特色。

传统建筑的气候适应性主要通过建筑物自身的建筑学设计策略来应对气候，为适应气候所采取的策略与建筑的创造过程紧密结合。一方面，建筑气候适应性成为建筑创造过程的主要依据和动力；另一方面，由于建筑创造还受到诸如文化、技术、观念等因素的影响，与建筑的创造过程紧密结合的气候适应性策略也必然受到这些因素的影响和制约。因此，即使自然气候条件完全相同，但由于是文化等因素有差异的两个地区，或者相同区域的不同历史时期，在气候适应性方面都会表现出或大或小的差异性。适应气候成为建筑不断发展变化的主要内在动力之一，从而造就了世界上千姿百态的建筑风貌。

但是从 20 世纪中期起，当机器设备调节作为建筑气候适应性的另一种解决方式出现后，建筑可以完全依赖人工设备轻松解决气候问题，建筑气候适应性策略与建筑的设计创造过程的结合开始松动，甚至出现了完全的分离。建筑师可以把建筑气候问题完全交给暖通工程师，让他们通过设备去解决，而自己只醉心于完全脱离地域气候要求的建筑形式创作。这种对地域气候环境的漠视态度不但造成了建筑能耗的剧增，同时也使建筑创作失去了差异性的气候依据，造成建筑样式的千篇一律。

笔者认为，要走出这种困局，需要重新认清气候与建筑的辩证关系，借鉴传统建筑的思维方式，将建筑气候适应性问题与建筑创作重新紧密结合起来，采取一种将问题整体解决的设计策略，本书将其称之为“建筑气候适应性创作策略”。当然，由于社会的发展进步以及人们对生活素质的要求提高，这种气候适应性创作设计策略不能仅是对传统建筑“被动式”气候适应性设计策略的简单复制，还必须同时考虑时代发展的要求，结合以设备为手段的“主动式”气候适应性设计策略的特点，充分应用当代的技术能力，寻求一种能将问题“整体”解决的设计策略。

现代建筑气候适应性涉及许多量化计算与论证，需要非常复杂的专业知识，这是导致绝大部分建筑师惧怕建筑气候设计问题的主要原因。当代信息数字技术的发展应用让计算机承担了繁杂的建筑气候适应性的量化计算与论证工作，使得建筑师的工作大为减轻，从而可以专注于建筑气候适应性的策略运用，特别是在方案创作阶段的策略控制与运用变得愈加重要，这也是建筑师不可推卸的工作，而后续进一步的量化细化问题，则可以再借助计算机进行无限的计算验证和直观的比较优化，从而最终创作出新颖、多元并能精确满足气候适应性要求的建筑作品。

所以，本书的研究重点不是建筑气候问题的量化分析，而是紧密结合当代岭南建筑创作过程中的气候适应性基本机制和策略方法运用。通过运用现代建筑气候设计原理，充分考虑影响当代建筑创作的相关因素及其发展趋势，并结合当代岭南建筑设计实例进行深入解读分析，力求总结出较为全面的当代岭南建筑气候适应性创作策略方法，用以指导执业建筑师的创作实践。

1.3 研究目的与意义

1.3.1 研究目的

通过研究岭南建筑气候适应性创作策略，使建筑师在建筑创作中重新关注气候问题，继承和发扬传统的建筑气候适应性设计思维，以创新方式探索绿色节能并反映岭南地域特征的理性建筑创作方法，用以指导建筑师的设计创作，并引导规划建设部门的管理工作，建设富有新时代岭南特色的建筑和城市。需要说明的是，本书研究的侧重点为当代岭南建筑创作过程中的气候适应性策略，主要理由是：

一方面，建筑气候适应性的关键问题是建筑与气候之间的作用机制，在相同的气候特征条件下，不同的时代、不同的文化、不同的技术都会产生不同的解决方法和不同的建筑形式。纵观各个时期的岭南建筑，其外观特征也是在不断变化的。所以，本书的重点不是关于岭南建筑具体风格和形式特征的研究，而是侧重于建筑气候适应性在建筑创作中的策略方法研究。

另一方面，建筑气候学是一门复杂的学科，笔者作为一名建筑师，由于知识水平所限，无力进行建筑气候适应性的量化计算与论证研究，相信这也是绝大部分建筑师惧怕建筑气候设计问题的主要原因。笔者认为，建筑创作是一个由理念到空间形式的理性思维过程，建筑师掌握建筑气候设计的基本原理和策略方法，并在最初的方案阶段用以指导设计是最为关键的一步。而在后续的深化设计中，则可借助于其他技术专业工程师的协助或计算机辅助模拟技术进行进一步的深化和调整修正。

1.3.2 研究意义

本研究的现实必要性与研究意义主要体现在以下三个方面。

1. 在国家大力倡导建筑节能、推广绿色低碳建筑的大背景下，研究地域建筑的气候适应性是建筑节能减排的重要课题。以建筑学设计策略手段适应气候是建筑节约能源的有效途径之一，是其他建筑节能技术的有益补充。研究、继承和发扬传统的建筑气候适应性设计思维，以创新方式发展符合时代要求的策略和方法，对探索建筑节能方法具有重要的现实意义。

2. 岭南建筑的气候适应性是岭南建筑最主要的地域性特征体现，对当代岭南建筑的地域特性进行深入解读与拓展，可以指导建筑师的创作和引导建设管理工作，建设新时代富有岭南特色的建筑和城市。

3. 不同的创作方法会产生不同的设计作品，漫无目的而又无法可依的设计必然不能产生精品建筑。适应气候是建筑产生的根源和不断发展变化的主要动力。建筑气候适应性设计是一个富于科学、逻辑的过程，在这个建筑多元化的网络时代，重拾理性主义的创作思维，以适应气候为切入点发掘当代建筑创作过程中的内在规律，有助于提高建筑设计水平、丰富地域性建筑创作理论。

1.4 相关研究综述

1.4.1 国外相关研究

公元前一世纪，古罗马建筑家维特鲁威（Vitruvius）在其所著的《建筑十书》中，论述了气候与建筑朝向的关系，这可能是最早的关于建筑气候问题的理论文献。这种设计思维从古至今一直持续运用，人们在设计建造建筑的时候重点考虑当地自然气候特点，通过选址布局、平面朝向、空间组合、建筑用材、构造处理等方法，解决建筑的气候适应性问题。

直到20世纪中期，现代科技的发展进步使得完全依靠机器设备调节建筑室内环境气候变成可能，设备调节为解决建筑气候适应性问题提供另一种选择方式。但是，这种新方式要通过消耗大量的能源与自然资源来维持宜人的建筑环境，不符合环境保护与可持续发展理念的要求，同时也导致了建筑创作作品形式上的雷同，所以很多建筑师开始反思并重新认识到传统气候设计思维的价值。

1963年，美国学者维克多·奥尔基亚（Victor Olgyay）编著了《设计结合气候：建筑地方主义的生物气候研究》(Design with Climate）一书。首次提出了“生物气候设计方法”(Biocle-matic Design Method)，系统地给出了在建筑创作中定量分析建筑设计要素与室外气候、室内舒适环境关系的方法。从建筑设计角度讲，奥尔基亚的建筑气候学方法全面综合地考虑了包括方案设计阶段所有气候因素对它的影响和随之带来的热舒适问题。①

1969年，埃及的哈桑·法塞在《为穷人设计建筑——埃及乡村地区实验》中提倡采用传统建筑方式，运用低技术与当地材料相结合的方法来建造乡村住宅，发掘当地传统的被动式适应地域气候的建筑形式特征。

1973年，柯尼希斯贝格尔（Koenigsberger）等在出版的《热带房屋手册》(Manual of Tropical Housing）一书中提出了适合热带气候的建筑设计与分

① 杨柳．建筑气候学[M]. 北京：中国建筑工业出版社，2010：5-6.

析方法。

1980年，印度的查尔斯·柯里亚在《形式服从气候》中提出了“形式追随气候”（form follows climate）的口号。他从印度炎热干旱的气候出发，利用地方材料，挖掘传统优势，巧妙地运用太阳能和气流原理，创造出“管式住宅”（tube house）和“露天空间”（open-to-sky-space）两种建筑范式，以低造价较好地解决了建筑通风防热问题，形成一种具有鲜明地域气候特色的现代建筑形式。①

1995年，马来西亚的杨经文在《设计结合自然——建筑设计的生态学基础》一书中提出气候地域主义创作理念。他针对热带湿热气候，提出设计应当与生态学相结合的观点，结合自己的设计实践总结出独特的热带高层建筑的生物气候学理论和方法，这些方法不仅达到了高层建筑节能的目的，而且给建筑外形带来了新的变化。②

2001年，美国的G·Z·布朗与马克·德凯在著作《太阳辐射·风·自然光：建筑设计策略》中，从建筑组团、建筑单体和建筑构件三个方面，系统讲解了利用太阳辐射、风和自然光在建筑设计中的被动式策略。这些策略在书中以表格方式系统列出，对建筑师在实际工作中的直接应用提供了极大的便利。

由吉沃尼所著的《建筑设计和城市设计中的气候因素》一书中，主要阐述了建筑气候学的相关研究与城市的气候特征，并结合不同气候区的特点，因地制宜地为建筑和住区设计提供建议，改善特定气候条件下的居住适宜性和节能等问题。

这些国外专家的相关理论研究有许多都是建筑气候设计领域的前沿之见，特别是许多理论研究都把气候适应性与建筑师的创作设计过程紧密结合，倡导以气候来丰富建筑创作设计的内涵，把建筑科学作为实现设计目标的理性动力之源，这些文献成果为本书提供了坚实的理论基础与有价值的理论参考。

1.4.2 国内相关研究

我国地理范围广阔，各地区气候差异很大，各地的传统建筑也因此表现出丰富的差异性和各具特色的气候适应性特征。我国学者一直非常重视建筑与气候关系的研究，除了研究一些共通性问题和具有普适性的建筑气候设计理论外，各个地区的学者还扎根本地区的独特气候条件，深入发掘研究本地区传统建筑的气候适应性特征与策略，并结合现代建筑应用分别

① 汪芳．查尔斯·柯里亚[M].北京：中国建筑工业出版社，2003：303-310.

② 林京．杨经文及其生物气候学在高层建筑中的运用[J].世界建筑，1996（04）：23-24.

提出了自己的相关理论。总的说来，与国外学者的研究相比，中国在建筑气候适应性设计理论方面的相关研究还处在探索阶段，研究主体主要局限在国内高校与科研机构的学者、研究人员及研究生，研究成果大都以著作和论文为主，从不同角度及不同地域气候出发分别进行相对系统化的气候设计理论研究及策略方法探索。

西安建筑科技大学杨柳教授的著作《建筑气候学》结合我国地域气候特点，较为系统的阐述了建筑气候学原理、气候分析方法、气候调节策略及其在建筑设计中的具体应用。不仅为建筑的可持续发展提供指导意义，同时也为建筑师的创作提供了新的源泉。

西安建筑科技大学刘加平教授在著作《建筑创作中的节能设计》中，以建筑设计的过程为主线，分别从总体布局、体型空间、围护结构构造等方面进行节能建筑设计的介绍，提出了新型夯土生态住宅，为建筑师的节能设计提供了实施策略。

清华大学宋晔皓教授在著作《结合自然整体设计——注重生态的建筑设计研究》《通过可再生资源利用技术提高建筑的可持续性》中，通过对生态建筑设计理论和实践的分析，提出了生物气候缓冲层、生态系统结构框架、整体生态建筑观等概念，对可持续建筑设计和构造、中国绿色建筑本土化的实践进行研究。

同济大学宋德萱教授在著作《节能建筑设计与技术》中，论述了建筑设计中从规划到单体和构造的被动式节能设计方法。

东南大学杨维菊教授在著作《夏热冬冷地区生态建筑与节能技术》中，论述了建筑节能的技术措施与可操作性，以及建筑节能材料的优选。

华中科技大学李保峰教授在著作《建筑表皮：夏热冬冷地区建筑表皮设计研究》中，从气候适应角度提出可变化表皮的意义，并运用足尺模型实验的方法对建筑表皮进行对比测试，得出适应夏热冬冷地区的“可变化表皮”的量化结论。

浙江工业大学刘抚英教授在著作《绿色建筑设计策略》中，从系统角度探索了绿色建筑设计策略，提出了绿色建筑系统设计方法。

台湾成功大学林宪德教授在著作《绿色建筑——生态、节能、减废、健康》《亚洲观点的绿色建筑》中，提出了亚洲观点的绿色建筑理论，通过对绿色建筑技术的本土化研究，提出理想的绿色建筑发展愿景。

东南大学陈晓扬在著作《建筑设计与自然通风》中，探讨了自然通风的基本规律和设计方法，利用被动式预热或预冷自然通风达到室内舒适，利用实际调研测试分析民居中冷巷的作用。

同济大学陈飞的博士学位论文《建筑与气候——夏热冬冷地区建筑风环境研究》，以夏热冬冷地区风环境研究为基点，研究气候因子之间的相互关系及对建筑生成发展所起的作用，探索气候影响建筑设计理念。

清华大学王鹏的博士学位论文《建筑结合气候——兼论气候的乡土性策略》，着眼于气候与乡土建筑的因果关系及建筑设计与气候因子之间的生态关系，论述了结合气候的建筑设计思想；同时通过分析徽州民居的气候指标，形成适应气候的乡土建筑理论。

重庆大学李强的硕士学位论文《结合湿热气候的建筑形体设计》，以建筑形体为研究对象，从适应湿热气候出发，总结了湿热气候的建筑形体设计的策略、原则和方法。

重庆大学左力的硕士学位论文《适应气候的建筑设计策略及方法研究》，以适应气候为切入点，探讨气候与建筑的相互关系，研究适应气候的建筑设计策略方法及其具体的应用实践。

重庆大学秦媛媛的硕士学位论文《数字技术辅助建筑气候适应性设计方法初探——以夏热冬冷地区为例》，以我国夏热冬冷地区气候特点和对建筑的要求为对象，探讨先进数字技术在设计早期阶段辅助建筑气候适应性设计的方法。

华中科技大学邱文航的硕士学位论文《夏热冬冷地区建筑西向气候适应性设计与建筑形态研究》，以我国长江中下游夏热冬冷地区西向建筑热环境设计为研究对象，探索如何在气候适应性设计与建筑形态设计之间取得和谐统一。

岭南建筑一直都非常重视对岭南气候的适应性。传统岭南建筑气候适应性方法以经验方式通过匠人的言传身教传承，到了近现代职业建筑师出现，特别是20世纪现代建筑设计教育机构的建立后，岭南建筑气候适应性的相关理论研究与探索才开始进行，主要限于高校的相关研究成果，包括教师的文章、论著和一些博士、硕士论文，从不同的时代、不同的建筑类型研究岭南建筑与岭南气候的关系及设计方法。

1957年，华南工学院建筑学系夏昌世教授在《建筑学报》上发表了《亚热带建筑的降温问题——遮阳·隔热·通风》一文，指出岭南建筑应满足遮阳、隔热、通风的要求，并以中山医学院生理病理教学楼设计为例，系统论述了南方炎热地区遮阳隔热的原理和实践方法，开启了现代岭南建筑气候适应性设计理论研究的先河。

1978年，华南工学院亚热带建筑研究室的研究成果《建设防热设计》一书提出了建筑“防热”概念。从隔热、通风、遮阳、绿化四个方面研究了建筑防热方法。

1997年，华南理工大学林其标教授在其《亚热带建筑》一书中，较为系统地表述了亚热带地区现代建筑的防热理论，提出现代建筑设计要“以自然通风为主，空调为辅”、建筑创作要“继承传统，重在创新”的观点。

华南理工大学陆元鼎教授在其著作《岭南人文·性格·建筑》中，对岭南传统民居建筑进行了深入研究，论述了岭南文化和自然特征对岭南建筑的影响。其中在气候影响内容里从通风、遮阳与隔热、建筑环境降温、防潮、防台风几个方面对岭南传统民居建筑的气候适应性设计方法进行了详细分析。

广州大学岭南建筑研究所汤国华教授在其著作《岭南湿热气候与传统建筑》中，对广州地区的传统和近代建筑进行了深入研究，特别是在建筑应对气候的做法上进行了许多实测分析验证，从防太阳热辐射、防长波辐射、结构隔热、通风散热、防雨和防潮几个方面，对广州地区的传统建筑实例进行细致分析总结，并阐述了传统经验在现代建筑中应用的意义和可能性。

华南理工大学曾志辉在其博士学位论文《广府传统民居通风方法及其现代建筑应用》中，系统研究了岭南广府地区传统民居在通风方面的气候适应性。从群体布局、建筑单体和建筑细部三个不同层面，对各种典型传统民居类型进行了实测与分析研究，总结归纳了广府传统民居的通风特点与优点。同时，在量化数据分析的支撑下，探讨了传统方法与技术的现代更新设计应用，为现代建筑提供一条有效改善通风技术的途径。

华南理工大学李飞的硕士学位论文《多孔金属表皮在湿热地区建筑中的适应性设计研究》，主要研究湿热地区建筑遮阳、通风需求和多孔金属表皮的气候适应性。通过实例调查研究和项目实践分析，探索多孔金属表皮在湿热地区的应用价值。

华南理工大学姚远的硕士论文《岭南办公建筑被动式设计策略研究》，着眼于岭南办公建筑的气候适应性问题，探讨适应岭南气候特征的办公建筑设计的规律。

华南理工大学向姝胤的硕士学位论文《既有建筑表皮绿色改造策略初探》，分析研究既有建筑表皮绿色改造的现状、分类和存在的问题，提出了一套具体的改造策略。

这些理论著作和研究成果为本书的研究打下了坚实的基础。但同时也可以看到，国内的相关理论主要集中于建筑气候设计理论和对绿色、节能建筑方面的系统研究，这些研究成果主要还是偏重于建筑热工性能等建筑技术方面的内容，而关于建筑师在创作过程中的具体气候适应性策略应用研究还是有所欠缺的，在实际工程实践中容易造成理论与实际的脱节。在岭南建筑气候适应性相关研究方面，已有研究的对象主要集中在岭南传统及近代建筑，对当代建筑的研究也大多局限于某一种建筑类型或者某个局部问题，而对于环境条件已经发生巨大变化的当代岭南建筑气候适应性设计问题，缺乏从整体角度全面系统的研究梳理，不利于归纳整理出符合时代要求的建筑气候适应性设计理论与策略，特别是可供广大执业建筑师在实际创作过程中方便使用的策略，而这正是本书的研究重点与研究目标。

1.5 研究方法与创新点

1.5.1 研究方法

建筑创作实践是一个从思维到空间形式的复杂过程，要完整把握这个过程不能仅仅停留在对建筑表面形态特征的研究，而是要通过探索其内在的影响因素，对其形态导出机制进行研究。本书主要从气候适应性的角度切入，从整体观的角度研究影响岭南建筑设计创作的策略方法，在研究过程中主要运用了以下方法：

1. 跨学科研究方法

建筑气候适应性研究涉及建筑学和气候学两个学科的知识内容。本书运用了一些建筑气候学的相关知识与基本原理，对岭南建筑气候适应性的基本要求以及策略发展进行整体全面的定性分析与深入对比研究，总结、归纳基于气候适应性并与建筑创作结合的设计策略和创作思维。

2. 分析综合研究方法

分析综合法是系统理论的主要研究方法，通过对复杂事物对象各个组成部分的全面深入剖析，在此基础上再进行理性的归纳与整合，从而得到相对完整的系统理论与方法。本书以系统论的整体观核心思想为指导，从岭南建筑气候适应性整体观以及建筑创作整体观的角度出发，把当代岭南建筑气候适应性问题与建筑创作问题进行详细剖析，并将两者紧密结合，找出其内在的影响因素和影响机制，探索当代岭南建筑气候适应性创作策略的理论与方法。

3. 案例分析研究方法

建筑学是一门应用学科，建筑工程实际案例是建筑理论研究的主要对象，也是检验理论实际应用效果的重要依据，因此，案例分析法是建筑学理论研究方法中最为常用且有效的方法之一。通过对具体案例表面现象的分析，可以找出蕴含其中的普遍规律。本书在岭南建筑气候适应性创作策略的分类研究中主要采用了案例分析的方法，通过对丰富多样的当代岭南建筑创作实例进行系统分类与梳理分析，可以总结得出当代岭南建筑气候适应性创作的主要策略方法及其整体应用原则。

1.5.2 研究创新点

本研究的主要内容是从系统、整体的角度研究建筑气候适应性与当代建筑设计创作之间的整体逻辑关系，包含了相对系统的设计策略梳理，目前这在岭南建筑设计理论方面还是相对空白的区域。在这一区域内，一方面相关的研究对象大都集中在岭南传统及近代建筑，少量对当代建筑的研究也大多局限于某种建筑类型或者某个局部问题；另一方面，相关的研究课题大都侧重于从建筑技术的角度，主要还是偏重于建筑气候适应性的量化理论研究。而通过大量复杂的公式、数据这些方式表达的理论知识，对于执业建筑师来说理解起来相对比较困难，对建筑创作基本思维的影响更加不可能。本书运用了系统论整体观核心思想和现代建筑气候适应性的基本原理，从建筑设计的综合性与整体性出发，对岭南建筑气候适应性设计进行整体系统的深入解读与分析，并与建筑创作过程紧密结合，分类归纳具体的设计策略，力求从建筑师创作实践的角度，总结出具有可操作性的当代岭南建筑气候适应性创作思维和策略方法。

本研究的创新性主要体现在以下三个方面。

1. 引入系统论整体观核心思想，审视和研究岭南建筑气候适应性问题，突破片面的、着重按照人体舒适度和安全性的纯技术性角度的研究思路，从综合性、复杂性和动态演化的角度对其进行研究，以尽量还原建筑气候适应性的整体含义，更好地应对当代愈加复杂的自然、社会与经济环境需求。

2. 通过对岭南气候特征、岭南建筑气候适应性的基本要求以及不同历史时期岭南建筑气候适应性策略发展的系统论述与深入对比分析，创造性地总结并提出了“岭南建筑气候适应性整体观”概念，具体分析了其应该整体考虑的相关影响因素。

3. 以“岭南建筑气候适应性整体观”为基点，在系统论整体观核心思想指导下，把建筑气候适应性与建筑创作相结合，从必要性、理论基础、实践经验、影响因素和策略构成等方面探索研究，初步构建了当代岭南建筑气候适应性创作策略理论及研究构架；并通过对大量创作实践案例的详细分析解读，分类梳理和归纳出较为系统的当代岭南建筑气候适应性创作策略，为建筑师的创作实践提供了可操作性较强的理性创作策略方法及其整体应用原则。

1.6 研究框架

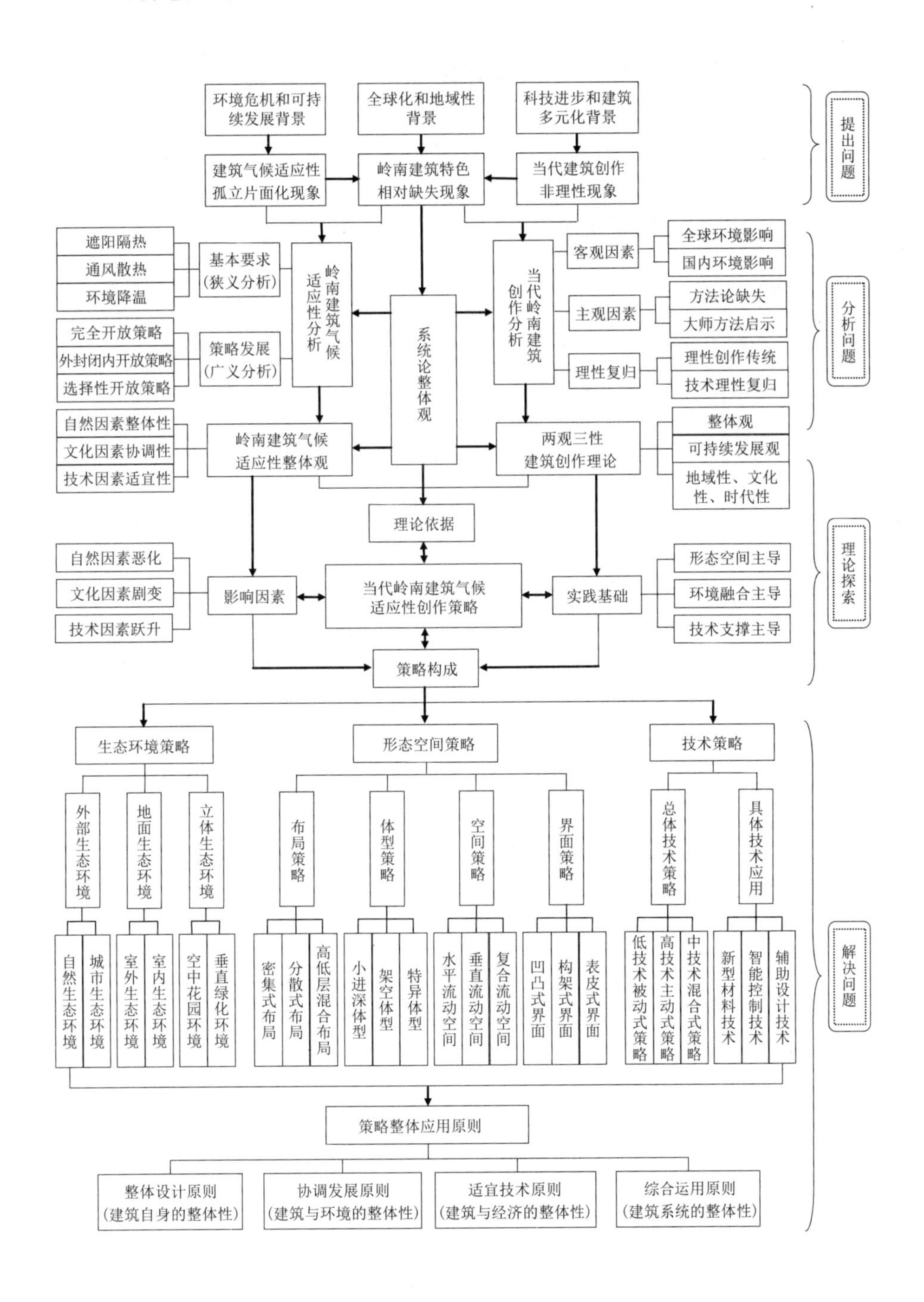

环境危机和可持续发展背景
全球化和地域性背景
科技进步和建筑多元化背景
建筑气候适应性孤立片面化现象
岭南建筑特色相对缺失现象
当代建筑创作非理性现象
提出问题
遮阳隔热
通风散热
环境降温
基本要求(狭义分析)
完全开放策略
外封闭内开放策略
选择性开放策略
策略发展(广义分析)
岭南建筑气候适应性分析
系统论整体观
当代岭南建筑创作分析
客观因素
全球环境影响
国内环境影响
主观因素
方法论缺失
大师方法启示
理性复归
理性创作传统
技术理性复归
分析问题
自然因素整体性
文化因素协调性
技术因素适宜性
岭南建筑气候适应性整体观
两观三性建筑创作理论
整体观
可持续发展观
地域性、文化性、时代性
理论依据
自然因素恶化
文化因素剧变
技术因素跃升
影响因素
当代岭南建筑气候适应性创作策略
实践基础
形态空间主导
环境融合主导
技术支撑主导
理论探索
策略构成
生态环境策略
形态空间策略
技术策略
外部生态环境
地面生态环境
立体生态环境
布局策略
体型策略
空间策略
界面策略
总体技术策略
具体技术应用
自然生态环境
城市生态环境
室外生态环境
室内生态环境
空中花园环境
垂直绿化环境
密集式布局
分散式布局
高低层混合布局
小进深体型
架空体型
特异体型
水平流动空间
垂直流动空间
复合流动空间
凹凸式界面
构架式界面
表皮式界面
低技术被动式策略
高技术主动式策略
中技术混合式策略
新型材料技术
智能控制技术
辅助设计技术
解决问题
策略整体应用原则
整体设计原则(建筑自身的整体性)
协调发展原则(建筑与环境的整体性)
适宜技术原则(建筑与经济的整体性)
综合运用原则(建筑系统的整体性)

第 2 章　岭南建筑气候适应性分析及其整体观刍议

2.1　建筑气候适应性解读

2.1.1　狭义解读

“适应性”概念源于生物学，原指生物为了生存与发展繁衍，对大自然环境采取的积极共生策略和能力。引用到建筑学领域，建筑气候适应性是指建筑适应自然气候环境的策略或能力，目的是为建筑内部的人们提供安全与舒适的室内环境。

地球上不同地区的气候差异性很大，极地、沙漠等许多地区由于终年气候恶劣而不适宜人类长期生存。即使是基本气候条件相对温和的地区，也会存在气候严酷的季节和威胁人类生命健康的短期极端恶劣天气。因此，人类必须寻找一个可以遮风挡雨、御寒避暑的安全庇护所。应对不同的气候条件，为人类生存提供安全和更加适宜的物质环境空间是建筑产生的根源，也是建筑不断发展变化的主要内在动力。从最原始的穴居、巢居到今天丰富多彩、舒适美观的现代建筑，虽然建筑在人类文明发展中肩负着功能、社会、美学等多种重要用途与角色，但遮挡风雨、御寒避暑却始终是所有建筑最基本的性能之一。

1. 人体舒适度要求

人类的体温是相对恒定的，正常的人体平均体温为 37℃左右。恒定的人体体温是维持体内正常新陈代谢的必要条件。人类的深层体温只有在 35 ~ 40℃左右、体表温度在 31 ~ 34℃才可以生存，人体感觉舒适的气候环境是气温在 21℃左右，波幅较小，同时还伴随有不太强的阳光，这是人类对自然气候的舒适要求[①]。然而，地球上任何一个气候区不可能每时每刻都提供如此适宜的自然环境，实际上人类在气候更加恶劣的地方也可以生存，这是因为人类运用了三种可行的调节保护机制：人体自身的热调节、衣物调节以及掩体（建筑物）调节。

1）人体自身调节：为了维持相对恒定的体温，人体的散热率必须和新陈代谢产热率相同。人体可以通过血管的收缩或扩张、打冷颤、排汗等多

① 杨柳 . 建筑气候学 [M]. 北京：中国建筑工业出版社，2010：23.

种调节方式来保护深层体温。

2）衣物调节：衣物调节主要是起到减少人体热量散失的保温作用。由于衣物提供了一个绝热层，从而减少了人体散热，衣服的热阻在 0 ~ 3.5clo 之间变化（1clo 相当于一套三件套的西装及棉质内衣的热阻），最重且实用的北极御寒衣可达到 3.5clo①。人类借助衣物大大增强了在低温环境的生存能力，从而极大地拓宽了我们的生活空间范围。

3）掩体（建筑物）调节：即通过掩体（建筑物）的外围护结构材料层包围一定空间体积，使之与外界隔离开来，形成相对独立的空间环境。外围护结构提供了一个热量控制层，可以减少外界热量的侵入或者减少内部热量的散失，从而对室内空间起到防热或保温的调节作用，形成更加适合人类生活的环境。单纯依靠外围护结构的调节作用是一种完全被动的调节方式，另外还可以通过消耗能量的采暖或降温设备等调节方式来提高对室内环境的控制。

通常情况下，通过人体自身热调节与增减衣物的综合作用，人类可以适应 6 ~ 33℃的自然环境温度；而通过掩体（建筑物）来抵御天气的变化，人类在自然环境温度高达 50℃或者低于 -50℃的地方也可以长期生存。因此，建筑极大的拓展了人类的生活空间，使人类获得相对舒适和稳定的气候环境。

2. 建筑气候调节方法

自然气候是随着地点和时间的不同而变化的，在大多数情况下，建筑室外的自然气候与建筑室内热舒适环境之间总是存在着或冷或热的差异，要缩小两者之间的差异，可以通过以下 3 个方法进行调节：

1）生态环境调节：可以结合一定的生态气候设计策略改善建筑外部小范围的微观气候状况。如通过把建筑修建在具有合理的地形地貌、植被或水体丰富的地点，可以改善恶劣宏观气候状况的影响。当地点无法改变时，也可以通过人工的建筑外部环境景观改造来达到相同的目的。

2）建筑被动调节：可以通过建筑本身形式的塑造、空间的组织与构造细部的处理等建筑手法来完成。建筑物本身是一个能量隔离控制系统，可以减少或促进建筑内部与外部的能量交换，从而降低外部不利气候条件的影响，改善建筑室内环境状况。

3）设备主动调节：当前两个方法仍无法获得舒适的建筑室内环境时，还可以通过环境设备来进一步调节，如传统建筑的火炉采暖、现代建筑的集中热水供暖、空调设备系统制冷等方法。现代的环境设备调节已经可以获得令人非常满意且精确恒定的建筑室内热舒适环境（图 2-1）。

---

① 阿尔温德·克里尚，等．建筑节能设计手册——气候与建筑 [M]. 刘加平，等译．北京：中国建筑工业出版社，2005：97-98.

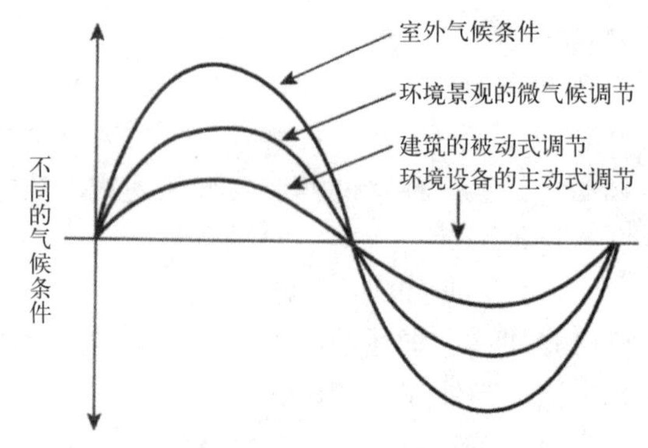

图 2-1　气候控制方式和室外气候的关系

（来源：杨柳．建筑气候学 [M]. 北京：中国建筑工业出版社，2010：31.）

无论是通过环境景观的微气候调节，还是通过建筑手法调节，两者都是以一种利用自然潜能的被动式策略来适应自然环境气候。而环境设备调节是以一种消耗能源的主动式策略来改造自然环境气候。两种策略的主要区别就在于设计理念和调节气候手段的不同。被动式策略强调以无能耗或低能耗手段去适应环境，其设计理念本质上是生态的、和谐的；主动式策略强调通过高耗能手段创造出新的热环境，因而其设计理念本质上是非生态的、不和谐的。当前，节约能源、保护环境、生态和谐的可持续发展观念已经成为全球人类的共识，所以建筑师在设计中更应大力提倡发掘利用生态节能手法，尽量运用被动式的气候设计策略。

3. 被动式建筑气候控制的基本策略

建筑物借助围护结构使其室内环境与外部环境隔开，从而创造出建筑内部空间的微气候。建筑室内微气候状况是建筑室内环境因素和室外气候要素之间相互作用的结果，同时受到室外气候变化和室内环境因素的影响。建筑室内外热环境的差异必然导致两者之间的热量交换，建筑围护结构成为室内和室外热量交换的媒介。通过合理的设计，建筑物可以成为一个室内、外热量交换的动态调节系统，从而获得舒适的室内微气候环境。

建筑室内和室外之间热量交换有三种基本方式：通过围护结构的传导方式、通过空气对流方式以及通过直接或间接辐射换热方式。被动式建筑气候控制策略就是积极运用这三种基本传热方式原理，对建筑形式、内部空间与细部构造进行合理设计，形成对建筑室内外热量交换的四个基本控制途径：引入室外热量；保持室内热量；隔绝室外热量；排出室内热量。这四个热量传递的控制途径和三种传热方式组合在一起，就构成了被动式建筑气候控制的基本策略。①

---

① 杨柳．建筑气候学 [M]. 北京：中国建筑工业出版社，2010：32.

2.1.2 广义解读

广义的建筑气候适应性不单单是解决人类安全与舒适度的问题，它还涉及气候与建筑的辩证关系，涉及建筑应对气候的思维方式的演变。

1. 气候与建筑的辩证关系

自从有了建筑，就有了气候与建筑之间的辩证关系。

一方面，建筑空间的创造首先需要考虑适应当地的气候，无论是原始简陋建筑，还是传统乡土建筑，抑或是当代的高科技生态建筑，都明显地受到自然气候的影响和制约。无论是传统的利用建筑物自身的建筑学设计方式来应对气候，还是20世纪后通过人工机器设备调节方式来解决气候问题，建筑始终受到自然气候的影响和制约，不同的自然气候沉淀出丰富独特的地域建筑文化，也造就了鲜明多彩的地域建筑特色。

另一方面，除了自然气候以外，建筑还受到诸如文化、技术、观念等因素的影响和制约，因此，即使自然气候条件完全相同，但文化等因素有差异的两个地区，或者虽然是相同区域但因为处在不同的历史时期，由于文化、技术、观念等因素不同，其建筑特征也会存在差异，在气候适应性策略方面也会表现出或大或小的差异性。这就是建筑文化特征对气候适应性策略的反影响作用。

所以，在研究建筑气候适应性问题时，要清醒的认识到气候与建筑之间的辩证关系，不能把建筑气候适应性简单的理解为仅仅是解决气候应对的技术性问题。

2. 建筑应对气候的思维演变

关于人与自然的关系，有两种基本哲学思想："自然主义"和"人类中心论"。自然主义以尊重自然、不造成对自然的损害为前提，是一种人与自然和谐共处的思想。人类中心论则认为人与自然是分离的，人高于自然，是大自然的主人，人的利益高于一切，是一种人和自然相互对立的二元论思想。这两种思想经过漫长的人类社会发展，已分化形成三种典型的观点："极端的自然论""极端的人类中心论"和"人与自然和谐共处论"[①]。在这些思想观点的基础上，建筑与环境的关系大体上也经历了三个阶段：从"天人合一"到"人定胜天"再到"尊重、保护自然环境"[②]。与此相对应，建筑应对气候的思维演变也经历了从"完全被动适应"到"完全主动控制"再到"被动适应与主动控制相结合"三个阶段。

1) 20世纪50年代以前，完全被动适应阶段：充分利用自然气候的潜能，通过建筑自身的设计与材料运用来适应自然环境气候条件，创造出相对适

① 蔡守秋．论"人与自然和谐共处"的思想[J]. 环境导报，1999（02）.

② 王路．人·建筑·自然[J]. 建筑学报，1998（05）：25.

宜的居住环境。这是在有限技术条件下的一种对气候的被动式适应策略。虽然它创造的环境空间不一定能令人感觉完全舒适，但却充分利用了自然气候的规律和取之不尽的能量，体现了人对自然力量的敬畏与融入，是人类经过千万年长期积累的宝贵智慧财富。

2）20 世纪 50 年代后，完全主动控制阶段：完全依赖机器设备精确调节室内气候、创造与自然隔离令人感觉极端舒适的人工环境空间。这是在高技术条件下的一种对气候的主动式干预策略，它完全以消耗大自然有限的不可再生资源为代价，体现了人对自然的凌驾和破坏，因此，具有不可持续发展性。

3）20 世纪 80 年代后，被动适应与主动控制相结合阶段：在建筑设计过程中对气候潜能进行灵活运用，并以积极的技术手段，充分利用可再生能源，选择适宜的气候调节措施，巧妙地与建筑布局、形式和局部构造有机结合，创造与自然融合的、适度舒适的环境空间。这是在高技术条件下的一种对气候的被动适应与适度干预相结合的策略，在尊重和保护环境、坚持可持续发展的前提下，追求人类生活空间的适度舒适性，体现了人与自然在更高层次的共生性。

2.2 岭南气候分析

2.2.1 岭南气候类型

地球上的气候多种多样、千变万化，任何两个地方的气候都不是完全相同的，同一个地方的气候每年的状况也有差异，但从整体上看气候的分布具有明显的规律性，可以根据不同的依据进行区域划分。全球的气候依据纬度、温度、湿度、太阳辐射、植物种类等情况可以进行不同的区划，常见的有以下几种划分方法。

古希腊学者根据纬度和温度把全球分为五个气候带：热带、北温带、南温带、北寒带、南寒带。五个气候带分别以南、北回归线和南、北极圈作为划分界线。

1931 年，桑斯威特根据温湿度情况把全球划分为寒冷、寒温、温和、亚热带及热带五个气候区。

德国物理学家柯本（W.P.Kppen）以地区温湿度为依据把全球划分为赤道潮湿性、干燥性、湿润性温和型、湿润性冷温型、极地五大类气候区。

英国学者斯欧克莱（B.V.Szokolay）从建筑角度出发，根据空气温度、湿度及太阳辐射状况将全球气候划分为湿热气候区、干热气候区、温和气候区及寒冷气候区四种区域。这种气候划分方法基本反映了各地区的建筑特征，是目前建筑领域应用最多的分区方法。[1]

目前我国建筑行业的气候区划主要有建筑气候区划和热工设计区划两种，在1993年国家建设部颁布的两个规范中做了明确规定：《建筑气候区划标准》GB 50178—93界定了不同地区建筑与气候的关系，按照不同地区的温度、湿度及降雨量指标将我国划分为7个一级气候区。同时，又根据地表状况、风速特征在一级气候区划基础上进一步划分为20个二级气候区。《民用建筑热工设计规范》GB 50176—93主要从建筑热工设计角度，针对建筑的保温与防热要求，将我国划分为严寒、寒冷、夏热冬冷、夏热冬暖、温和五个气候区。这两个规范从不同角度规定了中国建筑气候的分区状况，是我国建筑气候分类与设计的主要依据。

广义的岭南在自然地理上是指五岭以南的地区，包括广东、海南全省、福建南部、广西东南部等地区。按照桑斯威特的气候区划方法，岭南地区属于热带、亚热带气候区；按照柯本的气候区划方法，岭南地区属于湿润性温和型气候区，具有热带季风气候特征和亚热带湿润性气候特征；按英国学者斯欧克莱的气候划分方法，岭南地区属于湿热气候区；按照我国《建筑气候区划标准》GB 50178—93，岭南地区属于第IV建筑气候区；按照我国《民用建筑热工设计规范》GB 50176—93，岭南地区属于夏热冬暖气候区。

概括来说，岭南地区气候类型除了雷州半岛和海南岛属于热带海洋性气候外，其他大部分地区均属于亚热带海洋性季风气候类型，具有典型的湿热气候特征。

2.2.2 岭南气候要素

影响气候的主要要素包括太阳辐射、空气温度、空气湿度、风、降水等。不同地域的主要气候要素存在差异，从而形成了不同的地域气候特征。地球表面不同的地理位置造成不同地区的气候差异性，影响气候的主要地理位置因素有纬度位置、海陆位置、地形因素和洋流因素等。岭南独特的地理位置决定了其各气候要素的主要特点。

1. 太阳辐射

岭南地区地处亚热带地区，太阳辐射强烈，年平均日照时数较长，年日照时数达1900～2200小时，年日照百分率在40%以上，太阳辐射总量年均为4500～ 5500MJ/m^2。全年日照分布较不均衡，盛夏及秋季日照百分率较高，7～12月各月日照百分率均在50%以上。夏季日照持续时间长，太阳高度角大，成为引起建筑环境过热的主要热量来源。以广州为例，由于地处北回归线附近，夏至日太阳高度角达到87°，白昼长达14小时，光

---

① 杨柳.建筑气候学[M].北京：中国建筑工业出版社，2010：20.

照最强，天气酷热；冬至日太阳高度角达 43°，白昼也有 11 小时，热量也很充足。[①]

太阳辐射由直射辐射和散射辐射组成，两者的强度均受到天空云量和水气等因素的影响。岭南大部分地区的太阳直射辐射在 2 月份最少、7 月份最多。除了 10 月份至 1 月份天气相对晴朗以外，岭南地区全年大多数时间云量较多，空气中水汽含量很高，太阳散射辐射量比较突出，大部分情况下太阳散射辐射接近太阳总辐射。如在广州地区，全年的太阳散射辐射量大于全年的太阳直射辐射量，成为不可忽视的热辐射源[②]（图 2-2）。

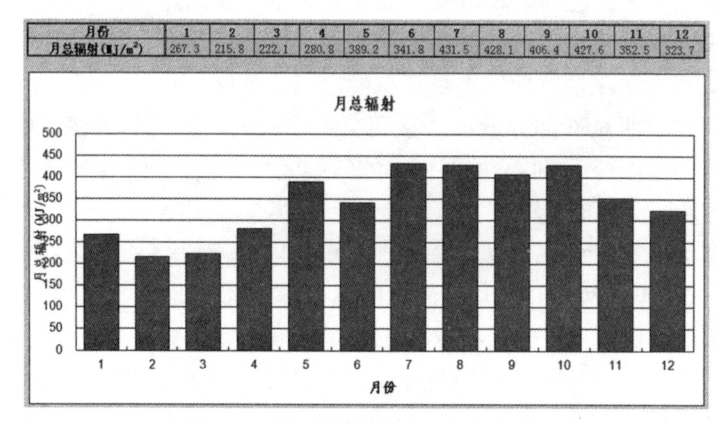

月份	1	2	3	4	5	6	7	8	9	10	11	12
月总辐射(MJ/m²)	267.3	215.8	222.1	280.8	389.2	341.8	431.5	428.1	406.4	427.6	352.5	323.7

图 2-2　广州地区的太阳辐射变化

（来源：中国气象局 . 中国建筑热环境分析专用气象数据集 [M]. 北京：中国建筑工业出版社，2005）

2. 空气温度

由于岭南地区的太阳高度角很大，地面对太阳辐射的反射率小，所以地面受太阳辐射强度大，得热较多，因此空气温度较高；再加上日照时数长，地面加热或冷却的速率较小，所以空气温度变化不明显；同时，由于降雨量较大、地表植被丰富，地表的蒸腾作用明显，再加上海洋季风的影响，所以空气的极端温度也不会太高。

1981 ~ 2010 年，广东省年平均气温为 21.8℃，最冷的 1 月平均气温为 13.4℃，最热的 7 月气温为 28.5℃。最高温度一般约为 38℃左右，最低温度一般约为 5℃左右，气温年较差为 11 ~ 19℃，气温日较差为 5 ~ 10℃[③]。以广州地区为例，年平均气温为 21.8℃，气温年较差为 15.1℃，气温日较差为 7.6℃。气温日较差在 4 月份最小，为 6.6℃；12 月份最大，为 9.2℃。夏季月平均气温达 28.4℃ ~ 28.7℃，月极端最高气温达 38.7℃；日最高气

① 林其标 . 亚热带建筑——气候 · 环境 · 建筑 [M]. 广州：广东科技出版社，1997：145-147.

② 汤国华 . 岭南湿热气候与传统建筑 [M]. 北京：中国建筑工业出版社，2005：16-17.

③ 广东省气象局官方网站 www.grmc.gov.cn

温大于30℃的有131.3天，大于35℃的仅有5.2天，比长江中下游地区的夏季还略微显得更凉爽。冬季日平均气温在10℃以上，温度不会过低，且时间较短，通常仅持续两个月左右[①]（图2-3）。

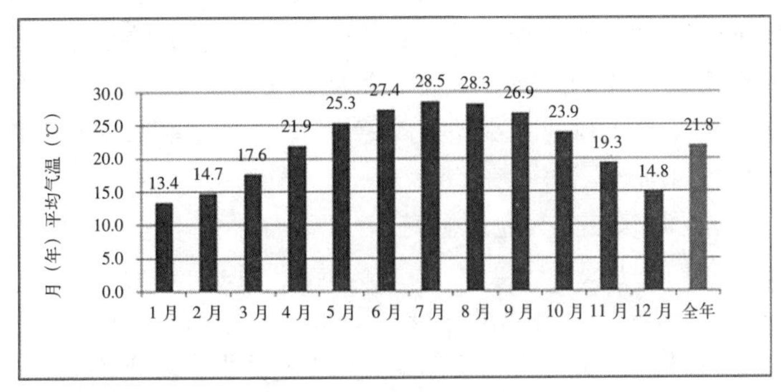

图2-3 广东省全省平均气温常年值（1981～2010年平均）

（来源：广东省气象局官方网站 www.grmc.gov.cn）

3. 空气湿度

由于降雨量大、河流水体较多、植被丰茂，太阳辐射强，地表的蒸腾作用非常明显，再加上海洋季风带来的潮湿气流影响，岭南地区的空气湿度常年处于很高的水平，年平均相对湿度80%左右。以广州为例，年平均相对湿度为79%，其中5～6月份最高，平均达到86%；11～12月份最低，平均达到68%。广州地区全年湿度偏高，持续时间较长，特别在炎热的夏季，相对湿度均超过80%，加上持续的高温，使人产生非常不舒适的"湿热"感[②]（图2-4）。

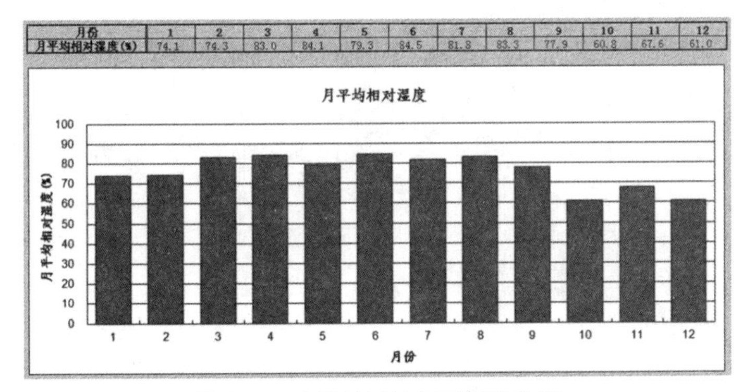

月份	1	2	3	4	5	6	7	8	9	10	11	12
月平均相对湿度(%)	74.1	74.3	83.0	84.1	79.3	84.5	81.8	83.3	77.9	60.8	67.6	61.0

图2-4 广州地区的相对湿度分析

（来源：中国气象局．中国建筑热环境分析专用气象数据集[M].北京：中国建筑工业出版社，2005）

---

① 林其标．亚热带建筑——气候·环境·建筑[M].广州：广东科技出版社，1997：145-147.

② 林其标．亚热带建筑——气候·环境·建筑[M].广州：广东科技出版社，1997：147.

4. 风

岭南地区的主导风主要受到亚热带季风性气候的影响，风向每年 9 月至次年 3 月以北风和偏北风居多；4 月至 7 月以东南风和东风为主；夏季受副热带高压和南海低压的影响，以偏南风为主。在山区和河网地区，由于受局部地表环境因素影响，风向会有所差异，但主导趋势是冬半年盛行北风和偏北风，风频 20% ~ 30%；夏半年盛行东南风和偏南风，风频 10% ~ 20%[①]。年平均风速大小与距离海洋远近有关，沿海地区和海岛年平均风速普遍比内陆大，一般在 2m/s 以上，局部达 5 ~ 7m/s，夏季经常受到来自南海的台风袭击；其他地区在 1 ~ 2m/s 之间。大部分地区冬、春季风速较大，夏季风速较小，全年多静风。如广州地区 1 ~ 2 月平均风速为 2.1 ~ 2.2m/s，7 ~ 8 月平均风速为 1.8 ~ 1.9m/s，全年静风频率接近 30%[②]。

1951 ~ 2010 年，登陆或严重影响广东省的热带气旋平均为 5.2 个 / 年。登陆广东省的台风个数有减少趋势，20 世纪 60 ~ 90 年代中期偏多，20 世纪 90 年代中期 ~ 2007 年偏少，2008 ~ 2013 年又进入偏多时段，但登陆台风的强度（中心平均风力等级）有增强的趋势。[③]

5. 降水

由于受北方大陆干冷气流和南方海洋湿暖气流的交替变化影响，岭南地区全年多雨，但无降雪天气，如遇强寒潮侵袭或极端气候，会偶有霜冻或冰雹发生。

广东大部分地区属于亚热带气候区，雨热同季，降水主要集中在 4 ~ 9 月。1981 ~ 2010 年，全省平均年降水量为 1789.3mm，最少为 1314.1mm，最多达 2254.1mm，12 月最少（32.0mm），6 月最多（313.5mm）。由于该省年降水量分布不均，且呈多中心分布，因此暴雨具有“时空分布不均，前汛期暴雨多”的特点[④]（图 2-5）。

以广州地区为例，平均年降雨量为 1694.1mm，年雨日约为 150 天，从降水的时间分配规律上看，夏半年（春分至秋分）降水量约占年降水量的 78.5% 左右，夏季（6 ~ 8 月）降水量占 53.35% 左右[⑤]。春季和夏初受北方冷气流影响，多阴雨天气。夏、秋季常有来自南海的台风袭击，多雷雨和大暴雨。4 ~ 9 月是雨季，5 ~ 6 月是降雨最集中、暴雨最多的时段，月降水量接近 300mm，暴雨日数 2.7 天，为全年暴雨日数（6.4 天）的 40% 以上[⑥]（表 2-1）。

---

① 林其标 . 亚热带建筑——气候 · 环境 · 建筑 [M]. 广州：广东科技出版社，1997.

② 汤国华 . 岭南湿热气候与传统建筑 [M]. 北京：中国建筑工业出版社，2005：96-97.

③ 广东省气象局官方网站 www.grmc.gov.cn

④ 广东省气象局官方网站 www.grmc.gov.cn

⑤ 孟庆林，蔡宁 . 关于城市气候资源研究 [J]. 城市环境与城市生态，1998，11（1）.

⑥ 林其标 . 亚热带建筑——气候 · 环境 · 建筑 [M]. 广州：广东科技出版社，1997：147.

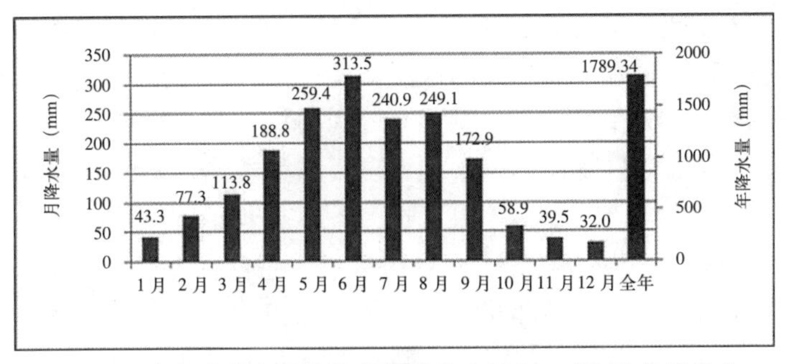

图 2-5　广东省全省平均降水常年值（1981 ~ 2010 年平均）

（来源：广东省气象局官方网站 www.grmc.gov.cn）

广州基本气候要素月、年常年值统计表　　　　**表2-1**

月份	1	2	3	4	5	6	7	8	9	10	11	12	全年
降水量（mm）	44.1	71.1	93.4	184.6	286.8	318.6	238.2	233.8	194.4	68.7	38.4	29.3	1801.4
平均气温（℃）	13.9	15.2	18.1	22.4	25.8	27.8	28.9	28.8	27.5	24.7	20.1	15.5	22.4
平均最高气温（℃）	18.7	19.2	21.8	26.0	29.8	31.7	33.2	33.2	31.8	29.3	25.1	20.8	26.7
平均最低气温（℃）	10.7	12.5	15.4	19.7	23.0	25.0	25.9	25.7	24.4	21.3	16.5	11.8	19.3
高温日数（天）	0.0	0.0	0.0	0.0	0.1	1.7	6.3	6.3	2.0	0.1	0.0	0.0	16.5
暴雨日数（天）	0.1	0.1	0.2	0.9	1.5	1.5	1.0	0.9	0.9	0.3	0.0	0.0	7.4
能见度<10km出现频率	37	43	51	53	38	31	20	28	26	25	27	32	34

（来源：广东省气象局官方网站 www.grmc.gov.cn）

2.2.3　岭南气候特征

综合前面的气候要素数据分析，可以归纳出岭南气候具有以下主要特征：

1. 太阳热辐射强烈，持续时间较长，全年日照分布不均衡。岭南地区相对于全国其他地区来说纬度最低，太阳高度角较大，太阳热辐射时间较长，辐射热量高、强度大。全年日照分布不均衡，夏、秋季较长，冬、春季较短。由于临近海洋，海拔高度低，天空在大多数情况下都不太透明，所以太阳散射辐射比较强烈。

2. 空气温度年变化和日变化均不太大，全年高温持续时间长。由于南岭山脉阻隔了北方大陆吹来的寒流，使岭南大部分地区冬季无霜雪，比其他亚热带地区暖和很多，冬季持续时间很短，甚至被称为“长夏无冬”。空气温度年变化和日变化均不太大，夏、秋季炎热，冬、春季暖和，气温年较差和日较差均比较小。冬短夏长、冬不甚寒而夏热较长是岭南地区最显著的气候特点。

3. 空气相对湿度全年都非常高，年变化和日变化均不太明显。由于岭南地区南临南海，地形由北向南逐渐降低，受南海海洋季风的影响，从东南沿海吹来湿暖气流常年控制本地区，造成区内全年多雨，空气湿度全年都非常高，年平均相对湿度 80% 左右，年变化和日变化均不太明显。

4. 风速适中，风向较为稳定，季节变化明显，静风频率较高。年平均风速约为 2m/s，冬季平均风速比夏季平均风速稍大，夏季常受台风影响；冬半年盛行北风和偏北风；夏半年盛行东南风和偏南风；全年静风频率接近 30% 左右，较高的静风频率使得高温、高湿的闷热天气更加凸显。

5. 降水量大，全年多雨，季节变化明显。年平均降水量 1500 ~ 2200mm，年雨日约为 150 天；春季和夏初多阴雨天气，夏、秋季常有来自南海的台风袭击，多雷雨和大暴雨；5 ~ 6 月降雨最集中，月降水量接近 300mm，日最大降水量可达 200mm。

总的来说，岭南气候具有典型的亚热带气候特点和湿热气候特征。另外，因为其北靠南岭、南临南海的特殊地理位置，所以又具有比较独特的气候特征，相比其他亚热带地区，湿热气候特点更加鲜明突出。其优点是冬季较为暖和而且短暂，夏季又常有大雨和台风带来降温，极端的低温和极端的高温天气都比其他亚热带地区要好；缺点是太阳辐射强烈，高温持续时间长，相对湿度也更大，全年湿热时间长达 7 个月左右，静风频率也比较高，如果高温、高湿和静风三者叠加在一起，就形成了岭南气候最不利的极端状况。

2.3 岭南建筑气候适应性基本要求

适应气候是建筑与生俱来的功能属性，建筑应对气候主要解决两个方面的问题：首先是解决居住于其中的人的安全性与舒适性问题，即建筑必须抵御或改善不良气候因素的影响，为人们提供适合生存且相对舒适的建筑室内空间环境；其次是要尽量避免极端恶劣气候及长期不利气候因素对建筑物带来的灾害性破坏，维持所营造的舒适性建筑空间环境的安全性和持久性。

从解决人的舒适性问题来看，长夏无冬、湿热时间长是岭南气候最主要的气候特点，全年长时间的强烈太阳热辐射、长时间的高温及高湿空气状况是岭南建筑必须面对的主要问题，这种气候特征对建筑物的冬季防寒保温要求不高，而主要要求建筑物必须充分解决漫长夏季的防热问题。由前文可知，被动式建筑气候控制的基本策略包含了四个基本的室内外热量交换控制途径，对应于岭南气候特点和岭南建筑的防热问题来说，应该是“拒绝室外热量传入室内”与“尽快排出室内热源热量”这两个控制途径，这里可以简称为岭南气候对建筑的“隔热”与“散热”要求。“隔热”是防止建筑室外热量侵入室内，“散热”是把已经进入室内的热量和室内本身产生的多余热量排出室外。此外，当建筑本身的“隔热”与“散热”措施仍然无法获得满意的建筑室内环境舒适度时，还可以通过运用一定的生态环境设计策略来降低建筑外部小范围的微气候气温，或者降低建筑物本身的温度，这里可以称之为岭南气候对建筑的“降温”要求。所以，从解决人的舒适性问题来看，岭南建筑必须满足“隔热”“散热”与“降温”三个基本防热要求。

从解决建筑空间环境的安全性和持久性的问题来看，由于岭南地区南临南海，夏、秋季受副热带高压和南海低压的影响，常有来自南海的猛烈台风袭击，同时多雷雨和大暴雨天气；另外，受南海海洋季风的影响，从东南沿海吹来湿暖气流常年控制本地区，空气相对湿度全年都非常高，长此以往会对建筑物造成损害。因此岭南建筑必须解决好防雨、防潮和防台风问题。

所以，概括来说，岭南建筑气候适应性基本要求主要表现在建筑的“隔热”“散热”“降温”与“防潮、防雨、防台风”四个方面。运用建筑气候设计基本原理对岭南气候特征的主要特点进行详细分析，又可以将“隔热”“散热”“降温”这三个人的舒适性要求进一步明确为“遮阳隔热”“通风散热”和“环境降温”要求。

2.3.1 遮阳隔热要求

从解决人的舒适性问题来看，长夏无冬、湿热时间长是岭南气候最主要的气候特点，全年长时间的强烈太阳热辐射、长时间的高温及高湿空气状况是岭南建筑必须面对的主要问题，这种气候特征对建筑物的冬季防寒保温要求不高，而主要要求建筑物必须充分解决漫长夏季的防热问题。岭南地区太阳高度角较大，太阳热辐射热量高，强度大，辐射时间也较长。一年中长时间的强烈日照辐射和高温天气是岭南气候最突出的特征，因此，要求岭南建筑必须应对的首要气候问题就是隔热。

建筑室外热量主要通过辐射、传导和对流三种形式传入室内，建筑隔热措施可分为辐射隔热、传导隔热和对流隔热三种形式。

建筑外围护结构通常是由透光构件（门洞、窗户）和不透光构件（墙、屋顶）组成，太阳辐射主要通过两个途径影响建筑室内热环境状况：一个是通过直接照射建筑外围护结构，使其温度升高，再通过结构层将热量传递到室内，进而影响建筑室内的气温状况；另一个是，太阳辐射可以通过外围护结构开敞的门窗洞口照射到室内，使室内气温升高。因此，建筑辐射隔热要注意同时解决这两方面的热辐射问题。通过遮挡太阳光对门洞、窗户的直射辐射，可以大大降低室内得热；通过遮挡太阳光对屋面和墙面的辐射，减少屋面和墙面内外表面的温差，同时通过加大结构层的热阻，可以很好的实现传导隔热效果。

岭南地区长时间的强烈日照使得建筑物的外围护结构吸收了大量的热量，外围护结构的外表面温度很高，特别是建筑屋面和东西墙面受太阳直射辐射强度大，如夏季水平屋面的温度可以达到50℃以上，其外表面温度明显大于内表面温度，因此，容易发生热传导。所以，岭南建筑要尽量减少室外热量通过建筑外围护结构以传导方式传入室内，达到传导隔热的目的。

建筑对流隔热就是要尽量减少室外热量通过空气流动进入室内。当室内外气温差别很大的时候，对流隔热是非常重要的隔热措施，如干热气候区的建筑一般采用非常封闭的外围护结构形式来降低外界的热风侵入。岭南地区年平均空气温度为21～24℃，最热月平均空气温度28～29℃，夏季的极端温度一般不超过38℃，室内、外的空气温度差别不算太大，所以建筑采用对流隔热的效果不是太明显。另外，岭南气候是湿热气候，高温、高湿的情况必须依靠良好的自然通风来解决，所以，建筑不能仅为了对流隔热而采取非常封闭的外围护结构形式，而应该在通透和封闭之间寻找一个平衡点。

对于岭南建筑来说，辐射隔热作用是最大的，传导隔热次之，对流隔热最小，所以，减少太阳辐射得热是岭南建筑最为重要的、也是效果最好的隔热手段。岭南地区全年大多数时间云量均较多，空气中水汽含量很高，天空在大多数情况下都不太透明，太阳散射辐射量比较突出，大部分情况下太阳散射辐射接近太阳总辐射，特别是在广州地区，全年的太阳散射辐射量大于全年的太阳直射辐射量。所以，在考虑建筑辐射隔热的时候，既要注意遮挡太阳直射辐射，也要重视遮挡太阳散射辐射。另外，还要注意遮挡少量由地面和其他物体表面对太阳光的光反射与二次辐射。

综上分析可知，对于岭南建筑隔热的作用效果来说，辐射隔热是最大的，传导隔热次之，对流隔热最小。辐射隔热主要通过遮挡太阳光辐射来实现。同时，通过遮挡太阳光对建筑外围护结构表面的辐射来减少内外表面的温差，也可以实现很好的传导隔热效果。所以综合起来，岭南建筑隔热最重要的是做好遮挡太阳辐射设计，同时辅以较好的外围护结构的传导隔热措施，可以简称为“遮阳隔热”。需要说明的是，这里的“遮阳”是首要的，而“隔热”是个狭义的概念，主要指外围护结构的传导隔热措施。

2.3.2 通风散热要求

岭南气候具有典型的亚热带气候特点和湿热气候特征，年平均相对湿度 80% 左右，湿热时间长，相比其他亚热带地区，湿热气候特征更加突出。虽然通过建筑遮阳隔热措施可以大大降低室外气候对建筑室内环境的影响，但是由于建筑结构相对封闭，建筑内部产生的大量热量，加上人的呼吸和排汗作用，会使室内空气温、湿度变得比室外还高，建筑内部的高温、高湿不但会引起人体的严重热不适，而且会给建筑物本身带来许多问题，如引起建筑围护结构内部潮湿、表面结露、材料耐久性降低等等。因此，岭南建筑还必须具备良好的除湿功能。

研究表明，排汗是高温情况下人体散热的主要手段，当气温超过 37℃时，人体几乎全部是通过排汗蒸发散热。而过高的环境湿度会使人体皮肤的蒸发散热能力受到抑制，大大降低人体的散热能力。当空气湿度高于 80% 时，不管温度降低到多少，人都会产生不舒适的感觉。所以，在高温度和高湿度的共同作用下，会引起人体的严重热不适，这是湿热气候地区建筑需要除湿的重要原因。

岭南建筑的散热除湿目的是把已经进入室内的热量和湿气与室内本身产生的多余热量和湿气排出室外。建筑室内热量同样是通过辐射、传导和对流三种形式排出室外，所以根据传递方式的不同，建筑散热措施可以分为辐射散热、传导散热和对流散热三种形式。为了方便理解，在一定程度上可以说，散热的三种方式完全可以看作是前文隔热的三种方式的逆过程。

由于岭南地区室外温度较高，夏季日夜温差并不大，建筑室内、外的温度相差不大，所以，通过辐射散热和传导散热方式的作用均不大，而通过促进室内、外通风的对流散热方式的效果则非常明显。要把室内过高的湿气排出室外，只有通过通风对流的方式才能达到。通过增强建筑内部空间与外部环境的自然通风，不但可以排出建筑内部空间的湿气和热量，达到降温效果，同时也是高温、高湿环境下最有效的人体降温方法。所以，对于长时间高温、高湿的岭南湿热气候来说，自然通风散热是岭南建筑必须满足的最为重要的功能要求。即使在目前现代建筑普遍使用空调设备的情况下，建筑自然通风对于降低建筑能耗仍然具有积极意义。研究表明，深圳地区高层住宅的自然通风节能贡献率达到 5% ~ 9% 之间[①]。

建筑自然通风是室内外空气通过建筑开口流入或流出，开口内外两侧

---

① 杨小山，赵立华，孟庆林．广州亚运城居住建筑节能 65% 设计方案分析 [J]. 建筑科学，2009（02）．

不同的气压环境是空气流动的动力来源。这种气压梯度可以由两种力量产生：吹向建筑的风（风压）或者室内与室外的温度差（热压），所以根据原理的不同，建筑通风可以分为风压通风和热压通风。风压通风和热压通风可以单独起作用，但在很多时候建筑的风压通风和热压通风都是同时发生的，一般称之为综合通风。岭南气候的特点要求岭南建筑一般必须同时实现风压通风和热压通风，因此，建筑群体布局以及单体内部空间的平面和剖面设计都要综合考虑，同时满足两种通风形式的气流组织特点，以获得综合最大化的自然通风效果。

综合起来，对于长时间高温、高湿的岭南湿热气候来说，自然通风散热是岭南建筑必须满足的重要的功能要求。

2.3.3 环境降温要求

对于像岭南这样的湿热气候地区的建筑来说，隔热和散热都是最重要的防热措施。但是从前文分析可知，隔热措施和散热措施两者存在相互矛盾的地方：从隔热方面来说，最重要的是辐射隔热，要求建筑形式做得相对封闭；从散热方面来说，最重要的是通风散热，要求建筑形式做得相对通透些。要同时满足这两种相互矛盾的要求肯定是不可能的，因此必须采取折中方法，要么在两者之间找到一个平衡点，要么侧重于其中一个方面。不管采取何种策略，防热效果都会受到减弱，特别是在夏季最高温、高湿甚至又无风的时段里。所以，当隔热和散热措施都无法使建筑环境满足人体舒适性要求时，人们还得另辟蹊径，而最为直接有效的就是使用降温策略。

通过运用一定的生态环境设计策略可以降低建筑外部小范围的微气候气温，同时降低建筑物本身的温度。生态环境降温主要通过利用建筑周边环境场地的绿化、水体的蒸发作用获得。液态分子比气态的相同分子所含的能量少，将环境中的水转化为蒸汽需要吸收空气中的热量，从而达到降低空气温度的目的。岭南地区年降水量大，地面水体较多，植物生长茂盛，因此，岭南建筑特别适合利用这种降温策略。

2.3.4 防雨、防潮、防台风要求

建筑应对气候主要解决两个方面的问题：首先是解决居住于其中的人的安全性与舒适性问题，即建筑必须抵御或改善不良气候因素的影响，为人们提供适合生存且相对舒适的建筑室内空间环境；其次是要尽量避免极端恶劣气候及长期不利气候因素对建筑物带来的灾害性破坏，维持所营造的舒适性建筑空间环境的安全性和持久性。

从解决建筑空间环境的安全性和持久性的问题来看，由于岭南地区南临南海，夏、秋季受副热带高压和南海低压的影响，常有来自南海的猛烈

台风袭击，同时多雷雨和大暴雨天气，所以岭南建筑必须解决好防雨和防台风问题；另外，受南海海洋季风的影响，从东南沿海吹来的湿暖气流常年控制本地区，空气相对湿度全年都非常高，长此以往会对建筑物造成损害，因此岭南建筑还必须解决建筑物的防潮问题。疾风、暴雨和高湿都会影响建筑物的安全性和持久性，容易给建筑物造成严重损害，甚至危及居住者的人身安全。特别是在岭南传统建筑中，由于建筑材料和建造技术的制约，防潮、防雨和防台风是非常重要又难以完全解决的气候问题，为了解决它，有时候还要以牺牲建筑的舒适性作为代价。而现代建筑得益于建筑材料和建造技术的进步，防潮、防雨和防台风问题已经变得没那么突出了。

2.4 岭南建筑气候适应性策略发展分析

2.4.1 建筑气候适应性策略的可变性

建筑是气候的产物，从古至今，气候始终深刻影响着建筑。对比世界上不同地域的传统建筑我们不难发现：一方面，不同气候类型区的建筑呈现出完全不同的特征；另一方面，虽然是处在相隔很远的不同地理位置，但气候类型相同的两个区域的建筑却往往具有一定的相似性。这种现象充分证明了气候对于建筑的主要影响作用。

但是，一个特定区域的气候条件及规律在通常情况下几乎是恒定不变的，如果气候对于建筑特征具有决定性作用的话，这个特定区域内的建筑特征也应该是基本恒定不变的，可是现实状况却并非如此。在一个特定的区域内，建筑在不同的历史时期可以表现出丰富多彩的变化，甚至在相同历史时期而不同的地理位置也表现出很大的差异性。究其原因，主要是建筑气候适应性策略的差异性的影响。气候条件通过气候适应性策略作用于建筑，在气候条件完全相同的情况下，不同时间或不同地点的建筑所采取的气候适应性策略存在着差异性，不同的策略造就了不同的建筑。

纵观岭南历史发展，从时间先后以及文化特性上划分，大致可以分为三个时期：原始百越土著文化时期、封建中原汉文化影响时期、近现代海外西方文化影响时期。三个阶段的时间划分大致以秦统一岭南以及清末西方列强侵入为两个分界点。岭南技术的进步与革新与岭南文化的发展变革相伴相随，两次外来先进文化的输入同时也给岭南地区带来了先进的科学技术。因此，与岭南文化的三个发展阶段相对应，岭南技术发展也可以划分为三个阶段：第一阶段为原始技术时期；第二阶段为生土技术、传统技术时期；第三阶段为现代技术以及数字技术时期。

不同历史时期的岭南建筑在总体上均体现出对岭南气候的适应性，但同时也表现出多样的外在形式。通过对比分析可以发现，岭南建筑发展演变与岭南文化和技术发展演变存在对位关系，大致可以分为三个发展阶段的三种建筑类型：一是原始土著文化时期以木结构为主的干栏式建筑；二是封建中原汉文化影响时期以砖木结构为主的传统岭南建筑；三是近现代西方文化影响时期以钢筋混凝土结构为主的现代岭南建筑。这三种建筑类型中所蕴含的正是岭南建筑气候适应性的三种不同策略：以木结构为主的干栏式建筑采取一种完全开放的建筑形式来解决岭南气候问题，可以将其归结为“完全开放”的气候适应性策略；以砖木结构为基础的传统岭南建筑采取一种外观比较封闭、中间开敞的建筑形式来解决岭南气候问题，可以将其归结为“外封闭内开放”的气候适应性策略；而以钢筋混凝土结构为基础的现代岭南建筑采取一种相对灵活可变的建筑形式来应对岭南气候问题，可以将其归结为“选择性开放”的气候适应性策略。

2.4.2 原始时期的“完全开放”策略

由于原始人的生产工具水平非常低下，世界上所有地区古人类的最初居所都是从穴居或巢居开始的，岭南人的先祖也不例外。在原始百越土著文化时期，受制于石器工具的低技术，岭南建筑与世界上其他地方一样，经历了从天然洞穴居、半穴居、巢居到原始地面建筑和干栏式建筑的发展过程。

1. 从穴居到巢居的选择

迄今发现的岭南最早的居住遗址是大约生活在13万年前的马坝人所栖身的天然洞穴，旧石器时代的原始人类有意识地选择居址，也在洞穴居址内开始了最初的“建筑”活动，再慢慢发展出人工的半穴居。洞穴毕竟还是极其阴冷、潮湿的恶劣环境，而且容易受到地面猛兽、毒蛇的威胁，因此，后来的南越人慢慢从穴居改为巢居，特别是在湿度较高的沼泽湿地地区[①]（图2-6）。

晋人张华在《博物志》中记述：“南越巢居，北朔穴居，避寒暑也。”说明穴居适用于北方防风、防寒，而巢居更适用于南方避暑、避湿。茂密的华南森林，为巢居的营构提供了天然的便利条件。巢居最初大概只是直接缘树叉栖息，后来才发展为“构木为巢”，利用树枝搭出了简单的树屋。由于巢居架在树木之上，远离地面的流水湿气，上面又有树叶遮阳遮雨，四周则通风畅顺便于散热纳凉，所以非常适用于岭南湿热多雨的气候。

随着树木的荣枯，这种巢居已无踪迹可寻，但它的原型继续保留下来，并被一些史籍所记载。《水经注 · 郁水》记述西卷之民“巢栖树宿”，说明这种巢居到南北朝时期还存在于岭南地区。在考古材料中有时也会保留一

---

① 曹劲 . 先秦两汉岭南建筑研究 [M]. 北京：科学出版社，2009.

些“巢居”图像，例如1965年以来在云南沧源县勐省、勐来等地先后发现过许多崖画，其中有架设在树干上的“巢居”，这些崖画为进一步研究这种古老的居住形式提供了图像资料。海南的黎族是百越族中的一支，由于生活在海岛之上，与外界交流不畅，生产力发展比较缓慢，所以一直到近代仍然保留着较为原始的生活状态，他们有一种传统住屋，就是以竹木茅草构筑在砍掉树枝的几棵天然树桩之上。从中我们可以看出，巢居在岭南地区具有很强的适应性和长久的生命力。

青铜器上的多木橧巢图像

叶大松在（中国建筑史）中所推测的巢居

图2-6 天然洞穴居与巢居

（来源：曹劲.先秦两汉岭南建筑研究[M].北京：科学出版社，2009.）

2.从原始地面建筑到干栏式建筑的选择

约在公元前8000年，岭南进入新石器时代。随着工具水平的提高，岭南先民走出洞穴或巢居，选择地势平坦、土地肥沃、对发展农业生产更有利的地方，盖起了半穴居、原始的地面式建筑，居住条件大为改善。约在6000年前的先民已懂得在地面上建筑房子居住。约在距今1500年前，岭南社会进入青铜时代，干栏建筑开始出现。南海市茅岗发现了在这一时期的水上木构遗存，这是迄今岭南发现的最明确的滨水干栏建筑遗址。[①]从穴居逐渐发展到半穴居，再到各种地面式建筑；从巢居则逐渐发展到干栏式建筑。岭南原始时期的建筑表现出以多样性来适应不同环境的形式特色。从考古发现可以证实，在岭南地区这两条线一开始是并行发展的，直到后来干栏式建筑才逐渐占据主导地位，其中最主要的原因是在当时的技术条件下，干栏式建筑在岭南湿热气候适应性方面相比各种地面式建筑要更具有优势。实际上干栏式建筑在世界上很多地方都有出现，这种建筑形式是对湿地和炎热气候非常简单有效的回应。

岭南的原始干栏式建筑可以分为两种：一种是建在江河、湖泊和沼泽

① 曹劲.先秦两汉岭南建筑研究[M].北京：科学出版社，2009.

之上，称为滨水干栏建筑；另一种是建在无水的丘陵、坡地之上，称为坡地干栏建筑。南海市灶岗丘遗址发现了距今约1500年的地面式住房遗迹，推测是离开地面的坡地干栏式建筑。高要茅岗贝丘遗址发现了水上木构遗存，有凿孔暗榫的穿斗式结构木桩，以及可能是用于屋顶和墙面的树皮板构件和竹篾残片，这是迄今为止岭南发现的最明确的滨水干栏建筑遗址。根据遗迹现象，可以推测出茅岗干栏建筑的形制大概如下：穿斗式木构架形成双坡屋顶，以树皮为瓦，房子四壁以竹篾围护，前面有廊，山面为了防雨，可以作长脊短檐并在山面附有披厦的“并厦两头”复合屋盖形式。（图2-7）

图2-7　原始时期岭南水上栅居复原图

（来源：曹劲.先秦两汉岭南建筑研究[M].北京：科学出版社，2009.）

这种原始干栏式建筑应该是岭南新石器时期最重要、最普遍的建筑形式，在岭南具有悠长的生命力，对后世的岭南建筑形式产生了深远的影响。在岭南该建筑形式一直延续至近代，如20世纪50年代广州滨江路水上聚居的“疍民”还住在这种水上栅居建筑之中。栅居建筑形式存在于世界上的许多地方，常见于浅水、泥泞、多雨的沼泽边缘等地，已经成为水网地区的主要建筑形式。（图2-8）

图2-8　近代岭南水上栅居建筑

（来源：陆元鼎，魏彦钧.广东民居［M］.北京：中国建筑工业出版社，1990.）

干栏式建筑在湿热地区具有如此悠长的生命力，是因为它具有很强的自然环境适应性，其优点主要表现在：首先，它非常适应湿热气候，架空楼居形式远离地面，不但利于通风散热，而且可以防潮防洪，减少损害；其次，架空的高脚形式能够适应复杂地形，无论是水面沼泽还是坡地，均具有很强的适应性；还有，干栏式建筑采用穿斗式木构架形式，材料易得，结构坚固、省材易建；另外，楼居形式还可以躲避野兽虫害，这在原始时期是非常重要的。

但原始干栏式建筑的缺点是容易被台风摧毁，所以在香港、珠海和东莞等滨海地区发现了很多原始时期的地面式建筑遗址。采用穿斗式木构架形式后，原始干栏式建筑的结构整体性得到加强，可以加强防台风能力。而且，由于其建造简单快捷，就算被台风摧毁也很容易重建，所以综合起来看，正因为其具有很好的自然环境适应性，干栏式建筑在全世界的湿热气候地区都拥有长久的生命力，今天在东南亚等国家还普遍使用，在岭南某些偏僻地区至今也还有使用。

3.“完全开放”的气候适应性策略

在有限的材料与技术条件下，干栏式建筑通过支柱支撑屋顶与抬升的地面，四周完全开放或仅覆以较通透的材料，围合一个对自然环境充分开放的空间，在气候适应性方面形成可以称之为“完全开放”的气候应对策略：支柱上的屋顶采用简单的轻质结构，不但可以遮雨，更能起到较好的遮阳隔热作用，遮挡了强烈的太阳直射辐射，在下方形成一个相对阴凉的空间；四周完全开放或仅以通透材料围合的空间非常利于通风散热；抬升架空地面层的简单策略，很好地解决了湿热气候的防潮、防雨、防洪等问题，对于促进通风散热也有积极作用。

虽然完全开放或疏松的围护结构使得室内外的温湿度状况基本一致，但由于岭南地区的极端气候相对温和，再加上干栏式建筑具有极佳的通风条件，因此，还是可以达到基本的舒适度要求。岭南地区夏季白天最高气温通常在38℃以下，而空气湿度常常超过80%，所以建筑内部空间与外部环境采用“通透”的处理方法，可以增强自然通风，排出建筑内部空间的湿气和热量，更有促进人体排汗达到降温的效果。建筑底层采用架空形式，可以尽量争取良好的外部通风条件；通透的围护结构，较少的平面间隔，可以尽量促进建筑内部的通风状况；建筑屋顶通常采用轻质材料，白天可以遮挡强烈的太阳辐射，减少得热，夜晚屋顶又可以迅速降温，减少屋顶对室内的热辐射。

对于这种以“完全开放”方式应对湿热气候的策略，汤国华教授在其著作《岭南湿热气候与传统建筑》中，引用了岭南农夫用的传统竹帽进行了非常形象的类比展示。这种竹帽外形好像中国传统建筑的圆形攒尖顶。它的构造是由内外表面使用 5mm 宽的竹篾编织成菱形的网格，网格里面用竹叶排列填充，非常结实轻便。竹叶的导热系数和蓄热系数都小，隔热好、散热快，防太阳辐射热的效果很好；帽底正中也用竹篾菱形网格编织成一个圆形头笠，直径比头部略小，让帽和头顶之间保持一段距离，有利于头部通风散热、散汗除湿；竹叶是厌水性材料，一片一片搭接就像传统屋顶的瓦片，帽的外表面还涂桐油防水，遮雨排雨的效果也很好[①]。这种农夫帽把遮阳、通风与遮雨相结合，很好地适应了岭南湿热气候的特点，非常形象地解释了岭南建筑"开放性"气候适应性策略的原理和特点（图 2-9）。

"完全开放"的气候适应性策略采取一种完全开放的建筑形式来解决岭南气候问题。建筑四周完全开放或较通透的围护结构使得室内外的温度与湿度状况基本一致，但由于岭南地区的极端气候相对温和，再加上建筑具有极佳的通风条件，因此，可以达到基本的舒适度要求。这种策略简单易行，是岭南地区原始时期建筑的主要气候应对策略，在秦汉时期仍广泛应用（图 2-10），对后世的岭南建筑也产生了深远的影响，直至今天仍有其实用价值。

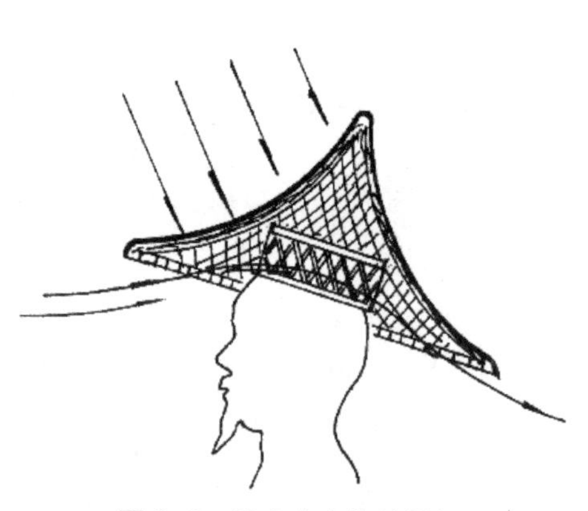

图 2-9　岭南农夫传统竹帽

（来源：汤国华 . 岭南湿热气候与传统建筑 [M]. 北京：中国建筑工业出版社，2005：240.）

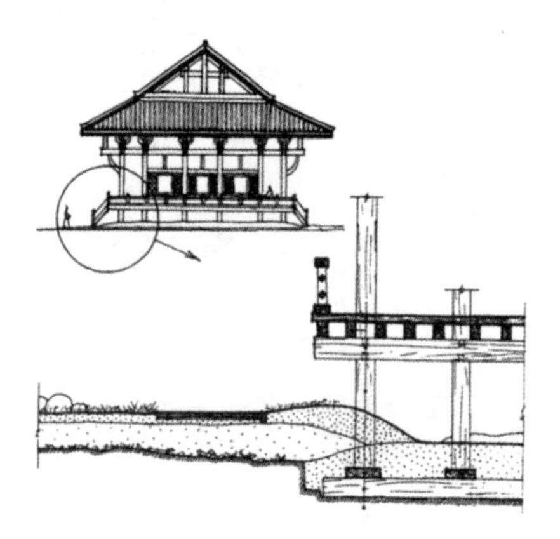

图 2-10　广州南越王宫干栏建筑复原图

（来源：曹劲 . 先秦两汉岭南建筑研究 [M]. 北京：科学出版社，2009.）

2.4.3　传统时期的"外封闭内开放"策略

秦统一岭南后，带来了中原地区先进的文化与技术。岭南建筑技术产生了飞跃性的发展，在低起点的基础上吸收中原先进文化，同时融入地方特色，形成了以木构架为主要结构方式的干栏式建筑体系，至汉代逐渐臻

① 汤国华 . 岭南湿热气候与传统建筑 [M]. 北京：中国建筑工业出版社，2005：240.

于成熟。秦汉时期岭南出现第一个建筑高潮，创造出适合本地自然地理环境要求的工艺技术，初步形成了以中国传统建筑体系为依托而又具有岭南地方特色的建筑体系。随后北方移民不断把中原文化技术带进岭南，自宋代开始，随着砖木结构与瓦的普及使用，岭南建筑的建造工艺和技术水平大幅提高，发展出一套适应岭南地方气候环境的营造方法，形成一定的地方特色。至明清时期，技术与文化进一步提升，逐步发展为以砖、木、瓦为主要结构方式的成熟稳定的建筑体系。

1. 由“完全开放”向“外封闭内开放”的策略转变

虽然“完全开放”气候适应性策略在全世界的湿热气候地区都拥有长久的生命力，今天在许多国家还普遍使用，在岭南地区至今也仍在使用，但是，从汉代后期开始，岭南建筑就已经慢慢发展出一种新的气候适应性策略——“外封闭内开放”策略。与采用“完全开放”策略的较为通透的建筑形式相反，采用“外封闭内开放”策略的建筑选择了一种以砖、木、瓦为主要结构方式、外围护结构非常封闭且十分厚重的建筑形式，这样的建筑结构对于阻隔外界高温日晒非常有效，通过开设较小的窗户以及建筑内部小型的天井等，在建筑内部也能形成较好的热压通风，因此，能够较好的满足人体舒适度要求。它实际上是一种对外封闭、对内开放的建筑形式。“外封闭内开放”策略很快成为岭南建筑应对气候问题最主要的策略，并且直至近代民国时期仍然是岭南民居最主要的气候适应性策略。

通过与世界上其他地区对比我们很容易发现，这种对外“封闭性”极强的策略并不是世界上其他湿热气候地区常见的气候适应性策略，而更类似于干热气候地区的建筑气候适应性策略，这种现象在世界上是很少见的。“外封闭内开放”气候适应性策略在岭南地区的产生和发展具有不同寻常的独特性，究其原因，笔者认为主要是受到了自然因素、文化因素以及技术因素这三者的共同作用影响，这些因素的共同影响使岭南建筑在形式上发生了巨大的改变，进而影响到建筑气候适应性策略的转变。其中自然因素与文化因素的作用是最为主要的，而技术与材料的进步则为这种转变提供了可能。所以，岭南建筑逐渐发展演变出一种采用重型围护结构、对外封闭、对内开放的湿热气候应对策略。

2. “外封闭内开放”气候适应性策略的特点

采用“外封闭内开放”策略的建筑与采用“完全开放”策略的建筑相比，在气候适应性方面各自具有不同的特点，总的来说是各有长处，但相对而言“外封闭内开放”策略的优点更加突出一些。

第一，采用“外封闭内开放”策略的建筑外墙比较封闭，以砖、石、木、瓦为主要结构材料，增强了建筑的抗风、防雨、防潮性能，建筑的安全性与持久性更佳。

第二，建筑的遮阳隔热性能更突出，封闭的围护结构不但遮挡了更多的太阳直射辐射，同时也遮挡了岭南地区占比更多的太阳漫射辐射，厚实的围护结构的隔热能力也更强，热稳定性更好，对于阻隔外界高温日晒非常有效，可以创造一个相对稳定的室内热环境。

第三，在通风散热方面，在外部风环境良好的状况下“完全开放”策略明显占优，但岭南地区全年静风频率接近30%左右，而且多发生在夏季台风来临前夕，该时期是岭南地区极端闷热的时候，自然通风也无法发挥作用。采用“外封闭内开放”策略的建筑虽然自然通风能力不佳，但是通过巧妙的空间设计，可以充分利用室内外的空气温度差，在建筑内部形成一套有效的热压通风系统，因此，即使在静风期也能够获得一定的通风能力，较好的满足人体舒适度的要求。

第四，“完全开放”策略非常强调自然通风，因此在建筑群体布局上采用疏散式布局，以保证良好的外部风环境，这种要求在人口稀少的原始时期很容易得到满足；“外封闭内开放”策略外墙比较封闭，主要是利用内部空间的热压通风，因此，可以采用密集式的建筑群体布局方式，以满足在人口日益增加、土地紧张时密集聚居的要求；另外，密集式的建筑群体布局方式使得建筑单体之间形成对太阳辐射的互相遮挡，对于建筑的防热降温也非常有利。

3.“外封闭内开放”策略的典型实例

从汉唐时期开始形成的“外封闭内开放”气候适应性策略具有非常独特的岭南特色，到近代民国时期还是岭南建筑最主要的气候适应性策略，对岭南建筑产生了长久而深远的影响，直至今天仍有其实用价值。这种采用重型围护结构、对外封闭的湿热气候应对策略是岭南自然因素、文化因素及技术因素共同作用影响的结果，它不但具有良好的气候适应性，而且也兼具很好的社会适应性。在漫长的岁月中，随着社会文化与技术等因素的不断发展变化，不同时期的岭南建筑在应用“外封闭内开放”气候适应性策略时也表现出不同的形式特征，在明清以后已经发展得非常成熟，以下结合案例进行具体分析。

1）“三间两廊”民居

“三间两廊”民居是明清时期岭南广府地区最典型的民居形态之一，它的形制可以追述至汉代的三合院式民居建筑，是受中原礼教及封建宗法制度等观念文化影响,采用对外封闭、对内开放的合院式建筑布局形式。“三间两廊”民居由三个开间的主座建筑与前面的两个廊共同围合出一个小天井组成三合院式建筑，它是一个基本的岭南民居单元，适合一个小家庭使用。它可以通过前后拉大进深或者左右以窄巷拼接的方式扩大，以满足大家庭使用的需要，甚至可以通过密集布局的方式拼接组合形成一个完整村落。因为其组合非常灵活，并且能够很好地适应岭南地区的湿热气候，因此，它在明清时期广泛分布于广府地区的村落与部分城镇当中（图 2-11）。

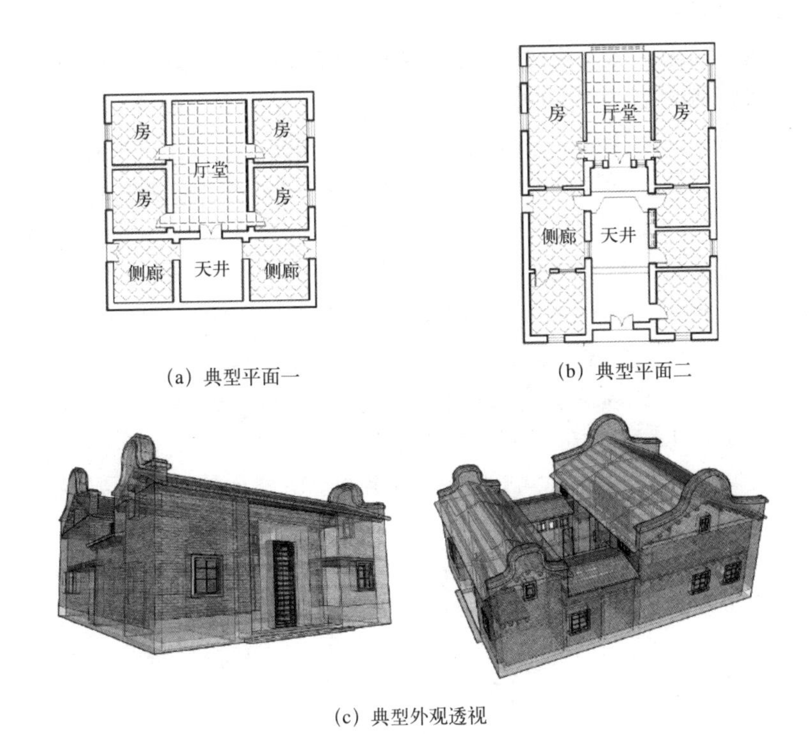

(a) 典型平面一

(b) 典型平面二

(c) 典型外观透视

图 2-11 “三间两廊”民居

（来源：曾志辉. 广府传统民居通风方法及其现代建筑应用 [D]. 广州：华南理工大学，2010.）

“三间两廊”民居对于岭南湿热气候采取了一种对外封闭、对内开放的应对策略，这与干栏式建筑以及木构架式建筑的对外开放策略完全不同。其对外封闭策略主要体现在：为了减少日晒影响，采用了封闭的重型外围护结构，外墙为厚实的青砖墙，墙面上不开窗或只开小窗；有的还采用空斗砖墙形式，进一步增加了外墙隔热性能；屋顶也采用双层屋顶或者双层瓦屋顶增加隔热性能。这种重型外围护结构更类似于常处于干热气候地区的结构，其在白天可以有效隔绝室外高温对室内的影响。其对内开放策略主要体现在：所有房间、厅堂、厨房都向着中间的小天井开门、开窗，有的厅堂与天井之间甚至不做门窗隔墙，而是采用完全开放的敞厅形式。小天井主要担当了整所房子的采光换气功能，由于平面尺度较小，空间高窄，可以减少日晒以降低温度，因此形成相对低温的环境，在降低室内环境温度的同时，也由于热压作用促进了房间的通风换气。通过实测证明，它的隔热降温效果明显，可以达到较好的人体舒适度要求。“三间两廊”民居的这种对外封闭、对内开放的气候应对策略，是在主要使用砖、木、瓦为材料的技术条件下，经过长期积累改进而成的。这种以砖为主的结构形式相对于木结构更能抵御台风等危害，坚固性和耐候性更好。

2）竹筒屋

竹筒屋是由明清广府民居最基本的原型建筑“三间两廊”的群体组合布局发展而成的。在岭南明清传统村落中，一般以几间甚至十几间“三间两廊”前后紧密拼接成一个纵列组合建筑，多个纵列组合建筑分别以窄巷分割，形成“梳式布局”的村落。这些纵巷既是村落的交通通道，也是通风组织的通道，起到通风散热的作用，俗称为“冷巷”。到了晚清时期，因为商品经济需要，城市开始急剧扩张，城市土地紧张、价格昂贵，因此，发展出比“梳式布局”村落更加密集的竹筒屋民居形式。为了节约用地，前后两者最主要的变化是：三间缩为一间，面宽仅有 3 ~ 5m 左右；取消露天的“冷巷”，变成建筑室内的一条纵向走廊。最终形成一种单开间、长进深平面的民居建筑，内部少则十几米、多则三十几米，层层递进的厅、房与天井空间前后依次排列，犹如竹子的多节分隔空间结构，因而形象地取名为竹筒屋（图 2-12）。成片的竹筒屋就形成了一片连排式的大进深住宅区。

竹筒屋最早为单层结构，随着 20 世纪初西方建筑技术传入，陆续出现多层的砖木结构竹筒屋、并联式竹筒屋等形式，比起单层竹筒屋它们更紧凑、更节约土地。竹筒屋沿袭了岭南传统民居对外封闭性的气候适应性策略，是在城市土地紧张条件下被动改良型的建筑形式。相比由“三间两廊”构成的“梳式布局”村落，更加密集封闭的连片式竹筒屋布局具有良好的遮阳隔热性能，但是由于取消了纵向巷道，竹筒屋的外部通风条件变得更差，只能通过对竹筒屋单体内部空间的巧妙组织来争取更好的通风效果。竹筒屋主要是利用天井与纵向走廊组织良好的热压通风，因此，在高度密集的城市环境中，竹筒屋室内仍具有较好的通风能力。竹筒屋是广州老城区最常见的传统民居形式，生活在其中的居民普遍认为传统竹筒屋民居内的通风状况良好，这种主观感觉通过对典型的竹筒屋进行的通风实测得到了科学验证。①

3）西关大屋

西关大屋是近代广州老城区另一种常见的传统民居形式，一般为广州城内豪商巨贾的府邸。因为房屋规模较大，主要在紧邻城市的西关一带成片集中建设，所以被称为西关大屋。西关大屋其实是介于“三间两廊”传统乡村民居和竹筒屋城市民居之间的一种民居形式，相比“三间两廊”传统民居布局更加紧凑，又比竹筒屋更为舒适。西关大屋一般是以三列并联竹筒屋式平面外加两侧的青云巷构成典型结构，横向可以多间大屋拼接扩

① 曾志辉，陆琦 . 广州竹筒屋室内通风实测研究 [J]. 建筑学报，2010.

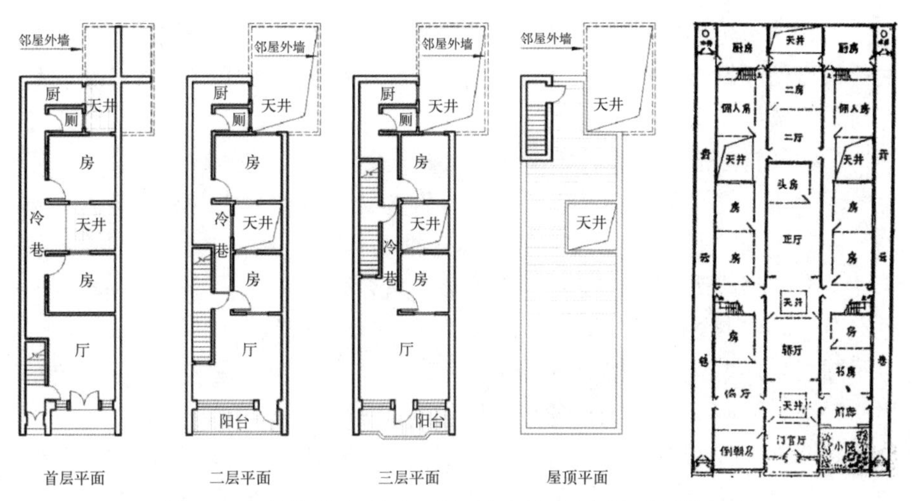

图 2-12 竹筒屋（左图）及西关大屋（右图）典型平面图

（来源：曾志辉 . 广府传统民居通风方法及其现代建筑应用 [D]. 广州：华南理工大学，2010：14-15.）

展。中间两条纵向走廊组织交通，居中开间为正门、大厅、正房等重要空间，两侧为厢房、厨房、佣人房等次要房间，突出了中轴对称、主次分明的空间序列，满足了富商大家庭伦理、礼序等传统观念及舒适性要求。两侧的青云巷类似“三间两廊”传统乡村民居的“冷巷”，改善了外部通风状况，因此西关大屋要比竹筒屋更为舒适。

2.4.4 现代时期的“选择性开放”策略

就如秦统一岭南后给岭南地区带来了中原地区先进汉文化与技术一样，近现代西方发达国家在全球扩张中也给岭南地区带来了西方现代的先进文化与技术，使岭南建筑发生了巨大的变革，一种以钢与混凝土结构为基础的现代岭南建筑得以产生。

近现代西方建筑体系的强势输入使岭南建筑产生了全方位的根本性变化。这种系统性的变化主要体现在以下几个方面：在建筑技术方面，西方的砖木结构、钢木结构、钢筋混凝土结构、钢结构陆续传入，使建筑可以建造得更大、更高、更坚固、更自由；在建筑艺术方面，开放性的西方建筑形式逐渐肢解了封闭性的传统岭南建筑形式，先是外廊式建筑的强行植入，再到骑楼式建筑的中西拼贴，最后到现代主义建筑的普及，岭南建筑无论是在内容还是形式上都实现了向现代化与多元化的转变；在建筑生产方式方面，建筑师和工程师的出现结束了几千年来的匠人营造方式，使建筑的设计和建造变得更为系统和科学。

另一方面，产业革命与市场经济带来的城市化对建筑也产生了巨大的影响。新的市场商品经济形式带来的城市化使城市人口集聚、城市面积急剧扩大，城市土地紧张导致建筑布局与功能的集约化、复合化，大规模的城市尺度使环境微气候发生改变，因此，建筑必须调整策略以适应新的环境与气候条件要求。

1. 融入自然环境的现代主义建筑

现代主义建筑的产生和发展主要是因为社会生产方式的大变革而引起的，同时还有文化和技术进步等因素的推动作用。发端于17世纪欧洲的产业革命使城市人口急速聚集，造成城市规模快速扩大、基础设施严重不足以及居住环境的恶化，进而引发大规模的疾病流行，使社会矛盾激化。由于新兴生产方式引起的大规模城市化所带来的一系列城市新问题，要求用一种全新的城市规划和建筑设计理论来解决。

1898年，英国建筑师霍华德出版了著名的《明日的田园城市》一书，在书中他提出了一种以有机疏散、功能分区以及与自然融合为主导的“田园城市”规划设计理论。这种新型“田园”城市不但能够满足新兴生产方式的社会经济要求，同时也为人们创造了优美的、与自然环境融合的生活空间。“田园城市”设想对后来的现代城市规划和建筑设计理论产生了深远的影响，向自然开放、与自然融合成为即将诞生的新建筑体系的理想追求。

1923年，在《走向新建筑》以及后来出版的《明日之城市》中，勒·柯布西耶提出了一种以疏散的、底层架空的高层建筑布局为特征的城市模型[①]。在柯布西耶的未来城市构想图中，主要以间距很大的疏散点式高层建筑布局为主，机动车道被放到高架桥上，整个地面层几乎成为一个整体连片的自然大公园，从而使每幢建筑都充满阳光、新鲜空气及美丽的自然景色[②]。1926年，柯布西耶把自己的理想城市模型进行了建筑化的表达，提出了著名的“新建筑五点”：底层架空、屋顶花园、自由平面、自由立面、水平长窗。新建筑的底层几乎完全架空，地面层除了满足基本交通需求外，全部作为绿化花园，同时屋顶也种植了丰富的绿化，使整个环境绿意盎然；自由的平面隔断及开放性的立面形式室内空间变得更加自由开放，水平长窗更提供了充足的阳光、和风与美景，使人们的生活空间完全包裹在大自然之中，真正实现了建筑与自然的开放融合（图2-13）。

现代主义建筑融入大自然的开放性理想，不仅仅是为了追求有利于人们健康的阳光、新鲜空气等物理因素，还包括人们在心理上对身处自然的场所感与存在感的热切追求。这种在心理上对自然的追求甚至更多于在物理方面的需求，在后来的现代主义建筑作品中可见一斑。如另一位现代主义建筑大师密斯·凡·德·罗设计的巴塞罗那博览会德国馆、范斯沃斯透

---

① （法）勒·柯布西耶. 走向新建筑[M]. 陈志华，译. 天津：天津科学技术出版社，1998.
② （法）勒·柯布西耶. 明日之城市[M]. 李浩，译. 北京：中国建筑工业出版社，2009.

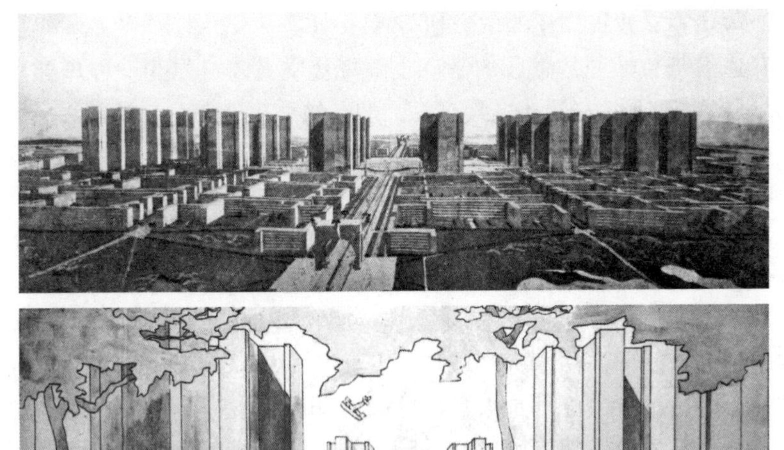

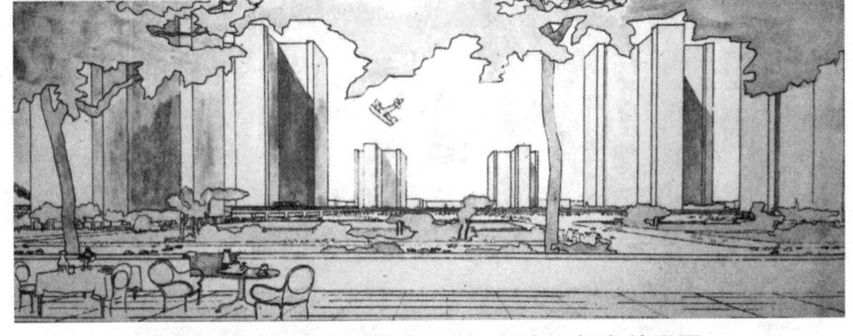

图 2-13　勒·柯布西耶的 300 万人口都市效果图

（来源：（意）萨玛（Suma · S）. 勒 · 柯布西耶 [M]. 王宝泉，译 . 大连：大连理工大学出版社，2011.）

明住宅，还有其引领全世界玻璃幕墙摩天大楼设计风格的西格拉姆大厦，这些通透的建筑作品对自然的追求从视觉心理上走向了极致，几乎达到了室内外完全交融的目的（图 2-14）。

图 2-14　密斯·凡·德·罗现代建筑作品的开放性

（上左：范斯沃斯透明住宅；上右：西格拉姆大厦；下：巴塞罗那博览会德国馆
来源：上图来自百度图片，下图均为作者拍摄）

2. 现代主义建筑广泛的气候适应性

在追求与自然开放融合的基础上，现代主义建筑作为一种席卷全球的“国际风格”建筑，它又必须具有广泛的气候适应能力。

以柯布西耶“新建筑五点”为基础的现代主义新建筑建立在工业社会全新的结构和材料技术体系基础上，框架结构体系和底层架空使建筑形态可以更加自由多变；自由平面和自由立面分别创造了建筑内部立体化的流动空间和建筑表层有选择和可控制的界面，通过同时运用体型、表层界面与内部空间系统的“灵活可变设计”，可以综合解决不同地域的气候适应性问题。柯布西耶在法国南部城市马赛设计的马赛公寓充分体现了这种气候设计思路，建筑外立面上大量内凹阳台和各种混凝土百叶板遮挡了地中海较为强烈的阳光，建筑内部巧妙的立体化雕塑空间又使房间获得了良好的穿透式自然通风（图 2-15）。在后来更加炎热的印度昌迪加尔新城中，柯布西耶在大型公共建筑中继续丰富完善了这种设计方法。

图 2-15　柯布西耶的建筑立面遮阳设计

（上图：马赛公寓；下图：拉图雷特修道院；来源：作者拍摄）

这些新建筑在解决气候适应性方面与传统建筑的思路与内涵完全不同。首先，新建筑的出发点不仅仅是人类对于大自然不利因素的被动抵御，而是人类在工业社会环境下对大自然有利因素的主动吸纳与追求；其次，新建筑是建立在工业社会全新的结构和材料技术体系之上的，建筑空间对自然的开放性是灵活可变的，对于自然有利因素与不利因素是有选择和可控制的，因此，它具有广泛的气候适应性，可以在全世界不同气候的区域内应用实施。

3. 现代岭南建筑“选择性开放”的气候适应性策略

现代岭南建筑在西方现代建筑的基础上，充分结合岭南地区的地域气候特征与传统文化特点，采取了一种灵活可变的建筑形式来解决岭南气候问题，在气候设计方面表现为一种“选择性开放”的气候适应性策略。

相对于原始时期与传统时期建筑相对固化的建筑形式而言，现代岭南建筑采取了一种灵活可变的现代建筑形式来解决岭南气候问题。岭南现代建筑追求与自然的开放融合，通过对建筑体形、建筑界面以及建筑内部空间的灵活多变的设计，采用了“选择性开放”的气候适应性策略，主动地选择性利用有利的气候因素，同时抵御不利的气候因素。建筑可以根据当地的气候条件确定其对外开放或封闭的程度，在抵御不利气候因素的同时又能够让有利的气候因素通过，甚至可以根据季节变化要求设计为可调节变化的形式。相对而言，原始岭南建筑的“完全开放”策略与传统岭南建筑的“外封闭内开放”策略都是相对单一的固化的策略，是对所有的气候因素被动的全面开放或者被动的全面抵御。而现代岭南建筑的“选择性”气候适应性策略兼顾了“开放性”策略与“封闭性”策略的优点，避免了两者的缺点，因此，能够获得更好的、动态的气候适应性，适应了新的城市化环境要求。

1）通过采用“底层架空”——即体型的灵活性设计，有利于改善建筑周边的城市微气候环境，改善建筑外部风环境状况，促进建筑内部通风散热；同时也有利于解决建筑地面层的防晒、防潮和防雨问题；另外，“底层架空”使拥挤的城市建筑获得更多的绿化环境空间，有利于利用生态绿化实现环境降温。这对于湿热气候的岭南地区效果特别明显。例如 20 世纪 70 年代，广州兴建的东方宾馆、矿泉别墅等一批涉外旅馆建筑，都采用了建筑“底层架空”的手法，并与岭南风格的室外庭园很好地融合起来，在以架空底层适应岭南湿热气候要求方面进行了大量的实践探索。20 世纪 90 年代，“底层架空”园林在岭南居住小区中普及应用，不仅解决了居住环境品质需求与城市用地紧张的矛盾，同时改善了建筑通风条件，满足了岭南气候要求。通过采用新型结构方式，现代建筑将“底层架空”处理推向了极致。如 2006 年，由斯蒂文·霍尔设计的深圳万科中心，采用了桥梁式的斜拉索结构，将整个建筑底层完全架空，使整个地面层成为一个舒适宜人的开放式城市公园。

2）通过采用界面的灵活性设计，建筑立面可以根据岭南气候条件确定其对外开放或封闭的方式与程度，在抵御强烈的太阳辐射的同时，又能够让自然通风顺利进入室内，甚至可以根据季节变化要求设计为可调节变化的形式，使建筑立面成为室内外环境之间的可控界面。例如20世纪50年代，夏昌世先生设计的中山医学院系列建筑，采用垂直与水平的混凝土遮阳构件附设在窗户外，并根据立面朝向以及太阳照射规律采用了不同的尺寸和形式，使其既可遮阳，又可通风，并满足了医学建筑柔和的采光要求。这种设计手法对后来的现代岭南建筑产生了广泛的影响。[①] 到20世纪70年代，这种遮阳手法被进一步改良为更加简洁的水平遮阳板和通花窗等形式，如东方宾馆、广州出口商品交易会陈列馆、白云宾馆等建筑，使这种美观实用的立面形式成为当时岭南建筑的主要特征以及建筑气候适应性的常用手法。进入21世纪以后，在新技术的支撑下，建筑界面更加灵活多样，可以设计成可智能调节的方式，遮阳设施可以根据外界环境状况而变化，以适应不同时间、不同季节太阳照射的变化要求，同时可以保证通风、采光的需求。例如广州发展中心大厦采用了先进的智能控制立面遮阳构造，外立面上布满了可智能控制调节转动的竖向遮阳板，该遮阳板可以根据室外气候状况与室内需求转动变化，综合解决了遮阳、采光、通风等问题。

3）通过采用空间的灵活性设计，可以创造现代建筑内部立体化的流动空间，不但给人以丰富多变的心理感受，同时也促进了室内空气对流与能量分配，起到调节室内物理环境状况的目的。现代岭南建筑通过塑造灵活合理的室内流动空间，就能获得良好的自然通风效果。例如20世纪70年代，在矿泉别墅、东方宾馆、白云宾馆、白天鹅宾馆等一系列的旅馆建筑设计中，在内部空间组织上借鉴了传统园林空间灵活、开放的布局手法，营造出室内外相互渗透、流动的现代建筑空间，促进了室内外的空气流动，同时，与流动空间紧密结合的生态绿化环境也起到了很好的保持环境温度的作用，改善了建筑内部空间环境的微气候。随着社会经济技术的发展进步，当代岭南建筑空间变得更加多元化和复合化，新的空间类型不断涌现，立体化的空间关系变得愈加复杂。但是不管如何变化，空间的流动性仍然是湿热气候地区岭南建筑气候适应性的基本策略之一，通过充分利用风压与热压通风原理，必定能够有效解决岭南湿热气候的通风散热要求。

2.5 岭南建筑气候适应性的整体观刍议

2.5.1 建筑气候适应性整体观概念

从前文对岭南建筑气候适应性的发展分析可以看出，从古至今，岭南气候始终深刻影响着岭南建筑。岭南建筑在总体上均体现出对岭南气候的

---

① 夏昌世.亚热带建筑的降温问题——遮阳·隔热·通风[J].建筑学报，1958：10.

适应性，但同时也表现出多样的外在形式。在不同历史时期，在气候条件基本不变的情况下，岭南气候条件通过不同的气候适应性策略作用于岭南建筑，不同的策略造就了不同时期的建筑特征。这些气候适应性策略紧密围绕岭南地区的湿热气候问题，有针对性、有侧重地解决了各种气候因素对建筑引起的不利影响，因此，气候因素对策略的形成起到主要决定性作用。但同时，由于岭南地区气候因素的相对稳定性，这些不同时期的气候适应性策略之间的差异性显然不是由气候因素本身所引起的，而是受到文化、技术等多种其他因素的综合影响。

通过对不同时期、不同地域的传统民居的对比研究可以发现，传统民居丰富多样的建筑形式和建筑特点显示了许多复杂因素的相互作用及影响。在众多因素中，建筑的形成与发展首先是对自然的适应。地理环境、气候条件、资源材料等自然因素是建筑形成及发展的直接物质基础及背景条件，其中气候因素的影响起到决定性作用。同时，不同民族文化和生活方式在各地区表现出一定的地域性特征，以文化为中心的社会环境对民居建筑的影响巨大。[①]气候和文化共同作用在民居建筑模式上表现为：气候条件基本一致的区域内由于文化差异出现完全不同的居住形式；相同民族文化地区在不同的气候影响下，建筑特征也具有很大的差异性。这就是文化与气候的双重作用在建筑特征上的表现，两者作用的轻重程度根据实际情况会有所不同。同样，气候和建造技术与材料在建筑特征上也存在类似的双重作用：气候条件基本一致的区域内由于建造材料及技术水平的差异出现了完全不同的居住形式；相同建造材料及技术水平在不同的气候影响下，建筑特征也具有很大的差异性。

岭南建筑气候适应性的发展历史充分证明，岭南地区的自然环境、社会文化与技术材料等因素总是共同影响甚至制约着岭南建筑气候适应性策略的形成、选择和运用，这些因素相互作用、相互影响、相互协调，构成一个整体，共同影响着岭南建筑的发展。在一定时期内，这些因素具有相对的稳定性。而当其中的某些因素由于社会的发展发生了改变，又会在相互作用与影响下构成一个新的整体，导致气候适应性策略的转变与新的建筑特征的形成。本书把岭南建筑气候适应性的这种内在的、整体协调的发展特性称为岭南建筑气候适应性的整体观。

通过对岭南建筑气候适应性发展过程的分析可以得出，岭南建筑气候适应性的整体协调发展观主要表现在三个方面：自然因素的整体性，文化因素的协调性，技术因素的适宜性。

---

① （日）原广司．世界聚落的教示100[M]．北京：中国建筑工业出版社，2003：72.

2.5.2 自然因素的整体性

岭南建筑气候适应性的整体协调发展观首先表现在对自然因素的整体性方面的考虑。

自然因素主要包括地理环境、气候条件、资源材料等因素，这些因素是建筑形成及发展的直接物质基础及背景条件，其中气候因素的影响起决定性作用。

自然因素与气候适应性的整体考虑包括两个层面：所有自然因素的整体性考虑以及所有气候因素的整体性考虑。

所有自然因素的整体性考虑是指岭南建筑气候适应性不但要考虑气候条件因素，还要对自然环境、自然资源以及能源等其他自然因素进行综合整体考虑。例如，原始岭南建筑与世界上其他地方建筑一样，经历了从天然洞穴居、半穴居、巢居到原始地面建筑和干栏式建筑的发展过程。但从其穴居与巢居的选择，以及原始地面建筑与干栏式建筑的选择过程来看，则充分反映了对所有自然因素的整体考虑。相对于由穴居发展而来的原始地面建筑，由巢居发展而来的原始干栏式建筑具有更强的自然环境适应性，后者综合考虑了岭南地区的自然环境、气候条件、资源等因素，不但适应了岭南地区湿热多雨的气候条件，而且适应了岭南地区江河、湖泊、沼泽以及丘陵、坡地等多元复杂的地形地貌条件，以竹木为主的结构材料在树木茂密的岭南地区方便易得，且加工简单，建造容易。正因为对所有自然因素的整体适应性，使得干栏式建筑不但在岭南具有很强的生命力，同时在世界范围的其他相似自然条件的湿热地区也具有悠长的生命力。

再如，19 世纪下半叶广州等珠江三角洲城镇出现了比“梳式布局”民居村落更加密集的竹筒屋民居及西关大屋，该类型的出现就是为了适应晚清时期商品经济发展、城市土地紧张的新的城市环境。到了现代时期，产业革命与市场经济使城市化加剧，新的市场商品经济形式带来的城市化使城市人口更加集聚、城市面积急剧扩大，城市土地紧张导致建筑布局与功能的集约化、复合化，大规模的城市尺度使环境微气候发生改变，以传统建筑方式扩张城市已无法满足工业化社会的发展要求，造成城市基础设施严重不足以及居住环境的恶化，因此，现代建筑必须调整策略以适应新的环境与气候条件的要求。

所有气候因素的整体性考虑指在解决岭南建筑气候适应性问题时要对影响建筑的所有气候因素进行综合平衡考虑。岭南气候对建筑的主要要求是满足“遮阳隔热”“通风散热”“环境降温”三个方面的舒适性要求，以及“防潮、防雨、防台风”方面的安全性要求。这些要求一般情况下都难以完全满足，甚至彼此存在相互矛盾之处，因此，需要综合平衡考虑，寻求一个整体最优的解决方案。

例如，由于岭南地区南靠南海，在夏季经常遭遇台风吹袭，在原始以及传统岭南建筑中，受建筑材料和建造技术的制约，防潮、防雨和防台风一直是非常重要又难以完全解决的气候问题，为了解决它，有时候还要以牺牲建筑的舒适性作为代价。采用完全开放性策略的较为通透的原始干栏式建筑抗风性能不佳，很容易被台风摧毁，虽然采用穿斗式木构架形式后，其整体受力情况得到改善，可以加强防台风能力，但是其抗风性能仍旧是一个薄弱环节，暴风也容易进入室内，影响建筑的正常使用；另外，岭南地区常年多雨，暴风夹带着雨水经常会形成横风横雨，极易飘进采用通透外围护结构的建筑室内，除了严重影响建筑的正常使用外，也容易对以木结构为主的建筑造成侵蚀损坏。所以，面对这样的自然气候条件在客观上更需要一种比较坚固安全且相对封闭的建筑形式。因此在传统时期，岭南建筑会从热带地区普遍采用的"完全开放"策略的通透建筑形式，转变为采用"外封闭内开放"策略的以砖、木、瓦为主要结构方式、外围护结构非常封闭且十分厚重的建筑形式。

再如，从舒适性要求来看，"遮阳隔热"与"通风散热除湿"两者之间存在相互矛盾的地方：从"遮阳隔热"要求来看，需要隔绝外部热环境对建筑室内的影响，因此，建筑形式做得越封闭效果就越好；而从"通风散热除湿"要求来看，则需要排出建筑室内的热量和湿气，因此，要求建筑形式做得越通透效果就越好。要同时满足这两种相互矛盾的要求肯定是不可能的，必须采取折中的方法，要么在两者之间找到一个平衡点，要么侧重于其中一方面，或者向现代建筑一样使建筑界面变得灵活可变甚至变得智能，对不同气候因素采取有目的的选择方式。因此，在解决岭南建筑气候适应性问题时，要对所有气候因素的影响进行综合平衡考虑，在不同历史时期的特定条件下，寻找一个相对合理的解决方法。

2.5.3 文化因素的协调性

岭南建筑气候适应性的整体协调发展观其次表现在对文化因素的协调性方面的考虑。

以文化为中心的社会环境、生活方式和制度观念等对建筑的影响非常巨大，在研究建筑气候适应性问题时必然要考虑这些因素的影响，与文化因素的要求相协调。

岭南文化是由多民族多种文化经过长期不断交融而演化出来的独特的多元文化，它以原始百越土著文化为根基，通过在发展过程中不断吸取和融会中原文化以及海外文化，逐渐形成了自身独有的特点。从时间先后以及文化特性上划分，岭南文化发展大致可以分为三个时期：原始百越土著文化时期、封建中原汉文化影响时期、近现代海外西方文化影响时期。三个阶段中两次外来先进文化的强力输入不但给岭南文化带来新的活力，同时也导致了岭南建筑在气候适应性策略方面的转变，产生与之相协调的建筑特征。

秦统一岭南后，给岭南地区带来了中原地区的先进文化，在建筑上也受到了来自北方中原建筑文化的影响。中原文化推崇礼教及封建宗法制度等观念，在建筑上主要体现为采用对外封闭的合院式布局形式，并且突出中轴对称、主从分明的形式特征，以体现家庭伦理、礼序、尊卑等传统观念；在空间结构上由单一的开放大空间逐渐分化为多元的独立小空间，以满足封建父系家庭结构的功能要求。这种建筑模式无论是在外观形式上还是内部空间方面都与岭南原有的开放性干栏式建筑差别巨大，甚至可以说是截然相反。中原建筑文化作为当时强力输入的一种先进文化，必然要求彼时的岭南建筑做出符合其要求的改变。

汉代是中原建筑文化与岭南百越土著建筑文化逐渐融合的时期，通过研究广东汉墓的陶屋模型随葬器物，可以清晰地看到当时民居建筑在气候适应性策略方面的转变。这些陶屋模型制作精巧生动、真实形象，形式丰富多彩，是当时实际民居建筑的缩影，较为准确地反映了汉代岭南民居建筑文化的水平与特征。从出现的时间先后来看，汉代陶屋主要分为干栏式、曲尺式、三合式、楼阁式等建筑类型，它们的逐渐变化展现了汉代岭南民居由百越土著建筑向中原建筑发展演变的过程。后期的三合式陶屋和楼阁式陶屋在布局形式上越趋复杂，受中原合院式民居的影响，推崇礼教及封建宗法制度等观念，建筑结构布局由外向型转为内向型的合院式建筑布局形式（图 2-16）。这种转变导致了岭南传统建筑“外封闭内开放”气候适应性策略的出现，对后世的岭南传统建筑影响深远。直至明清时期岭南广府地区最典型的“三间两廊”民居，它的形制仍可追述至汉代的三合院式民居建筑。

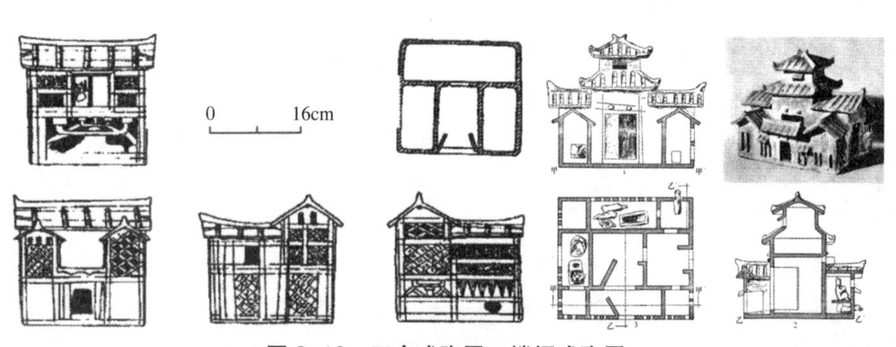

图 2-16　三合式陶屋、楼阁式陶屋

（来源：曹劲 . 先秦两汉岭南建筑研究 [M]. 北京：科学出版社，2009.）

如明清时期岭南广府地区最典型的“三间两廊”民居，是中国中原传统合院住居文化在岭南发展演变中的结果。从四合院到“三间两廊”，三开间中轴对称式布局体现出家庭伦理、礼序、尊卑等传统观念，这是中原文化与岭南环境气候等地域因素逐渐融合的结果[①]。

同样，近现代西方发达国家在全球扩张中给岭南地区带来了西方现代的先进文化，一个集东西方多元文化为一体的现代岭南文化得以形成，使岭南建筑也产生了巨大的变革。产业革命与市场经济带来的高度城市化导致建筑布局与功能的集约化、复合化，大规模的城市尺度使环境微气候发生改变，居住环境的恶化对建筑也产生了巨大的影响，向自然开放、与自然融合的理念成为新生代建筑的理想追求。这种对自然环境的追求不仅仅是追求有利于人们健康的阳光、新鲜空气等物理因素，还包括使人产生在自然中的场所感与存在感的心理因素追求。因此，要求建筑变得更加开放、通透。这种社会文化与观念的剧烈转变要求建筑必须调整策略以适应新的环境条件要求，从而导致岭南现代建筑“选择性开放”的气候适应性策略的出现。

2.5.4 技术因素的适宜性

岭南建筑气候适应性的整体协调发展观还表现在对技术因素的适宜性方面的考虑。

与文化因素的影响类似，技术因素对建筑的影响也非常巨大。建筑技术是建筑得以实现的物质基础和手段，人类的技术水平总是在不断发展进步的，不同的技术造就了不同的建筑。建筑气候适应性的核心目的是满足人的舒适性要求，而这种舒适性的程度是相对的，需要相应的技术作支撑。因此，在研究建筑气候适应性问题时必然要与一定的技术发展水平相对应，采用适宜的技术手段，并进行整体考虑。

人类生产工具的发展历经石器时代、铜器时代、铁器时代、蒸气机时代、电子时代以及当今的数字时代。纵观人类技术的发展过程，我们可以按历史发展进程把它分为原始技术、生土技术、传统技术、现代技术以及数字时代的数字技术。

岭南技术的进步与革新与岭南文化的发展变革相伴相随，两次外来先进文化的输入也给岭南地区带来了先进的科学技术。与岭南文化的发展阶段相对应，岭南技术发展可划分为三个阶段：第一阶段是原始技术时期，是原始社会的石器工具时代；第二阶段是生土技术、传统技术时期，秦统一岭南是岭南铁器时代的开端，经过两千多年的不断输入与发展，传统技

① 曾志辉．广府传统民居通风方法及其现代建筑应用 [D]. 广州：华南理工大学，2010：187.

术水平到明清时期已经非常完善成熟；第三阶段是现代技术时期，大约在清末基于工业文明的技术随着西方列强的侵入带进岭南地区，经过一百多年的不断吸收与发展，到了20世纪末，岭南已经建立起一套完整先进的现代工业技术体系，并与全世界一起进入数字技术时代。

受制于不同水平技术条件的制约，岭南建筑相应发展出三种不同的建筑形式：在原始技术时期，发展出以木结构为主的干栏式建筑形式；在生土技术、传统技术时期，发展出以砖木结构为主的传统岭南建筑形式；在现代技术时期，发展出以钢筋混凝土结构为主的现代岭南建筑形式。这三种建筑分别采取了与其技术水平相适应的气候适应性策略，在不同程度上解决了岭南气候的基本问题。

在极有限的材料与技术条件下，原始岭南建筑通过支柱支撑屋顶与抬升地面，形成一个开放性的空间，满足气候适应性最基本的要求。简单的竹木与茅草的轻质结构屋顶可以遮雨遮阳，支柱四周完全开放或仅以通透材料围合的空间，非常利于通风散热，抬升的架空地面层很好地解决了湿热气候的防潮、防雨、防洪等问题。

秦统一岭南后，岭南建筑技术也产生了飞跃性的发展，在低起点的基础上吸收中原先进文化，同时又融入地方特色，形成了以木构架为主要结构方式的干栏式建筑，至汉代逐渐臻于成熟，初步形成了以中国传统木结构建筑体系为依托而又具有岭南地方特色的建筑体系。随后北方移民持续不断地把中原技术带进岭南，历经了唐宋时期的营造方法演变，砖木结构与瓦得到了普及使用，岭南建筑的建造工艺和技术水平大幅提高，发展出一套适应岭南地方气候环境的新的营造方法，并形成一定的地方特色。至明清时期，已经发展为以砖、木、瓦为主要结构方式的成熟稳定的新建筑体系。两次建筑体系的转变，使建筑适应气候的策略也发生了改变。从技术因素看，从简单原始的竹木与茅草的轻质结构方式，到木构架为主的建筑结构体系，再到砖、木、瓦为材料的建筑结构体系，每一次建造技术与材料的进步都带来建筑形式的巨大变化。

建造技术与材料的进步使建筑能够更好的解决防雨、防潮等问题，新的结构方式使建筑可以建的更坚固、安全性更高，且尺度更宏大、空间更复杂，外围护结构能够更有效地阻隔外界高温日晒，在建筑内部也获得了相对稳定的通风能力，从而能够较好的满足人体舒适度要求。除了满足遮风挡雨的基本物质要求外，还可以让空间体现人们的精神要求。

建立在工业社会全新的结构和材料技术体系之上，岭南现代建筑通过对建筑形体、建筑界面以及建筑内部空间的灵活多变的设计，主动地选择性利用有利的气候因素，并同时抵御不利的气候因素。建筑可以根据气候条件确定其对外开放或封闭的程度，在抵御不利气候因素的同时又能够让有利的气候因素通过，甚至可以根据季节变化要求设计为可调节变化的形式。到20世纪中期以后，采暖空调技术的发展使得现代建筑可以完全依赖人工设备调节室内气候与舒适度，创造出极端稳定舒适的人工环境空间。在高技术条件下，现代岭南建筑可以通过对气候的被动适应与适度干预相结合方式，在尊重和保护环境、坚持可持续发展的前提下，获得更加精确、稳定的舒适生活空间，体现了人与自然在更高层次的共生共融。

综上所述，岭南建筑气候适应性具有多因素整体协调发展的内在特性，在研究岭南建筑气候适应性问题的时候，单纯分析气候与建筑的关联性是不够的，必须以整体协调发展的思维，同时考虑岭南此时此地的自然、文化和技术等多种因素的共同作用，把建筑气候问题放在特定的自然、文化和技术背景下进行全面分析，才能完整地推导出岭南气候适应性和岭南建筑之间的逻辑关系及其合理性，并有助于找出其策略运用的内在原因与规律。

2.6 本章小结

本章首先解读了建筑气候适应性的狭义概念与广义概念，并分别从这两方面对岭南建筑气候适应性进行分析。

在狭义方面，利用建筑气候学的相关知识原理对岭南气候要素进行深入分析，总结得出岭南气候的基本特征及其对岭南建筑的基本要求。这些要求主要表现在对建筑的“遮阳隔热”“通风散热”和“环境降温”这三个舒适性要求上，以及“防潮、防雨、防台风”这个安全性要求上。

在广义方面，主要对岭南建筑气候适应性策略发展进行深入分析。从中可以发现，从古至今岭南气候始终深刻影响着岭南建筑，不同历史时期的建筑在总体上均体现出对岭南气候的适应性，同时也表现出多样的外在形式。岭南建筑通过气候适应性策略来应对岭南气候的基本要求，不同的策略造就了不同时期的建筑特征。不同历史时期的三种建筑类型中蕴含着岭南建筑气候适应性的三种不同策略：以木结构为主的干栏式建筑采取了“完全开放”的气候适应性策略；以砖木结构为基础的传统岭南建筑采取了“外封闭内开放”的气候适应性策略；而以钢筋混凝土结构为基础的现代岭南建筑采取了“选择性开放”的气候适应性策略来解决岭南气候问题。

由于岭南地区气候的基本要素是相对稳定不变的，这些不同时期的气候适应性策略之间的差异性显然不是由气候因素本身所引起的，而是受到了自然、文化、技术等多种因素的综合影响。岭南建筑气候适应性的发展历史充分证明，岭南地区的自然环境、社会文化与技术材料等因素总是共同影响甚至制约着岭南建筑气候适应性策略的形成、选择和运用，这些因素相互作用、相互影响、相互协调，构成一个整体，共同影响岭南建筑的发展。这些因素在一定时期内具有相对的稳定性，但同时也会随着社会的发展发生改变，导致气候适应性策略的转变与新的建筑特征的形成。本书把岭南建筑气候适应性的这种内在的整体协调发展特性称为岭南建筑气候适应性的整体协调发展观。岭南建筑气候适应性的整体协调发展观主要表现在三个方面：自然因素的整体性，文化因素的协调性，技术因素的适宜性。

岭南建筑气候适应性的整体协调发展观成为研究当代岭南建筑气候适应性设计策略发展变化的重要理论依据。

第 3 章　基于整体观的当代岭南建筑气候适应性创作策略理论探索

3.1　基于岭南建筑气候适应性整体观的当代因素分析

岭南建筑气候适应性的发展过程充分证明，岭南建筑气候适应性具有多因素整体协调发展的内在特性。岭南建筑气候适应性的整体协调发展观主要表现在三个方面：自然因素的整体性、文化因素的协调性、技术因素的适宜性。在一定时期内，这些因素具有相对的稳定性，但同时也会随着社会的发展进步发生改变，所有的因素会在相互作用与影响下构成一个新的整体，导致气候适应性策略的转变与新的建筑特征的形成。岭南建筑气候适应性的整体协调发展观表明，岭南地区的自然环境、社会文化与技术材料等因素总是共同影响岭南建筑气候适应性策略的形成、选择和运用，这些因素相互作用、相互影响、相互协调，构成一个整体，共同影响着岭南建筑的发展。

在当前全球一体化深入发展以及信息技术普遍应用的大背景下，世界上多元的文化与技术更加快速、深入地传播、交流和融合，当代岭南在自然环境、社会文化、经济技术以及人们的观念方面都发生了剧烈的变化，在建筑气候适应性方面也提出了一些新的和更高的要求。与过去相比，影响建筑气候适应性的自然因素、文化因素与技术因素都更趋复杂化，从而使岭南建筑的气候应对问题变得更加复杂，因此，更加需要以系统的思维进行整体的分析与设计处理。

3.1.1　自然因素的恶化

自然环境因素的恶化主要体现为建筑外部气候环境状况日趋恶化。

从宏观上看，工业化大发展和石化能源的广泛使用已经导致了全球气候变暖问题的出现，全球的平均气温逐年上升，区域温度的上升也无法避免。而厄尔尼诺现象对于区域气候的影响更大，直接导致了区域极端气候的程度加大加深，并且出现的概率也更加频繁和无序。

从中观上看，城市区域不断蔓延扩大与建筑高层化带来地形地貌、植被、地表生物和人类活动等因素的变化，改变了城市区域的气候环境。城市的日照辐射、气温、湿度、风速和风向等气候因素都受到人工环境的影响，导致城市局地气候和微气候环境发生改变。城市区域的不断扩大、建筑密度的增加以及自然绿化环境的退缩，一方面，大大降低了城市的生态调节能力，使城市区域产生了热岛效应，城市中心区域外部环境平均温度比郊区上升 3℃以上[①]；另一方面，大面积高密度的城市建筑森林也改变了城市外部风环境状况，城市中心区域外部环境平均风速比郊区大为减弱；这些因素导致城市外部气候环境条件的恶化。

广东省气象局的统计数据表明，1951～2013 年，广东省日最高气温大于 35℃的高温日数以每 10 年 2.6 天的速度显著增加，日最低气温小于 5℃的低温日数以每 10 年 1.5 天的速度显著减少。[②]（图 3-1）。

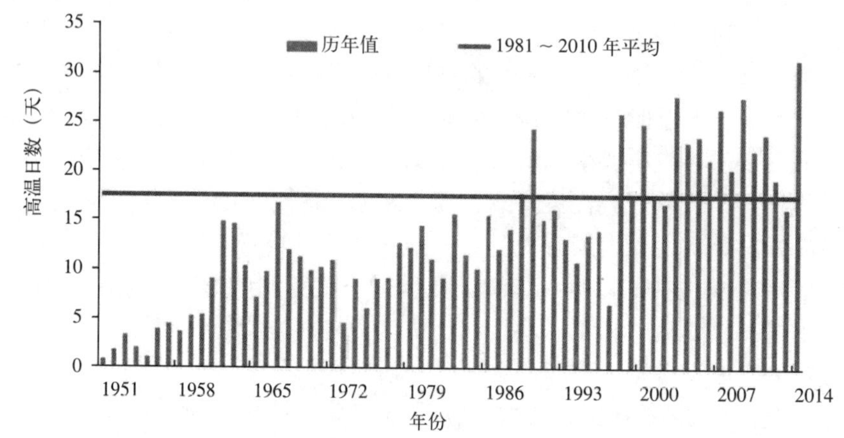

图 3-1　1951～2014 年广东省平均高温日数历年变化（天）

（来源：广东省气象局官方网站 www.grmc.gov.cn）

从微观上看，现代建筑自身日趋大型化和复杂化也影响了建筑内部空间的环境状况。技术进步、功能多元以及土地的集约利用共同促使现代建筑变得愈加大型化和复杂化。一方面，建筑尺度不断加大。高层建筑越来越多，并在竖向上不断刷新纪录；水平向不断扩大的建筑综合体也越来越多，单体建筑的界限变得模糊。另一方面，多种建筑及多元功能空间的复合化发展使得建筑空间变得更加复杂。这些大尺度、复杂化的现代建筑不但使内部产生的热量大大增加，同时也使得通过自然通风散热变得更加难以实现。

如果说，宏观上的全球气候变化对建筑的影响还微乎其微的话，那么中观上的城市局地微气候环境改变以及微观上的建筑内部空间环境状况改变的影响都是非常明显的。因此，与过去相比，现今的建筑必须面对和解决更加复杂的自然环境问题。

---

① 陈卓伦，赵立华，孟庆林，等. 广州典型住宅小区微气候实测与分析 [J]. 建筑学报，2008（11）.

② 广东省气象局官方网站 www.grmc.gov.cn

3.1.2 文化因素的剧变

21 世纪是“全球化”时代，在高度发达的现代信息技术支持下，世界上多元的文化思想打破了地域限制，在全球快速传播和融合，并不断产生新的文化。全球化使得世界文化领域出现了多元化下的趋同现象，这既是人类社会的一大进步，同时也对地域原生文化构成巨大的冲击和破坏作用。

一方面，文化的全球化可以将世界各地的地方文化融合起来，形成适合于国际化的新文化，供各个国家和地区的人共同使用；地域文化也可以对国际化文化中的有益部分加以吸收和利用，并使其地方化，从而刺激本地区传统文化的新陈代谢和进一步健康发展。另一方面，国际化文化在全球的强势输入传播必然对原有的地域文化起到一定的侵蚀作用，弱化了地域文化特征。这两方面交织在一起，使得世界各地的文化因素变得更加复杂。

“建筑作为一种文化形态，是人类文化大体系的一个组成部分，与社会经济、科学技术、政治思想息息相关，各种观念无时不在制约着建筑文化的表达和发展”[①]。随着文化全球化的到来，在建筑领域也出现了相同的现象，建筑文化也呈现出多元化下的趋同现象。当代建筑创作作品受世界范围内不同文化和哲学思潮的影响，呈现出多种建筑风格并存的现象，纷繁复杂的各种建筑风格不断交流、碰撞与融合，又不断形成新的建筑风格，令人眼花缭乱、应接不暇，但在总体上仍造成了建筑风格的趋同现象。

时代的发展使当代思想观念发生了很大的转变，在建筑气候适应性方面也提出了一些新的和更高的要求。西方商业文化、消费文化的传入对岭南当代建筑形成了价值冲击，建筑在一定程度上被纳入消费对象领域，因此，建筑创作必然要面对大众消费口味的偏好。社会的进步使得现代人们对于环境舒适度的要求变得更高。由于经济水平的提高和对健康生活的更高追求，现代社会相比传统社会对建筑舒适度的期望值更高，对建筑热环境稳定性和精确度要求更高，必然对建筑气候适应性设计提出了更高的要求。

因此，文化与观念因素的多元化与趋同化使得建筑气候应对问题变得更加复杂。

3.1.3 技术因素的跃升

建筑从诞生开始就离不开技术因素的支撑，建筑的发展有赖于科学技术的进步。当代技术的跨越式发展和进步极大地促进了建筑形态发展及人们审美观念的变化。当代高新技术材料所具有的美学性能改变了人们对建筑形式审美的评价，导致建筑设计新理念的不断产生。空调技术设备的更

---

① 何镜堂 . 建筑创作要体现地域性、文化性、时代性 [J]. 建筑学报，1996（3）.

新完善使建筑室内环境的完全人工控制成为现实，在日益发展进步的建筑技术的支撑下，建筑形态得到了空前的发展，为建筑创作提供了更多的空间和可能。生产力低下时的建筑是“遮蔽所”，到了信息时代，有了环境控制技术和智能技术的支持，建筑似乎可以不用顾及所处地域的气候条件了，使当代的建筑设计具有过于强调艺术形式美学的倾向。

在当前以技术主导、经济推动的建设高潮情形下，岭南建筑在全球化面前亦步亦趋，迅速地吸收外来的建筑潮流，对新材料、新形式的运用出现盲目追风现象，对地方传统技术亦不够重视，过分依赖建筑设备技术带来了能源的过度消耗。

当今，发达的数字信息技术的革新为当代建筑业提供了更高的技术支持，给建筑设计方式和施工建造方式带来深刻的影响，进而影响到当代建筑形态的革新与审美趋向，数字信息技术强大的技术能力使过去传统建筑无法想象的事情变成现实，使当代建筑形态变得更加多元与复杂。

另外，基于生态环境的保护和可持续发展思想，当代建筑技术倡导绿色生态思维，广泛应用各种节能环保的新型生态技术或绿色技术，利用低能耗可循环材料、绿色能源等，使建筑对环境的影响最小化，这也同样深刻影响当代建筑设计的发展趋向。

因此，当代技术因素的巨大变革使得建筑气候应对问题变得更加复杂。

3.2 时代背景下整体理性创作方法的复归

3.2.1 客观影响因素分析

1. 全球环境影响

20 世纪初期以前，世界各地的地域建筑基本处于一种相对封闭的自我发展与完善的状态中，地域建筑之间的特征差异非常明显。现代主义建筑的出现及其在全球的传播打破了这种长期稳定的状态，特别是在 20 世纪下半叶全球化急剧发展的国际环境影响下，当代地域建筑创作受到了前所未有的剧烈冲击。

20 世纪 70 年代以来，以电子技术为核心的第三次科技革命在西方发达国家深入发展。20 世纪 90 年代以后，计算机及网络技术在世界范围的普及把人类带入了信息时代，西方建筑多元化思潮迅速影响全球。层出不穷、变幻不断的多元化西方建筑新思维、新风格以图像方式借助互联网在全球同步传播，让人眼花缭乱，对其他国家造成了巨大的冲击。21 世纪以来，借助着信息化时代成熟互联网技术的便利，西方建筑新思维的传播变得更为深入、快速和广泛，建筑的全球化也愈加迅猛。在当今全球一体化背景下，世界各地的社会、经济、文化、技术以及人们的观念一直都在变化，甚至出现了世界文化趋同现象。全球化环境既推动了建筑理念与建筑技术的进步，同时也造成了建筑文化的趋同。

当代建造技术和材料技术的跨越式进步以及计数机辅助设计的应用大大促进了建筑业的发展，让当代建筑师获得了创造建筑空间造型的极大自由，建筑外观也呈现出丰富多彩的局面。在建筑创作获得空前自由的同时，也导致了许多徒有其表、纯造型、表皮化的非实用建筑，或是东施效颦的“国际潮流”建筑的出现，甚至出现了许多令人莫名其妙、啼笑皆非的“奇奇怪怪”的建筑。这类建筑几乎无视建筑的功能属性以及对所在环境的呼应，使建筑创作落入了形式主义的窠臼中。

变幻不断的西方文化思潮借助互联网以图像方式在全球同步传播，让人眼花缭乱，对高速发展的中国造成了巨大的冲击。在西方强势文化传播影响下，很多中国城市建筑盲目照搬西方国家的建筑形式。很多建筑师无视建筑设计的理性创作过程，仅凭对几张图片的肤浅理解而采取“拿来主义”，照搬照抄、快速复制国外新建筑，导致地域特色丧失。

一方面，在创作中过于关注建筑理念、空间意匠，仅以文化价值或审美价值去解读与品评建筑，缺乏对建筑技术层面的研究，表现出明显的技术惰性。另一方面，盲目引进、移植不适合本地域且代价高昂的高新技术，忽视地域自身条件，造成能源消耗过多及环境负荷增加，不利于传统建筑技术的继承与发展。“更为严重的是地域建筑创作中价值理性与工具理性的背离，出现了以激进意识形态上的创新为目的的技术非理性现象”①。

2. 国内环境影响

自 20 世纪 20 年代以来，岭南建筑都追寻着一条现代性与地域性相结合的理性探索创新之路，特别是在 20 世纪 50 ~ 80 年代间几创辉煌，在全国产生了广泛而深远的影响。但进入 20 世纪 90 年代以后，中国的城市化建设开始如火如荼的进行，广东建筑由于经济的持续发展，又获得了机遇和挑战，建筑师充分发挥智慧和能力，营建了大批新建筑，部分作品质量达到了国内甚至国际先进水平，但是相对来说，新建筑在岭南特色发展方面却进入了“缓慢发展期”②。“建筑师在大规模建设的高潮中，特别是市场经济的冲击下，面对多元缤纷的社会形态，显得力不从心，常常跟着市场导向走，比较被动，整个建筑界处于一个比较迷茫的、发展的过程”③。当代岭南建筑出现了特色相对缺失的现象。这种当代地域建筑特色相对缺失的现象不仅出现在岭南地区，在整个当代中国都具有普遍性。究其原因，

---

① 章明，张姿 . 当代中国建筑的文化价值认同分析（1978-2008）[J]. 时代建筑 . 2009（3）：18-23.

② 陆元鼎 . 岭南人文 · 性格 · 建筑 [M]. 北京：中国建筑工业出版社，2005：91-92.

③ 何镜堂 . 建筑创作与建筑师素养 [J]. 建筑学报，2002（09）.

与中国当代社会发展的大背景密切相关。

“我国现阶段的社会转型并不像西方发达国家那样，以自身成熟、高度发达的工业社会为基础，而是在全球化浪潮影响下工业化与后工业化交织在一起的不均衡转变。”“我国建筑思潮的快速更迭很大程度上是西方建筑理论在中国城市的‘移植’。我们对于中国建筑创作中的基本问题仍缺少理性思考，存在着错位地将西方当代建筑理论与建筑实践视为解决自身问题的‘普世理论’现象。”①

在客观上，目前我国建筑设计行业的整体特点也导致了这一现象的产生。设计周期短、任务重、制约因素多、反复设计、恶性竞争严重等多种因素是促使非理性创作现象产生的重要原因②。在高速发展的国内建设大环境下，很多中国建筑师要么受西方强势文化影响盲目照搬西方国家的建筑形式；要么对传统地域文化缺乏深入发掘解读，忽视地域文化的动态发展性，仅以片面、表象或者模糊的理解，通过简单表面化的拼贴传统和近代建筑形式符号来表现地域文化，成为一种为了提高商业利润的伪地域文化概念的营销手段。

3.2.2 主观影响因素分析

1. 设计方法论缺失

建筑创作是建筑师对建筑这一特殊生产对象的创造生产过程，是建筑师根据自己的创作价值取向，运用一定逻辑的创作方法与创作语言手法，在建筑物建造之前对建筑物的使用功能、空间组合、艺术造型和施工建造等做出全面筹划设想，并用图纸和文件表达出来的具体步骤和过程。因此，建筑师的创作设计方法论举足轻重。

目前，我国建筑界基本上还在沿用传统的、以建筑师经验、直觉判断和灵感突现为基础的设计方法。整个设计过程大都依靠建筑师的个人经验或直觉判断进行。这种过于主观的设计方法导致了建筑和建筑环境不能很好的满足社会的实际需要。③

对于当今我国建筑师在创作过程中的常用的创作模式，西安建筑科技大学赵红斌博士进行了系统的调查研究，其成果对于分析我国当前建筑创作现象具有积极的参考意义。赵红斌博士归纳总结出了“事例—模仿型”“分析—综合型”“猜想—分析型”“抽象—逆反型”四种典型建筑创作模式。④

---

① 梅洪元，张向宁，朱莹 . 回归当代中国地域建筑创作的本原 [J]. 建筑学报，2010（11）.

② 赵红斌 . 典型建筑创作过程模式归纳及改进研究 [D]. 西安：西安建筑科技大学，2010：15-16.

③ 刘先觉 . 现代建筑理论 [M]. 北京：中国建筑工业出版社，1999：533.

④ 赵红斌 . 典型建筑创作过程模式归纳及改进研究 [D]. 西安：西安建筑科技大学，2010：49.

其中，“事例—模仿型”是我国广大建筑师较常采用的创作模式，这种模式以对成功案例的模仿为主，比较容易掌握，操作也简便、快捷。但这也是四种模式中最缺乏创造性的，这从侧面反映了我国当前设计水准不高、设计缺乏原创性的具体原因。

“猜想—分析型”和“抽象—逆反型”模式的创新能力与艺术性比较突出，适用于在形式上有独特要求的标志性建筑，但对创作者设计经验、理解能力、想象能力要求较高，是较为高级的一种设计过程模式，因此，往往在比较有经验的建筑师的建筑创作过程中发生，也是许多国外著名建筑大师常用的创作方法。如法兰克·盖里的创作过程就近似这两种模式。但是，对于我国绝大多数缺少经验的初级建筑师而言，这两种模式都比较难以把握，在运用的容易落入形式主义的窠臼中。这从另一个侧面反映了我国当前设计风格虽然紧跟国际潮流，但作品品质却往往比较低下的具体原因。

而“分析—综合型”模式是一种系统的、逻辑的、理性的、数学化的整体设计方法，非常适合环境复杂、影响因素多的设计状况，为快速的、大批量的城市建设提供可靠的设计方法和理论支撑。如诺曼·福斯特采用的“综合设计”方法就近似这种模式。这种模式容易被一般建筑师把握，适用于绝大多数的建筑创作。鉴于我国当前的城市建设状况以及建筑师的整体创作经验和创作水平，“分析—综合型”模式是应该大力提倡的设计方法，可以改变我国传统的以直觉、经验、非理性为基础的片面设计方法，促进建筑设计由个人主观意念向系统科学的方法的转化。①

建筑设计创作是一个富于逻辑性的理性思维过程，建筑师应该深入思考现代建筑的地域性问题，运用理性务实的创作观与方法论，紧紧围绕建筑的本质功能属性，在整体上体现出高度的逻辑合理性，才能创作出形式丰富多彩，同时蕴含相应核心价值的、优秀的当代地域建筑。

2. 国外大师创作方法启示

相比而言，自 20 世纪 70 年代以来，国外发达国家的现代建筑创作理论与方法经过不断探索，已经有了很大的发展转变，在适应新技术变化以及满足社会发展新需求方面走在了世界前列。下面通过对两位当代国外著名建筑大师的创作方法分析，可以从中得到一些启示。

1）弗兰克·盖里——主观个性畅想型

弗兰克·盖里早期的创作以地方主义为开端，从加利福尼亚州的环境中直接获取灵感，同时受到后现代主义的深刻影响，将商业艺术、广告艺术与建筑设计相结合，逐渐形成自己高度原创性的个人美学。盖里的创

---

① 赵红斌．典型建筑创作过程模式归纳及改进研究 [D]. 西安：西安建筑科技大学，2010：93.

作漠视传统规矩，即兴运用材料，形式处理巧妙大胆，通过随意的结构和分裂的体块组合，创造性地赋予建筑鲜明的文脉特色。如其自宅设计、TBWA Chiat/Day 公司大楼等。

自 20 世纪 80 年代中期开始，盖里借助计算机辅助设计技术，运用模型方法进行建筑创作设计，在形式塑造上获得了更大的自由度，发展出一套由自由曲线为主的、完全雕塑化的建筑形式语言。这类建筑作品基本上由不规则的曲线形体块随意组合而成，形象夸张、抽象、大胆，更像是一位天马行空的艺术家的雕塑作品。如巴黎的美国中心、西班牙毕尔巴鄂古根海姆博物馆等（图 3-2）。

盖里的主要建成作品以私人住宅、音乐厅、博物馆等小量化建筑类型为主。创作过程主要依靠建筑师本人的直觉判断与个人经验，作品往往以新奇、独特、极富现代抽象艺术气息的外观造型为主导，通过光面金属板等现代新颖材料的运用，突出表现建筑的艺术造型效果，并带有鲜明的个人色彩标签，因此，非常适合小众的、对艺术性和标志性要求较高的建筑类型的需求。这种创作方法更像是艺术家的主观个体化艺术创作过程，因而难以仿效推广。

图 3-2　西班牙古根海姆博物馆

（来源：作者拍摄）

2）诺曼·福斯特——客观理性系统型

诺曼·福斯特早期的创作受密斯·凡·德·罗极少主义设计方法的影响，创造了一系列典型的现代主义钢构建筑。这些建筑充分考虑了建造工艺与材料工艺，建筑建成后表现出极高的精确工业美感。后来随着海外市场的拓展，建筑作品表现出多样性的异国风格，并且注重考虑建筑对不同地区的气候与文化的地域性适应与表达。诺曼·福斯特在建筑创作中十分注重高技术新材料的综合应用，同时也借助计算机辅助设计技术，使作品在形式塑造方面更加自由多变。

福斯特在创作中十分注重对整合设计的追求：从设计进程的开始到最

后完成，他尽可能与负责建筑局部设计或制作的个人和企业保持紧密联系，并且在自己的事务所内部拥有工种齐全的工程师团队，以确保空间概念、结构和环境体系等可以作为一个整体进行构思。这种“综合设计”表现了一种协作的、跨学科的设计方法，结构、安装、建造和环境性能等问题从一开始就全面考虑且纵贯全程。通过“综合设计”方法，福斯特的作品达到了高性能设计的目的。许多项目明显致力于低能耗、高效能的设计，且始终追求高技术运用，目的是改善工作环境质量，同时回应了环保政策要求。福斯特在创作中始终追求高技术运用，设计过程利用计算机动态模型分析技术，如流体力学或 CFD，对建筑进行自然通风、采光、节能等性能分析，以此指导设计方案优化。

福斯特的作品以工厂、办公楼和机场等公共实用性建筑为主，通过“综合设计”方法与高技术运用，突出建筑的整体效果和性能要求。代表作品有散斯伯里视觉艺术中心、香港汇丰银行、法国尼姆现代艺术中心、德国法兰克福商业银行总部大楼、伦敦瑞士再保险总部大楼、伦敦市政厅、德国议会大厦（图 3-3）。其中香港汇丰银行被誉为东亚地区第一幢令人信服的地域性高层建筑典范；法国尼姆现代艺术中心则是现代主义者关于文脉主义里程碑式的尝试，不但敏感地回应了对面的罗马神庙，同时坚持了现代主义的立场；德国法兰克福商业银行总部大楼是第一幢采用可开启窗扇和自然通风的现代摩天楼，一年之中 80% 的时间靠自然通风，同时提供了宜人的空中花园户外交流场所。①

福斯特的创作方法强调整体整合设计，在整个设计过程中坚持团队合作，对建筑造型空间、艺术与地域文脉表现、使用性能、气候适应、环保节能、建造安装等诸多问题进行整体综合考虑，保证了核心意图；同时各个部分又有分工侧重，保证了各个局部的精确化设计。这种方法是将建筑创作当作一个复杂的系统工程来处理，全面兼顾了整体与局部，以达到综合最佳效果。福斯特就像是一支大型交响乐团的指挥，以他对乐章的理解，带领把控所有团员完成了一曲美妙的乐曲。

与弗兰克·盖里强调主观个性化创作方法相比，诺曼·福斯特的“综合设计”方法更强调客观系统的整体追求，更加强调技术逻辑与理性精神，其方法论客观、稳定、容易把握，因而更容易学习推广。同时诺曼·福斯特的“综合设计”方法也更加强调建筑与所在环境的关系及其生态性能，这种技术理性方法使建筑更能体现出当地特色，所以更加适合作为地域建筑创作的借鉴方法。

---

① （美）克里斯·亚伯.建筑·技术与方法 [M]. 项琳斐，项瑾斐，译.北京：中国建筑工业出版社，2009：103.

图 3-3　诺曼・福斯特作品

（顺序为：香港汇丰银行；德国法兰克福商业银行总部；伦敦瑞士再保险总部；法国尼姆现代艺术中心；伦敦市政厅；来源：作者拍摄）

3.2.3　理性创作方法复归

中国工程院咨询研究项目《当代中国建筑设计现状与发展研究》分析和阐释了五个与建筑创作关系密切的、建筑师关心的深层问题。报告指出，解决我国当前建筑创新问题的基本思路是“既求之于外也求之于内，求之于内是根本性的。”同时认为“欧洲文明的两个基础——理性主义和实证方法都是至今需要我们认真学习的，分解式研究和穷究精神、求真的科学精神始终是对东方文化的补充和调整。”①

1. 岭南现代建筑的理性创作传统

纵观近百年的岭南现代建筑发展历程，几代岭南本土建筑师始终围绕岭南现代建筑的现代性与地域性表达进行着不懈的创作探索。岭南现代建筑师的探索没有简单地移植西方经典的现代主义形式，而是基于自己所在地区的具体情况，从特定的地域气候和文化出发，再结合当地的建筑传统，

① 朱光亚 .《直面制约建筑创作的深层课题——当代中国建筑设计现状与发展研究》报告介绍 [J]. 时代建筑，2013（07）.

探索和发展具有自己地域特色的现代建筑。岭南现代建筑创作得益于开放包容、理性务实的岭南文化特性，探索过程也体现出理性传统与多元并收的特征。[①]

广州地区作为岭南地区的政治、经济、文化中心，它的现代建筑发展与现代建筑师群体始终充当着岭南建筑领域的代表角色。从20世纪20年代以来，广州历经了几次城市建设高潮，在此过程中，始终坚持现代性与地域性表达的岭南建筑创作取得了丰硕的成果，呈现出三个循序渐进的、以不同主导思想为核心理念的创作探索阶段。这三个阶段分别是：20世纪20～50年代，以形式地域化为主导的创作探索；20世纪50～60年代，以气候适应性为主导的创作探索；20世纪60～80年代，以环境融合为主导的创作探索。这三个阶段的现代建筑创作探索都体现出理性与多元并收的特征。

2. 以气候适应性切入的技术理性创作方法复归

建筑设计创作是一个富于逻辑性的理性思维过程，得益于理性务实的岭南文化特性，岭南现代建筑创作探索过程也体现出理性务实的精神传统。但在当前全球化深入发展以及信息技术普遍应用的大背景下，社会结构发展日趋复杂、功能需求日益增多、生活形态不断变化、技术手段日益进步，建筑师所面临的处境和挑战越来越严峻、越来越复杂。从整体观、系统论的理性逻辑角度来看，紧紧抓住整体全局，再面面俱到的控制好每个局部，这是一种较为理想的方法思路；而将复杂问题简单化，再从简单的问题入手，逐个击破，以其中某个局部作为切入点，再以整体观的思维把它与其他部分一起权衡考虑，也不失为一种有所侧重、目的性更强、更为简便易行的方法思路。

正是有感于此，针对当代岭南建筑地域化创作的现状与需求，笔者认为，可以在整体设计思维指导下，探索理性的以气候适应性为切入点的当代岭南建筑地域化创作方法。

岭南建筑的气候适应性是岭南建筑最主要的地域性特征的体现。气候是自然环境中不可移植的地域特征。在当今全球一体化背景下，世界各地的社会、经济、文化、技术以及人们的观念一直都在变化，甚至出现了世界文化趋同现象，但各个地区的气候条件几乎不会有大的改变，对建筑地域性影响也最为突出，是世界各地的建筑师的关注重点。当今建筑技术不论如何发展，在传统和现代的共同话语中，自然气候仍为第一，因此，自然气候也将成为建筑地域性中传统与现代结合的共同点。20世纪50年代，以夏昌世为代表的老一辈岭南建筑师开展了以气候适应性为主导的岭南现

---

① 彭长歆．现代性·地方性——岭南城市与建筑的近代转型[M]．上海：同济大学出版社，2012：24.

代建筑地域化创作探索，取得了丰硕的成果，奠定了岭南现代建筑在全国的影响力。今天，在新理论的指导下继续以气候适应性为切入点的理性探索，可以深入解读与拓展当代岭南建筑的地域特性特征，建设富有新时代岭南特色的建筑和城市。

不同的创作方法会产生不同的设计作品，漫无目的而又无法可依的设计必然不能产生精品建筑。以气候适应性切入的建筑创作方法是以系统论哲学理论为基础、基于整体设计思维的理性设计方法研究。它符合设计方法及创作过程的综合化发展趋势，同时考虑了时代进步的要求。适应气候是建筑产生的根源和不断发展变化的动力，在这个建筑多元化的网络时代，重拾理性主义的创作思维，以适应气候为切入点发掘当代建筑创作过程中的内在规律，有助于提高建筑设计水平、丰富地域性建筑创作理论。

3.3 当代岭南建筑气候适应性创作策略研究的理论依据

3.3.1 系统论的整体观核心思想

“系统”一词来自英文“system”的音译,该词源于古希腊文,意为“由部分组成的整体”。

系统思想源远流长，但作为一门现代科学的系统论，是由美国理论生物学家 L.V. 贝塔朗菲（L.Von.Bertalanffy）创立的。他在 1932 年发表“抗体系统论”，提出了系统论的思想；1937 年，他又提出一般系统论原理，奠定了这门科学的理论基础。

“系统”概念通常被定义为：由若干要素以一定结构形式联结构成的具有某种功能的有机整体。系统概念可以从三个方面理解：系统由若干要素（部分）组成；系统具有一定的结构；系统具有一定的功能性。整体性是系统最基本的特性，即系统必须作为一个有机整体发挥其特有的功能，这种功能是各组成要素（部分）在孤立状态时所没有的。[①]

系统论的核心思想是系统的整体观念。贝塔朗菲认为：“系统是相互联系、相互作用的诸元素的综合体”。任何系统都是一个有机的整体，它不是各个部分的机械组合或简单相加，系统的整体功能是各要素在孤立状态下所没有的性质。他用亚里士多德的“整体大于部分之和”的名言来说明系统的整体性，反对那种认为要素性能好，整体性能一定好，以局部说明整体的机械论的观点。同时认为，系统中各要素不是孤立存在的，每个要素在系统中都处在一定的位置上，起着特定的作用。要素之间相互关联，构成了一个不可分割的整体。我国科学家钱学森也认为：“系统就是由许多

---

① 杨鸿智 . 系统论的综合介绍 . 新浪博客，http：//blog.sina.com.cn/s/blog_43b0f4b301018mfb.html

部分所组成的整体，所以系统的概念就是要强调整体，强调整体是由相互关联、相互制约的各个部分所组成的。”①

系统论的出现，使人类的思维方式发生了深刻的变化。以往研究问题一般是运用由笛卡尔奠定理论基础的分析方法，即把事物分解成若干部分，再以部分的性质去说明复杂事物。这种方法着眼于局部或要素，遵循的是单项因果决定论，因而，不能反映事物之间的联系和相互作用，不能如实说明事物的整体性。它只适合认识较为简单的事物，而不能胜任对复杂问题的研究，在现代科学高度整体化和综合化的发展趋势下，在人类面临许多规模巨大、关系复杂、参数众多的复杂问题面前，就显得无能为力了。而系统方法却能为现代复杂问题提供有效的新思路和新方法，从而促进了现代科学的发展。

系统论反映了现代科学发展的趋势，反映了现代社会化大生产的特点，反映了现代社会生活的复杂性，所以它的理论和方法能够得到广泛的应用。系统论不仅为现代科学的发展提供了理论和方法，同时也为解决现代社会中的政治、经济、军事、科学、文化等方面的各种复杂问题提供了方法论的基础，系统整体观念已经渗透到现代社会的各个领域。

建筑作为一个复杂的人工物质系统，具有系统的各项特征。建筑的设计、建造与发展是一项系统工程，它是在特定的社会背景下，综合自然环境、社会文化、经济技术等多方面因素的复杂系统。建筑系统既作为独立系统存在，同时也属于更大范围的地球环境的子系统。因此，在建筑创作设计研究及实践过程中需要系统论的整体思维及相应的科学方法，从综合性、复杂性和动态演化的多方位、多角度对其进行研究。在系统论的整体观思想基础上，把当代岭南建筑气候适应性策略问题与建筑创作相结合进行整体综合研究，有利于摆脱片面化的设计策略，从而真正表现出当代岭南建筑的地域特色。

3.3.2 “两观三性”整体创作理论

从 20 世纪 20 年代以来，岭南现代建筑的地域性创作一直坚持理性的探索传统，分别历经了以形式地域化为主导、以气候适应性为主导以及以环境融合为主导三个循序渐进的阶段，取得了丰硕的成果，为当代岭南建筑创作理论与实践奠定了坚实的基础。

进入 21 世纪后，在全球一体化加剧及数字信息化的大背景下，社会对建筑设计提出了更高的要求，建筑创作已经成为一个涉及面更广、程度更深的系统工程。当代岭南建筑大师何镜堂先生根据时代发展要求，在前

① 魏宏森，曾国屏 . 系统论——系统科学哲学 [M]. 北京：清华大学出版社，1995.

人的基础上，结合自己几十年的创作实践，提出了“两观三性”建筑创作理论。其中“两观”指整体观、可持续发展观；“三性”指地域性、文化性和时代性。

何镜堂先生认为，建筑是时代的产物，是社会的综合反映。当代建筑设计涉及社会经济、技术、文化等方面因素，同时还要考虑环境、生态及可持续发展等问题，因此，不能再用传统孤立、片面的方式去理解现今的建筑问题。建筑师要有一个整体观念，把建筑创作视为一个系统工程。建筑要有整体观和可持续发展观，建筑创作要体现地域性、文化性、时代性。①

建筑的整体观思维包括建筑与环境的整体性以及建筑自身的整体性，即建筑与环境的和谐统一以及建筑自身各部分协同构成一个有机整体。建筑的可持续发展观思维是基于当代人类共识的生态可持续发展理念，即建筑要创造条件促进人与自然的协调与和谐共生。建筑的地域性体现在建筑受地理气候、地形地貌和建筑周边城市环境的影响上；建筑地域性还表现在地区的历史、人文环境之中。建筑的文化性体现在建筑的双重性上，它既是物质财富，又是精神产品；建筑作为一种文化形态，应表达特有的地区文化共性和文化内涵。建筑的时代性体现在建筑的动态发展性上；建筑是一个时代社会经济、科技、文化的综合反映，现代建筑创作要适应时代的特点和要求。建筑的地域性、文化性、时代性是一个整体的概念：地域是建筑赖以生存的根基，文化是建筑的内涵和品位，时代性体现建筑的精神和发展；三者相辅相成，不可分割。②

“两观三性”建筑创作理论将建筑创作视为一个系统工程，是建立在现代系统理论基础之上的科学理性的建筑设计方法论。“两观”将建筑纳入纵、横向的时空维度予以整体考察，“三性”则将建筑作为一个整体的三个面予以解析，从而全面地勾勒出建筑系统性框架。它首先强调了系统内各因素的整体协调性；其次注重系统作为一个整体的动态持续发展性。因此，可以说它的理论内核就是强调建筑创作的整体协调发展，“整体观”是其中的关键所在。

“两观三性”建筑创作理论以理性主义为基础，是一个具有客观普适性的系统创作理论，不但可以指导岭南地域建筑创作实践，而且可以跨越区域界限，作为当代建筑创作的指导理论。它以“整体观”为核心，对建筑的地域性、文化性、时代性进行了整体全面的论述，因此，也可以作为下一步更细化的具体创作方法的指导思想和理论基础。

“两观三性”建筑创作理论依然继承了现代岭南建筑地域性实践探索

---

① 何镜堂．建筑创作与建筑师素养 [J]. 建筑学报，2002（9）．

② 何镜堂．建筑创作与建筑师素养 [J]. 建筑学报，2002（9）．

的理性创作思维传统，它整合了三个阶段对岭南建筑在建筑本体、自然环境及文化环境方面的地域化实践探索成果，并在系统论基础上进行提升发展，因此，是对前人理论与实践的综合与升华，成为一个完整系统的建筑设计理论。何镜堂先生以融贯的思维和敏锐的智慧，将“两观三性”作为引领建筑创作实践的基本理论和创作指导思想，带领团队在新时代的岭南建筑创作中完成了大量设计实践，取得了丰硕的成果，并再一次让富有地域特色和时代特征的岭南新建筑享誉全国。

3.3.3 岭南建筑气候适应性的整体观

岭南建筑气候适应性的发展历史充分证明，岭南地区的自然环境、社会文化与技术材料等因素总是共同影响甚至制约着岭南建筑气候适应性策略的形成、选择和运用，这些因素相互作用、相互影响、相互协调，构成一个整体，共同影响着岭南建筑的发展。在一定时期内，这些因素具有相对的稳定性。而当其中的某些因素由于社会的发展发生了改变，又会在相互作用与影响下构成一个新的整体，导致气候适应性策略的转变与新的建筑特征的形成。岭南建筑气候适应性的整体协调发展观主要表现为自然因素的整体性、文化因素的协调性、技术因素的适宜性。在一定时期内，这些因素具有相对的稳定性，但同时也会随着社会的发展进步发生改变，所有的因素会在相互作用与影响下构成一个新的整体，导致气候适应性策略的转变与新的建筑特征的形成。

依据岭南建筑气候适应性的整体观的要求，岭南建筑气候适应性具有多因素整体协调发展的内在特性，在研究岭南建筑气候适应性问题的时候，单纯分析气候与建筑的关联性是不够的，必须以整体协调发展的思维，同时考虑岭南此时此地的自然、文化和技术等多种因素的共同作用，把建筑气候问题放在特定的自然、文化和技术背景下进行全面分析，才能完整地推导出岭南气候适应性和岭南建筑之间的逻辑关系及其合理性，并有助于找出其策略运用的内在原因与规律。

在当前全球一体化深入发展以及信息技术普遍应用的大背景下，当代岭南在自然环境、社会文化、经济技术以及人们的观念方面都发生了剧烈的变化，在建筑气候适应性方面也提出了一些新的和更高的要求。与过去相比，影响建筑气候适应性的自然因素、文化因素与技术因素都更趋复杂化，从而使岭南建筑的气候应对问题变得更加复杂，因此，更加需要以系统的思维进行整体的分析与设计处理。

岭南建筑气候适应性的整体观表明，岭南建筑气候适应性问题本质上不是一个固化的建筑形式问题，而是一个受到多种因素影响的动态发展的应对策略问题。面对当下已经剧烈变化的自然环境、社会文化、经济技术以及人们的观念等复杂因素，岭南建筑气候适应性的整体协调发展观成为研究当代岭南建筑气候适应性策略发展的重要理论依据。

3.4 当代岭南建筑气候适应性创作策略研究的实践基础

现代西方建筑体系的输入使岭南建筑产生了全方位的根本性变化。在建筑技术方面，以钢筋混凝土结构和钢结构为主的西方新型结构材料技术陆续传入，使建筑可以建造得更大、更高、更坚固、更自由；在建筑艺术方面，全新的、开放性的西方建筑形式逐渐肢解了具有封闭性的传统岭南建筑形式，岭南建筑在内容和形式上都实现了向现代化与多元化的转变。

全新的现代主义建筑作为一种外来的、席卷全球的“国际风格”建筑，在取代当地经过长期形成的、已经适应当地气候环境的传统建筑的同时，必然会产生气候适应性方面的问题。新建筑如何适应当地气候环境成为现代建筑创作必须解决的重要问题。相对于具有几百甚至几千年长期经验积累的传统建筑来说，不到百年历史的现代建筑在气候适应性方面的实践经验显然尚未成熟。不过现代建筑采取了一种自由、灵活、可变的开放性建筑体系，一方面，现代建筑可以充分吸取、继承传统建筑已有的成功经验方法；另一方面，现代建筑也借助现代建筑结构与技术材料的支撑，迅速发展出新的、有效的策略方法。

在气候适应性方面，世界各地的现代建筑师们通过大量的创作实践进行了多元化的探索，这些创作实践探索归结起来，主要分为以下三种方向：以形态空间为主导的实践探索、以环境融合为主导的实践探索、以技术支撑为主导的实践探索。

3.4.1 以形态空间为主导的实践

现代主义建筑在20世纪50年代已经在世界范围通行普及，成为一种席卷全球的“国际风格”建筑。建立在工业社会全新的结构和材料技术体系基础上的新颖、简约风格的建筑形式已不再是那么让人抵触，甚至变成了一种流行时尚风潮。当这种“标准化”的“国际风格”建筑大量出现在世界不同区域的时候，它不得不面对一个以前所有传统地域建筑从未遇到过的、但又必须解决的难题——如何用一种“国际标准”的建筑形式适应全球不同的气候？

与传统建筑相比，现代新建筑在形态空间上的改变是显而易见的。新建筑的形式与空间自由灵活、变化多元，传统建筑相对固化的策略方法虽然可以借鉴，但已经不能完全满足变化多端的新建筑的要求。新建筑在形式与空间方面如何适应当地的气候特性，成为现代建筑创作中首先遇到的问题。以形态空间为主导的气候适应性探索，成为现代建筑自产生至今一直坚持不懈的研究方向。

新建筑建立在工业社会全新的结构和材料技术体系之上，建筑与自然的开放性是灵活可变的，是有选择和可控的，因此，它在气候方面也具有相对广泛的适应性。框架结构体系和底层架空使建筑形态可以更加自由多变；自由平面和自由立面分别创造了建筑内部立体化的流动空间，以及建筑表层有选择和可控制的界面，通过同时运用体型、表层界面与内部空间系统的“灵活可变设计”，就可以综合解决不同地域的气候适应性问题。

例如，柯布西耶在法国南部城市马赛设计的马赛公寓就充分体现了这种气候设计思路。建筑外立面上大量内凹阳台和各种混凝土百叶板遮挡了地中海较为强烈的阳光，底层架空以及内部巧妙的立体化雕塑空间又使建筑获得了良好的穿透式自然通风。在后来更加炎热的印度昌迪加尔新城以及巴西等地的实践中，柯布西耶在大型公共建筑中继续丰富完善了这种设计策略方法。这些贴合当地气候特征要求的成功实践对亚洲与南美的建筑师产生了极大的影响。

印度建筑师查尔斯·柯里亚在20世纪80年代提出了“形式追随气候”（form follows climate）的口号。他从印度本土炎热干旱的气候条件出发，充分利用地方材料，挖掘传统结构优势，并巧妙地利用太阳能和气流原理，创造出“管式住宅”（tube house）和“露天空间”（open-to-sky-space）两种建筑范式，以经济的造价较好地解决了建筑通风防热问题，创作了大量具有鲜明当地气候特色的现代地域建筑。

马来西亚建筑师杨经文在20世纪90年代提出气候地域主义创作理念和“生物气候学城市”理论。他提出建筑设计和研究应当与生态学相结合的观点，并针对热带湿热气候特点，探索了很多适应气候的高层建筑形态空间设计策略，如核心筒外置、立面凹空间、立面导风墙、屋顶遮阳板、立体绿化等措施，这些策略强化了建筑的遮阳与自然通风效果，同时也创造了许多形式新颖的超高层生态气候建筑。

在国际现代建筑潮流的影响下，岭南现代建筑师通过运用现代主义建筑基本形式，充分考虑并结合岭南气候特征，不断进行以形态空间为主导的岭南现代建筑气候适应性创作探索。通过对现代岭南建筑发展历程的分析可以发现，现代岭南建筑的形态空间气候适应性创作探索主要体现在底层架空、可控界面和流动空间三个方面。

1. 底层架空——体形的可变性探索

勒·柯布西耶将“底层架空”作为“新建筑五点”的首要特征，充分凸显他对于城市建筑还地给自然、使自然环境最大化的理念。岭南建筑对于底层架空手法并不陌生，因为有利于综合解决湿热气候的通风、防晒、防雨、防潮等问题，建筑底层架空自古以来就在岭南地区得到广泛运用，近代又受到西方外廊式建筑的影响，建设了大量底层局部架空的骑楼式建筑，因此“底层架空”很自然地成为岭南现代建筑气候适应性的重要策略。

在岭南建筑师中，林克明先生是最早对柯布西耶底层架空理念进行模仿与探索的。在其1935年设计的自宅中，初步显示出架空底层的影子。在1947年设计的徐家烈宅中，他将建筑底层基本上完全架空，仅留门厅、楼梯间和小工作间，架空空间与后院连成一体，充分体现了柯氏的设计理念（图3-4）。[①]

图3-4　林克明宅推断复原图，徐家烈宅推断复原图

（来源：蔡德道．两座旧住宅的推断复原[J]. 南方建筑，2010（3）.）

20世纪70年代，广州兴建的一批涉外旅馆建筑，在以架空底层适应岭南湿热气候要求方面进行了大量的实践探索。如1973年佘畯南先生设计的东方宾馆，还有1976年莫伯治先生设计的矿泉别墅，两个建筑都采用了建筑底层架空手法，并与岭南风格的室外庭园很好地融合起来。20世纪90年代，底层架空园林在岭南居住小区中普及应用，解决了居住环境品质需求与城市用地紧张的矛盾，同时改善了建筑通风条件，满足了岭南气候要求。通过采用新型结构方式，现代建筑将底层架空处理推向了极致。如2006年由斯蒂芬·霍尔设计的深圳万科中心，采用了桥梁式的斜拉索结构，将整个建筑底层完全架空，使整个地面层成为一个舒适宜人的开放式城市公园。

在建筑气候适应性方面，底层架空最主要的作用是改善建筑周边的城市微气候环境，特别是有利于风环境的改善，同时解决建筑本身的防晒、通风、防潮和防雨等问题，这对于湿热气候的岭南地区效果特别明显。

2. 可控界面——界面的可变性探索

由于现代建筑的围护结构脱离了承重结构，“自由立面”从形式上赋

① 庄少庞．架空底层的主题转换与原义再现——以广州为例[J]. 华中建筑，2011（9）.

予建筑师更多的创作自由，同时也在建筑气候适应性方面提供了更为广泛的可能性。通过采用界面的灵活性设计，建筑立面可以根据岭南气候条件确定其对外开放或封闭的方式与程度，在抵御强烈的太阳辐射的同时，又能让自然通风顺利进入室内，甚至可以根据季节变化要求设计为可调节变化的形式，使建筑立面成为室内外环境之间的可控界面。

例如20世纪50年代夏昌世先生设计的中山医学院系列建筑，采用垂直与水平的混凝土遮阳构件附设在窗户外，并根据立面朝向以及太阳照射规律采用了不同的尺寸和形式，使其既可遮阳，又可通风，满足了医学建筑柔和的采光要求（图3-5)。这种设计手法对后来的现代岭南建筑产生了广泛的影响。① 在20世纪70年代广州兴建的一大批涉外建筑中，这种遮阳手法被进一步改良为更加简洁的水平遮阳板和可预制的各式通花窗等形式，如东方宾馆、广州出口商品交易会陈列馆、白云宾馆等建筑，使这种美观实用的立面形式成为当时岭南建筑的主要特征以及建筑气候适应性的常用手法。

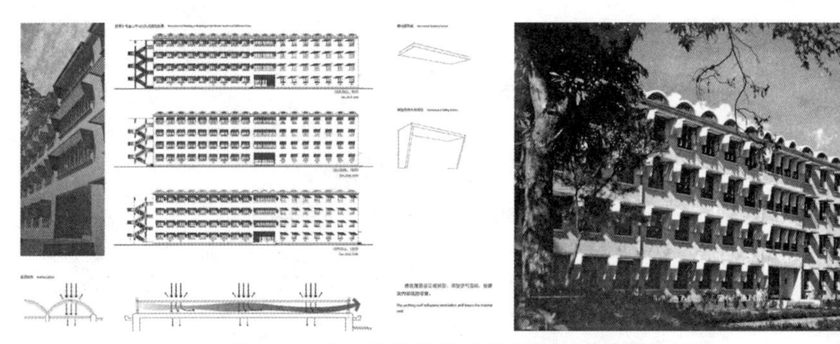

图3-5　中山医学院基础科楼外观及遮阳分析

（来源：2009年深圳·香港城市\建筑双城双年展——“在阳光下：岭南建筑师夏昌世回顾展”展出资料）

进入21世纪后，在新技术的支撑下，建筑界面更加灵活多样，可以设计成可智能调节的方式，遮阳设施可根据外界环境状况而变化，以适应不同时间、不同季节太阳照射的变化要求，同时可以保证通风、采光需求。例如广州发展中心大厦采用了先进的智能控制立面遮阳构造，外立面上布满了可智能控制调节转动的竖向遮阳板，可根据室外气候状况与室内需求转动变化，综合解决了遮阳、采光、通风等问题。

可控界面通过对建筑外部界面的巧妙设计，同时起到了遮阳隔热和通风散热的作用，解决了湿热气候的两个最主要问题，因此是岭南建筑气候适应性最重要的策略。

---

① 夏昌世.亚热带建筑的降温问题——遮阳·隔热·通风[J].建筑学报，1958（10）.

3. 流动空间——空间的可变性探索

在湿热气候条件下，建筑必须解决隔热与散热问题。隔热问题主要涉及建筑的表层界面，而散热问题主要涉及建筑的内部空间组织。“自由平面”创造了现代建筑内部立体化的流动空间，不但在心理上给人以丰富多变的感受，在物理上也通过空气对流引导建筑内部能量的流动与分配，从而起到调节建筑室内物理环境的目的。现代建筑通过利用通风原理塑造合理的内部流动空间，就能获得良好的自然通风效果。

例如 20 世纪 70 年代，莫伯治、佘峻南等在矿泉别墅、东方宾馆、白云宾馆、白天鹅宾馆等一系列的旅馆建筑设计中，在内部空间组织上借鉴了传统园林空间灵活、开放的布局手法，营造出室内外相互渗透、流动的现代建筑空间，促进了室内外的空气流动，同时与流动空间紧密结合的生态绿化环境也起到了很好的环境温度作用，改善了建筑内部空间环境的微气候（图 3-6）。随着社会经济技术的发展进步，当代岭南建筑空间变得更加多元化和复合化，新的空间类型不断涌现，立体化的空间关系变得愈加复杂。但是，不管如何变化，空间的流动性仍然是湿热气候地区岭南建筑气候适应性的基本策略之一，通过充分利用风压与热压通风原理，必定能够有效解决岭南湿热气候的通风散热问题。

图 3-6 广州白云宾馆立体化空间设计

（来源：《林兆璋创作手稿》）

从建筑气候适应性整体观的角度看来，以形态空间为主导的建筑气候适应性创作实践探索主要受到文化因素的影响。近现代，西方先进文化的输入，使得一个集东西方多元文化为一体的现代岭南文化得以形成，同时使岭南建筑也产生了巨大的变革。现代建筑全新的形态空间必然要与这一新的现代岭南文化特性相协调，并在此基础上解决建筑自身的气候适应性问题。换句话说，这是建筑新艺术性与实用性的整体考虑。需要注意的是，新的现代岭南文化并不是对西方现代文化的照搬照抄，而是与传统岭南文化的融合。因此，传统岭南建筑在形态空间方面的气候适应性策略仍然具有借鉴意义与实用价值。

3.4.2 以环境融合为主导的实践

1. 建筑与环境融合的作用与动因

从岭南建筑气候适应性的作用来说，与建筑紧密结合的自然生态环境具有微气候调节功能，可以有效降低建筑周边环境温度，并且促进建筑通风，从而改善建筑外部小范围的微观气候状况。如通过把建筑修建在具有合理的地形地貌、植被或水体丰富的地区，可以改善恶劣宏观气候状况的影响；或者通过营造人工的建筑外部环境景观来达到相同的目的。

现代建筑创作对环境的重视，主要原因有两个方面：一是后现代主义建筑思潮的影响；二是现代环境保护思想与可持续发展理念的产生。

20 世纪 60 年代末期，在经历了 30 年的国际主义建筑的垄断时期后，世界建筑日趋相同，往日具有人情味的地方建筑形式特色逐渐消退，逐步被千篇一律的、非人性化的国际主义建筑取代，建筑和城市面貌日渐呆板、单调。这种现象引起人们的反思，现代主义建筑阵营内部出现了分歧，一些人对现代主义的建筑观点和风格提出怀疑和批评。因此在 20 世纪 60 年代后，建筑界出现了反对或修正现代主义建筑的后现代主义建筑思潮，建筑师重新重视对历史传统与文脉的发掘与传承。后现代主义建筑师的基本创作策略就是向传统学习。最早提出后现代主义建筑观点的美国建筑师罗伯特·文丘里（Robert Venturi）主张汲取民间建筑的手法，他特别赞赏美国商业街道自发形成的传统建筑环境，认为建筑师应该是“保持传统的专家”，建筑创新“可能就意味着从旧的现存的东西中挑挑拣拣”。美国建筑师罗伯特·斯特恩（Robert Stern）从理论上把后现代主义建筑思想整理成一个完整的思想体系，他提出后现代主义建筑的三个主要特征：采用装饰，具有象征性或隐喻性，与现有环境融合。从中可以看出，后现代主义建筑与现代主义建筑相比，其最明显的区别就是更加强调建筑与所在环境的融合。

另外，20 世纪 60 年代后全球环境问题愈渐突出，美国海洋生物学家蕾切尔·卡逊（Rachel Carson）于 1962 年出版了著名的环保主义代表作《寂静的春天》，这本书唤起了人们的环境意识，在世界范围内引发了公众对环境保护问题的关注。在建筑领域，建筑与自然生态环境的关系也受到重视，建筑师开始反思新建筑与地域自然环境的协调性，并重新开始向传统建筑的环境处理方法学习。20 世纪 80 年代后，现代可持续发展理念的产生更是促进了对建筑生态环境理论的探索与实践。

无论是对传统建筑历史文脉环境的重视，还是对建筑自然生态环境的重视，都使得当代建筑师更加积极探索以环境融合为主导的建筑创作实践。

在此大背景下，岭南建筑师也几乎同时开始了以环境融合为主导的建筑创作探索。

2. 向传统学习借鉴

早期的岭南建筑师认为，现代新建筑与岭南当地环境的融合首先是要对传统经验的继承和发扬。早在20世纪50年代，岭南建筑师就开始了对传统建筑与环境的研究。1953年夏昌世和陈伯齐、龙庆忠、杜汝俭、陆元鼎等开展了民居建筑研究，其后还成立了民居研究所。20世纪60年代后，夏昌世与莫伯治开始重点对岭南传统园林进行调查研究，从理论和方法等方面为岭南现代建筑与传统建筑环境的融合发展奠定了基础。在此后的20多年，以莫伯治为代表的岭南建筑师在此基础上展开了一系列成功的设计实践探索。

庭园研究是莫伯治建筑创作的主要源泉，与其创作交织并同步发展。莫伯治的建筑创作实践以北园、泮溪、南园三个传统风格的园林酒家为开端，在山庄旅舍与双溪别墅中实现现代"新风格"的转变。在新爱群大厦、广州宾馆、白云宾馆与白天鹅宾馆等高层旅馆创作中，主要通过在现代主义建筑中运用多层次的庭院空间体系，并结合传统园林要素，达到现代建筑形式与传统环境意境的融合。

与夏昌世重视改善建筑的物理环境不同，莫伯治更加强调吸收传统建筑中的审美意象和文化特征，营造富于文化意境的人文空间。虽然在主观上，这种多层次的庭院空间体系探索的目的主要是为了表现建筑的地域文化特性，但在客观上，以开敞空间与水体绿化等环境要素相结合的庭院体系同时也具备了适应地方气候的功能。连廊、架空层等开敞通透的空间改善了通风，同时具有遮阳避雨的效果；多样丰富的绿化组织可以纳阴遮阳，减少热辐射，并与溪涧、流瀑、荷池、鱼池等多种形态的水体一起，对建筑环境产生很好的降温作用。

在此期间，出于外交需要，我国在国外设计建设了许多援外建筑。同时，为了接待外宾，国内也设计建设了大量涉外建筑。包括白云山庄旅舍、广州新爱群大厦、广州宾馆、矿泉别墅、白云宾馆、中山温泉宾馆、白天鹅宾馆等一系列优秀的涉外旅馆建筑作品。在当时的国际思潮影响下，这些建筑不但考虑了与岭南的气候要求相适应，同时也重视对于地域传统建筑环境内涵的重新发掘与利用，开辟了一条以环境融合为主导的岭南现代建筑地域化创作探索道路。

以环境融合为主导的地域化创作探索是20世纪60年代岭南现代建筑创作的主旋律，以"旅游设计组"为主的一大批岭南现代建筑师，创作了一大批蕴涵现代建筑理念并融合地域环境特性的建筑作品，如佘畯南主创的黄婆洞度假村、友谊剧院、东方宾馆新楼、中国商品出口交易会等。

“这些作品之丰富、思想之开放进步，使岭南一度成为中国现代建筑运动的中心。”①

3. 可持续发展理念下的新发展

20 世纪 90 年代后，新一代岭南建筑师继续继承与发扬建筑环境融合的创作方法。并且在当代大力提倡可持续发展理念的背景下，更加有意识的发挥自然生态环境要素在气候应对与建筑节能方面的积极作用，与自然生态环境紧密结合、重视生态环境营造更加成为建筑创作设计中的重要问题和发展趋势。另外，在当代新技术、新材料的支撑下，建筑与自然生态环境结合的手法跳出了传统模式，变得更加灵活与多样化。为了满足当代建筑高层化与大型化趋势的要求，建筑生态环境营造也跨越了地面层的限制，开始向空中立体化方面发展。立体生态环境占地面积少，可用空间大，与当代建筑结合更加紧密，因而具有很广阔的发展前景。

从建筑气候适应性整体观的角度来看，以环境融合为主导的建筑气候适应性创作实践探索主要受到自然环境因素的影响。一方面，宏观上的自然条件并无大的改变，大尺度的气候要素和植被状况基本相同，因此，建筑与当地环境的融合首先是对传统经验的继承。另一方面，现代城市化的急剧发展使城市环境微气候发生改变。城市区域不断扩大与建筑高层化带来地形地貌、植被、地表生物和人类活动等因素的变化，改变了城市的气候环境，城市的日照辐射、气温、湿度、风速和风向等气候因素都受到了人工环境的影响，导致城市局地气候和微气候环境发生改变。大面积高密度的城市建筑森林也改变了城市外部风环境状况，导致建筑外部环境条件的恶化。因此，在现代可持续发展理念的指导下，需要不断发掘新建筑与新环境相协调的可能性，这也促进了建筑与生态环境融合的探索。

3.4.3 以技术支撑为主导的实践

1. 传统技术的改造利用实践

经过千百年的长期发展，传统建筑在气候适应性方面形成了很多行之有效的设计策略，这些策略采用低成本、成熟简单的传统地域建筑技术，基本解决了地域气候对建筑的基本要求。在经济技术相对落后的地区，通过对传统地域建筑技术的适度改进，也可以解决现代建筑的气候适应性问题。如印度的著名建筑师查尔斯·柯里亚（Charles Correa），从印度传统建筑中发掘有效的地域技术策略，提出了“向天开放”“管式空间”等适应印度炎热气候的空间设计策略，并成功运用到许多低造价的现代建筑作品当中。岭南建筑师一直注重继承和发展传统建筑的气候适应性技术，20

① 彭长歆. 地域主义与现实主义：夏昌世的现代建筑构想 [J]. 南方建筑，2010（2）.

世纪中下叶，以夏昌世、莫伯治等为代表的老一辈岭南建筑师，在传统建筑气候适应性技术的现代应用创新方面完成了大量的成功实践，在岭南地区甚至全国产生了巨大的影响，后来有很多建筑师继续坚持这种富有特色的可持续发展的创新方法。

但是，以低技术为基础的传统建筑气候适应性策略的气候调节作用是非常有限的，其热舒适程度仅仅是相对而言，还无法达到现代社会高标准的生活要求。相比传统建筑，现代建筑规模更大、空间功能更加复杂，大开间、大进深、多样化功能以及人们对更高品质的内部环境的要求，让气候适应设计工作变得更加复杂，因此，需要寻求现代新技术的支持。

2. 环境控制技术的应用实践

20 世纪 60 年代以后，人类航天技术发展迅猛，在完全以设备控制的太空环境控制技术的支撑下，建筑环境控制技术（空调技术）有了跨越式的发展。通过利用空调等技术设备手段，可以完全不必受制于室外自然气候状况，只是根据人体舒适度要求，“创造”出一个理想恒定的建筑室内热舒适环境，因此，在西方发达国家很快得到普及应用。但这种调节手段对技术要求相对较高，设备运行和维护成本也较高，所以在我国直到 20 世纪 90 年代以后才开始大量普及应用。

以空调技术为支撑的环境控制技术，虽然能够创造出理想恒定的建筑室内热舒适环境，但同时也使得气候应对问题完全与建筑设计脱离，因此从严格意义上来说，已经不能称之为建筑气候适应性设计方法。另一方面，随着全球能源与环境危机的爆发，特别是 20 世纪 90 年代后可持续发展理念成为全人类的共识，人们开始反思这种通过高耗能手段创造出新的热环境的高技术的非生态调节路线，大力提倡发掘利用生态节能手段，尽量运用被动式建筑气候适应性调节策略方法。

但是，由于传统的被动式建筑气候适应性调节的建筑室内舒适度并不理想，与现代科技条件下所达到的室内热环境相距甚远，无法完全满足当代人们日益提高的生活水平要求，因此，在经济和技术条件许可的情况下，以空调设备为主的主动式建筑气候适应性调节仍然是有必要的。另外，还可以采取被动式建筑气候适应性调节与主动式建筑气候适应性调节相结合的方法，这样既可以在传统低技术和高技术应用的经济性之间找到平衡点，也可以兼顾解决可持续发展与舒适性要求之间的矛盾，因此，在一定的技术与经济发展水平下，被动式与主动式相结合的建筑气候适应性调节应该是一个更具灵活性与适应性的选择。

3. 以高新技术引领的综合性适度技术应用实践

对先进科学技术的崇尚和追求是社会及技术进步的基础，技术成就不仅是人类智慧的集中体现，更是力量与能力的集中体现。在建筑领域当然也不例外，表现技术发展、讲究技术精美一直是现代建筑中一个重要的思想。但同时，高新技术应用也存在经济投入大、高耗能、高耗材等特点，因此，在能源危机和可持续发展理念下，更应提倡以高新技术引领的综合性适度技术的应用探索。

在20世纪七八十年代，高技术在建筑上的应用极大地丰富了建筑的外观与内涵，新材料、新结构、新设备造就了不同的艺术表现形式，开创了以科学技术为创作着眼点的高技派建筑设计路线。高技派建筑师在设计中高度关注建筑与气候环境的关系，强调运用高新技术手段使建筑对气候作出更理想的回应，并创造以高技术、新材料运用为特征的建筑技术美学。

以高新技术引领的综合性适度技术策略注重提高建筑技术效率，主动采用先进技术和新型材料，应用于建筑设计、建造以及使用过程中的监控和智能化的感应和调整，以此来提高建筑环境的舒适度与精确度，同时确保建筑物在使用过程中能源的高效利用。虽然高技术的应用在建筑前期的一次性投入较大，在使用过程中的维护成本也比较高，但因为其在使用过程中能源的利用效率高，由高技术所带来的建筑节能及气候适应设计效果还是很明显的。

例如，英国著名建筑师诺曼·福斯特在建筑创作中十分注重高技术、新材料的综合应用，同时也借助计算机辅助设计技术，考虑建筑对不同地区的气候与地域文化的适应性表达，使作品在形式塑造方面更加自由多变。许多项目明显致力于低能耗、高效能的设计，且始终追求高技术运用，目的是改善工作环境质量，同时回应环保政策要求。福斯特在创作中始终追求高技术运用，设计过程利用计算机动态模型分析技术，如流体力学或CFD，对建筑进行自然通风、采光、节能等性能分析，以此指导设计方案优化。

从建筑气候适应性整体观的角度来看，以技术支撑为主导的建筑气候适应性创作实践探索主要受到来自技术因素的影响。低技术时期主要以形态空间与环境融合为主，高技术的应用拓展了思路与手段。由于社会经济技术发展水平的局限，总的来说，现代岭南建筑在以高新技术引领的综合性适度技术应用方面还处于初探阶段，但在某些中外合作设计的项目中，也走出了较为成功的一步。

3.5 当代岭南建筑气候适应性创作策略的构成

“策略”是可以实现目标的方案集合，是在一个大的“过程”中所进行的一系列行动、思考和选择。在这一系列实现目标的行动方案集合中，既有针对整体或全局性目标的“总体策略”，也有针对个体或局部性目标的“局部策略”，“策略”是由“总体策略”与“局部策略”共同构成的整体。当代岭南建筑气候适应性创作策略同样由“总体策略”与“局部策略”共同构成。

一般来说，建筑气候适应性创作的总体策略是在建筑的整体设计层面上综合解决全局性的气候问题，对建筑形式创作起到决定性的影响作用。例如，采用“开放式围护结构”策略的湿热气候地区的建筑与采用“封闭式围护结构”策略的干热气候地区的建筑在建筑形式上体现出的差异是极其巨大的。而建筑气候适应性创作的局部策略是通过建筑的局部设计来解决个别的气候因素问题，因而对建筑形式创作只起到较小的影响作用，一般体现在建筑局部构件形式的差异性方面，对于建筑的整体风格影响较小。

虽然建筑气候适应性创作的总体策略对建筑形式起到决定性的影响作用，但是，由于其在一定区域的自然气候条件的恒定性，以及一定时间阶段内当地文化和技术等因素的相对稳定性，该区域的建筑所采取的气候适应性创作的总体策略也是相对稳定的，因而在建筑总体风格上一般不会有太突出的变化。然而，气候适应性创作的局部策略却是灵活多样的，反而会成为一定时间阶段内影响建筑风格的重要因素。所以，在研究建筑的气候适应性创作策略问题时，既要重视对总体策略的研究，也要重视对局部策略的研究，在一个特定时间阶段内，在总体策略相对稳定的情况下，对局部策略的研究应该放在相对重要的位置上。

3.5.1 多样性的总体策略

建筑气候适应性创作的“总体策略”是把自然气候条件中所有的气候因素进行综合考虑，同时考虑当地文化和技术等因素的影响，寻求一个可以使各方因素相对平衡的解决方案。一方面，总体策略具有整体性的特点；另一方面，因为气候条件之外的其他因素的不确定性，以及存在要把多种因素整体解决的平衡点选择上的可变性，导致总体策略又具有可变性的特点。例如，热带地区常用的干栏式建筑的“开放式围护结构”策略，综合解决了热带地区建筑的遮阳防热、通风散热、防潮除湿等气候问题，同时，不同区域的干栏式建筑由于受到不同文化和技术等因素的影响，在建筑风格上又表现出丰富多样的特征。

岭南建筑气候适应性创作的总体策略不但要面对所有的气候因素，还要受到文化和技术等因素的影响。因为气候因素是相对恒定不变的，所以，岭南建筑气候适应性创作总体策略的变化与岭南文化和技术等因素的发展变化密切相关。

纵观岭南地区的发展历史，在文化与技术方面有两次巨大的转变和提升。第一次是秦统一岭南后带来了封建中原地区先进汉文化与技术的影响；第二次是近现代西方国家在全球扩张中带来了西方现代先进文化与技术的影响。两次外来文化与技术的输入将岭南历史发展分为三个时期：原始百越土著文化时期、封建中原文化影响时期、近现代西方文化影响时期。受外来文化与技术因素的影响，岭南建筑在三个不同历史时期采用了完全不同的建筑体系，表现出不同的建筑形态与气候适应性整体策略。

与此相对应，岭南建筑形式的变化发展也可以分为三个阶段：一是原始土著文化时期以木结构为主的干栏式建筑形式；二是封建中原汉文化影响时期以砖木结构为主的传统岭南建筑形式；三是近现代海外西方文化影响时期以钢筋混凝土结构为主的现代岭南建筑形式。这三种代表性的建筑形式都是岭南气候等自然因素与岭南文化、技术等社会因素综合影响与共同作用的结果，其中所蕴含的正是岭南建筑气候适应性的三种总体策略：在极有限的技术和材料条件下，干栏式建筑采取一种完全开放的建筑形式来解决岭南气候问题，可以将其归结为"完全开放的气候适应性总体策略"；以砖木结构为基础的传统岭南建筑采取一种比较封闭的建筑形式来解决岭南气候问题，可以将其归结为"外封闭内开放的气候适应性总体策略"；而以钢筋混凝土结构为基础的现代岭南建筑采取一种灵活可变的建筑形式来解决岭南气候问题，可以将其归结为"选择性开放的气候适应性总体策略"。

这三种总体策略都是在基于各自相应的文化与技术发展水平上，不同程度的解决了岭南气候的基本问题。虽然在出现上有时间先后之分，在解决岭南气候问题上也有程度的不同，但是直至今天，每一种总体策略仍然具有现实的应用意义。例如，采用"完全开放的气候适应性宏观策略"的干栏式建筑在当今仍是许多热带、亚热带气候地区采用的主要建筑形式。因此，可以有针对性的将这三种总体策略运用于适合的现代建筑设计中，同时也可以通过三种总体策略的整合运用，发展出新的气候建筑设计思路。

在现代技术的支撑下，特别是借助计算机技术的帮助，当代建筑已经实现形式的"大爆炸"，建筑形式趋向多元化和自由化。当代建筑可以采取"多样性"的气候适应性总体策略，而不是采取一种相对稳定的、固化的策略来应对气候问题。

3.5.2 符合时代要求的局部策略

建筑气候适应性"局部策略"直接针对自然气候条件中某一个或几个气候因素，具有单一性与灵活性的特点。例如，"建筑遮阳"策略仅是为了降低强烈的太阳辐射对建筑的加热作用，而对于建筑的通风散热、防潮除湿等并无直接作用，但是"建筑遮阳"又具有多元的形式方法，在实际运用中非常灵活多变。建筑气候适应性的局部策略是通过建筑的局部设计来解决个别的气候因素问题，因而对建筑形式只起到较小的影响作用，一般体现在建筑局部构件形式的差异性方面，不会改变建筑的整体风格。但是，气候适应性的局部策略是灵活多样的，极易受到文化观念以及技术材料等因素的影响，反而会成为一定时间阶段内影响建筑风格的重要因素。

局部策略直接针对岭南气候条件中某一个或几个气候因素。岭南气候具有典型的亚热带气候特点和湿热气候特征，全年长时间的强烈太阳热辐射、长时间的高温及高湿的空气状况是岭南建筑必须面对的主要问题，这种气候特征对建筑物的冬季防寒保温要求不高，而主要是要求建筑物必须充分解决漫长夏季的防热问题。因此，从解决人的舒适性问题来看，岭南建筑主要通过局部策略来解决“隔热”“散热”与“降温”这三个基本防热问题。另外，从解决建筑空间环境的安全性和持久性的问题看来，由于岭南地区南临南海，常遭遇台风袭击，同时多雷雨和大暴雨，空气相对湿度全年都非常高，所以岭南建筑必须解决好防潮、防雨和防台风问题。因此，岭南建筑气候适应性局部策略还包括针对防潮、防雨和防台风方面的策略，这些关乎安全性和持久性方面的局部策略在岭南传统建筑中是非常重要的。而现代岭南建筑得益于建筑材料和建造技术的进步，防潮、防雨和防台风问题已经变得没有那么突出，一般情况下都可以满足要求，所以，本书就不再作为重点内容阐述分析。

建筑气候适应性的局部策略是通过建筑的局部形式设计来解决个别的气候因素问题。随着时代的发展，建筑技术不断进步，建筑材料也会不断发展变化，同时，人们的价值观念和审美要求也会发生改变，这些变化必然会引起建筑局部设计的变化，因而，建筑气候适应性的局部策略是灵活多样的，在一定时间阶段内成为影响建筑特征的重要因素。因此，建筑气候适应性的局部策略应该符合时代的要求，反映建筑的“时代性”。从局部策略的构成来看，它与建筑创作的主要内容对象密切相关，结合本章的综合分析论述可以得出，当代岭南建筑气候适应性创作策略主要包括了形态空间策略、生态环境策略和技术策略。

3.6 本章小结

本章以系统论的整体观核心思想为指导，从岭南建筑气候适应性整体观以及建筑创作整体观的角度出发，把气候适应性问题与建筑创作相结合，从必要性、理论依据、实践基础和影响因素几个方面对当代岭南建筑气候适应性创作策略进行理论探索，并在此基础上分析了当代岭南建筑气候适应性创作策略的具体构成，为后文的具体策略分析研究建立了理论框架。

从岭南建筑气候适应性整体观分析，在当前全球一体化深入发展以及信息技术普遍应用的大背景下，影响建筑气候适应性的自然因素、文化因素与技术因素都越趋复杂，从而使岭南建筑的气候应对问题也变得更加复杂；从建筑创作整体观分析，当代岭南建筑存在片面的非理性创作倾向，这里面既有客观原因也有主观原因，其中理性方法论缺失是最为重要的原因，也是建筑师自身最有可能努力改变的方面。因此，有必要把气候适应性问题与建筑创作策略相结合，探索一条在全面兼顾多种因素的基础上、侧重从气候的技术性问题切入的、重塑岭南建筑地域特色的理性创作之路。

当代岭南建筑气候适应性创作策略研究具有两个坚实的指导思想和理论依据：系统论和“两观三性”理论。现代系统论的核心思想是系统的整体观念，系统论不仅为高度综合化的现代科学发展提供了理论和方法，并且已经渗透到人类社会的各个领域。由何镜堂先生提出的“两观三性”建筑创作理论将建筑创作视为一个系统工程，是建立在现代系统论基础之上的科学理性的建筑创作方法论。它的思想核心就是建筑的“整体”观念。

当代岭南建筑气候适应性创作策略研究具有三个积累了丰富经验的实践基础：以形态空间为主导的实践、以环境融合为主导的实践，以及以技术支撑为主导的实践。本章从国外现代建筑大师和岭南现代建筑师两方面的相关实践，举例分析了蕴含其中的成功经验与方法思路。

当代岭南建筑气候适应性创作策略包括了多样性的总体策略和符合时代要求的局部策略。总体策略在较长的时期内是相对稳定的，而局部策略却是灵活多样的，在一定时间阶段内成为影响建筑特征的重要因素，因此，要重视对局部策略的研究。从局部策略来看，当代岭南建筑气候适应性创作策略主要包括了形态空间策略、生态环境策略和技术策略。

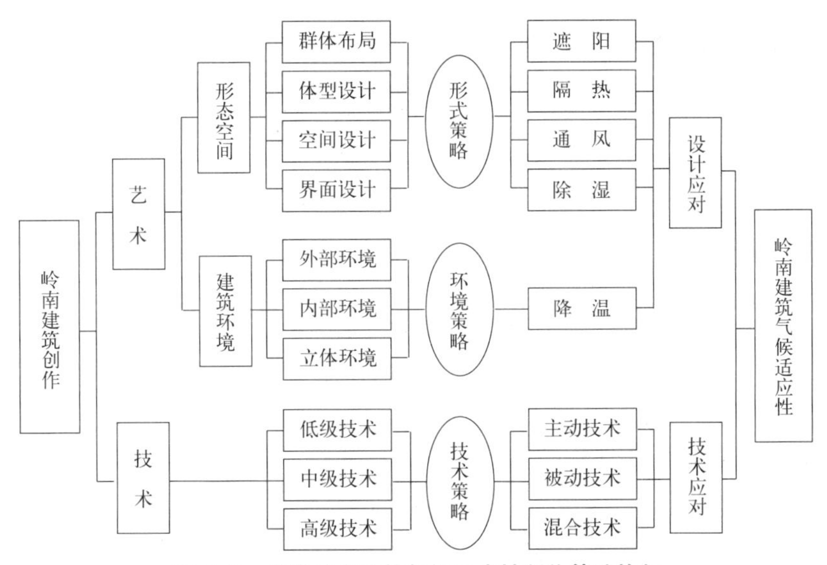

图 3-7　当代岭南建筑气候适应性创作策略构架

（来源：作者绘制）

第 4 章　当代岭南建筑气候适应性创作的形态空间策略

4.1　气候适应性与建筑形式

4.1.1　当代建筑形式的发展趋势

1. 城市化带来的建筑高层化、大型化与复合化趋势

工业文明对人居环境最主要的影响就是城市化的急剧发展。统计数据表明，全世界在 1800 年的城市化率仅有 3%，到 1900 年为 15%，而到 2000 年全球城市化率已达到了 48%。中国在近几十年来经济快速发展，城市化的发展也更加急剧。国家统计局的报告显示，全国六次人口普查时相对应的城镇化率依次为 12.84%、17.58%、20.43%、25.84%、35.39%、49.68%，到 2014 年中国城镇化率已达到了 54.77%。

城市化率的提高导致城市人口持续增加和城市用地不断扩大，人口和用地的矛盾导致城市用地紧张。一方面，城市建筑密度加大；另一方面，在现代建筑技术的支撑下，城市化的发展也导致了城市建筑高层化的发展趋势。在人口和资源矛盾非常突出的中国，这种发展趋势表现得更加明显。据中国建筑科学研究院的不完全统计，20 世纪 90 年代中期，全国高度超过 100m 的高层建筑不足 200 栋，2006 年上升到近 960 栋。到 2014 年，中国 250m 以上超高层建筑占到全球总数的一半以上，而这一数据还在迅速上升，中国将成为未来全球超高层建筑最密集的地区。

《广州城市总体规划（2011—2020）》数据显示，广州市全部 10 个市辖区和 2 个县级市的总面积为 7434.4km^2，其中中心城区面积 1310km^2，而上一版《广州市城市总体规划（2001—2010）》中的中心城区面积仅为 549km^2，10 年后翻了一倍多，城市区域的扩张非常迅猛。与此同时，广州市的高层建筑建设发展也非常迅猛，特别是大量性的居住建筑。2012 年广州市公安消防局统计数据显示，当年广州地区共有高层建筑 7438 栋，其中居住建筑 5893 栋，占总数的 79.23%，公共建筑 1483 栋，占总数的 19.94%，高层厂房、库房 62 栋，占总数的 0.83%[①]。近年来广州第一高度

① 林基深 . 广州地区高层建筑现状及其火灾预防工作 [M]// 广东省消防协会 .2012 年广东省高层建筑消防安全管理高峰论坛论文选 . 北京：当代中国出版社，2012.

也不断被突破：20 世纪 90 年代的中信广场高度 322m；2010 年建成的珠江新城西塔高度 432m；广州新电视塔塔身高度 454m，总高度 610m；刚刚落成的珠江新城东塔建筑总高度到达了 530m。

另一方面，城市用地紧张、现代复合型城市的功能多样化以及城市生活的丰富性也导致了城市建筑大型化与复合化的发展趋势。各种类型的多功能大型建筑综合体不断涌现，现代建筑仅从单体规模上来讲已经远大于传统建筑，大开间、大进深、多样化、复合化功能要求，使当代建筑形式变得更加复杂。

2. 审美观念变化与技术进步带来的建筑形式多元化趋势

建筑的形态是建筑艺术性的体现，是建筑设计的核心问题之一。良好的建筑体型不仅能很好的表达建筑意念，而且也能够开阔人们的视野，陶冶人们的情操，具有很高的环境和艺术价值，因而，建筑师都会对建筑体型不断的追求。

20 世纪 60 年代后，西方出现了后现代主义哲学思潮，并迅速扩展到社会文化与艺术等领域。在建筑审美层面，后现代主义在传统、情感、文脉、价值等方面对现代主义进行了激烈的批判和修正，企图恢复建筑在文化、艺术层面的应有地位。20 世纪 70 年代以来，以电子计算机技术为核心的第三次科技革命在西方发达国家深入发展，社会生产模式从大规模的工业生产向“量体裁衣”式的非集中化生产转变，新的生产方式切合了人们对差异性和多样性的更高要求。同时，随着现代建筑主义受到后现代主义的批判，带来了共同价值标准的丧失和多种价值的存在，西方建筑思潮进入全面的多元化时期。①

同时，当代迅猛发展的高新技术也给社会带来巨大变革，对建筑领域也产生了极大的影响。新颖复杂的建筑结构技术、丰富多样的建筑材料类型、成熟的高性能建筑设备、不断升级的计算机控制技术与辅助设计技术，都直接或者间接地促进了建筑形态的“爆炸式”发展。与过去相比，建筑师在建筑体型创作方面获得了空前的自由，建筑形式变得更加多样、不拘一格。另一方面，技术进步也改变了人们的生产方式、生活习惯与审美观念，使其变得更加多元化，具体体现在建筑领域是人们对于丰富多彩的、多样化的、个性化的建筑造型的包容，甚至是主动的追求。建筑师获得的空前创作自由度，再加上大众的接受与主动追求，共同促使了一个建筑形态“爆炸式”发展时代的到来。

---

① 彭怒 . 多元化的总体趋势与新的主体文化的可能——“战后”西方建筑思潮的演变 [J]. 时代建筑，1999（12）.

4.1.2 气候适应性与建筑形式

“建筑之始，产生于实际需要，受制于自然物理，非着意创造形式，更无所谓派别。其结构之系统，及形式之派别，乃其环境材料所形成。”

——梁思成《中国建筑史》

通过不同时期、不同地域的传统民居对比研究可以发现，传统民居丰富各异的建筑形式和建筑特点显示了许多复杂因素的相互作用及影响。在众多因素中，建筑的形成与发展首先是对自然的适应。自然环境因素是建筑形成及发展的直接物质基础及背景条件，其中气候因素的影响起到决定性作用。建筑必须适应所在地区的气候，气候在很大程度上深刻影响着建筑形式。对比世界上不同地域的传统建筑我们不难发现：一方面，不同气候类型区的建筑呈现出完全不同的形态；另一方面，虽然是处在相隔很远的不同地理位置，但气候类型相同的两个区域的建筑在形态上却往往具有一定的相同特性。这种现象充分证明了气候对于建筑形式的影响作用。

但是，一个特定区域的气候条件规律在通常情况下几乎是恒定不变的，如果气候对于建筑形式具有唯一的决定作用的话，这个特定区域内的建筑形式也应该是基本恒定不变的，可是我们知道现实状况并非如此。在一个特定的区域内，建筑的形式在不同的历史时期可以表现出丰富多彩的变化，甚至在相同历史时期而不同的地理位置也表现出很大的差异性。究其主要原因，主要是由于受到建筑气候适应性策略差异的影响。气候条件通过气候适应性策略作用于建筑，在气候条件规律完全相同的情况下，不同时间或不同地点的建筑所采取的气候适应性策略存在着差异性，不同的策略造就了不同的建筑形式。

另一方面，建筑形式是建筑应对地域气候问题的主要方法与手段。自然气候是随着地点和时间的不同而变化的，在大多数情况下，建筑室外的自然气候与建筑室内热舒适环境之间总是存在着或冷或热的差异，要缩小两者之间的差异，可以通过生态环境调节、建筑被动调节、设备主动调节三个方法进行调节。其中，建筑被动调节是依靠建筑外围护结构的调节作用，是一种完全被动的调节方式。自古以来，人们一直巧妙利用建筑物自身的建筑形态与空间设计应对气候，通过选址布局、平面朝向、空间组合、建筑用材、构造处理等方法，合理利用各种保温防热措施以及自然通风、遮阳等设计手段适应地区气候特点，以简洁巧妙、经济自然的方式解决建筑的冬季防寒和夏季降温问题。

岭南气候对岭南建筑的基本要求主要表现在对建筑的“遮阳隔热”“通风散热”和“环境降温”这三个舒适性要求上。通过对建筑的群体布局、建筑体型、建筑空间和建筑界面等建筑形态空间的巧妙设计，可以综合解决“遮阳隔热”和“通风散热”两大方面的问题，对于“环境降温”问题也起到一定的辅助作用。因此，建筑形态空间是岭南建筑被动式气候适应性设计最重要的内容。

4.2 适应气候的建筑群体布局策略

4.2.1 城市化与高层化的影响

工业文明对人居环境最主要的影响就是城市化的急剧发展。城市化率的提高导致城市人口持续增加和城市用地不断扩大，人口和用地的矛盾导致城市用地紧张。城市化发展不仅促使城市建筑密度加大，同时在现代建筑技术的支撑下，也导致了城市建筑高层化的发展趋势。

城市区域不断扩大与建筑高层化改变了城市的气候环境，城市的日照辐射、气温、湿度、风速和风向等气候因素都受到了人工环境的影响。加拿大的奥凯（Oke）在 1976 年提出了城市的空气“冠层”（canopy）概念。因为城市的立体结构类似于树木的树冠，这个“树冠”内的温度、湿度、风场等气候条件与周边空间存在较大差异，因此，他把由城市建筑屋顶所界定的区域称为“城市冠层”。城市冠层现象是一个微观大气现象，城市冠层内的气候条件体现出局部性特征，由于不同城市的面积、密度和建筑高度等因素不同，城市冠层内的气候条件也不同。

从建筑的气候适应性角度分析，城市冠层引起的气候因素与环境条件的改变会造成一些不利影响。下面分别从温度、风场和湿度三方面进行分析：

首先，城市冠层内的温度相比外围地区上升，也称为城市热岛效应。热岛的形成主要有两方面原因：城市冠层内的热量更多，而散热更少。城市市区相比周边的郊区，其单位面积所受到的太阳辐射总量并无差异，但大量的建筑材料能储存一定的太阳能，在夜间这些能量释放到空气中；另外，市区的各种活动（如交通、工业、采暖、空调等）会产生大量的人为热能，所以市区的总热量要比郊区高很多。市区下垫面普遍硬质化，白天土壤、植被蒸腾作用较小，而夜间的辐射冷却效应又比郊区低得多，所以市区的散热量要比郊区低很多。这两方面原因导致了热岛效应，白天城乡气温差距一般为 1 ~ 2℃；在晴朗无风的夜间，城乡温差会达到 3 ~ 5℃，甚至高达 8 ~ 10℃ ①。在总体上，热岛效应使城市温度升高，这对于寒冷地区是有益的，而对于岭南这种湿热气候区则是不利的。另外，建筑高度对于气温也有影响。一方面，空气温度会随高度的变化明显降低，通常每

① （美）巴鲁克·吉沃尼. 建筑设计和城市设计中的气候因素 [M]. 北京：中国建筑工业出版社，2011：188.

百米高度的气温会下降0.6～1.0℃，相当于把建筑物移动了一个2级气候区[①]。另一方面，夏季城市高层建筑通常暴露在炎炎烈日之下，而低层建筑则经常处在阴影之中，高层建筑的室内温度会高于低层建筑的室内温度。这些复杂的因素直接影响了建筑的气候适应性设计。

其次，城市冠层内的风场状况相比外围地区发生了明显改变。相比开阔的郊区而言，市区内由于有大量建筑物的摩擦阻力，在总体上大大减小了城市冠层内的风流速。另外，不同高度与宽度的建筑物不但降低了风速，并且会改变风的流向，产生复杂多变的乱流。同时，由于风影和狭管效应，产生了最不利的静风区域和有危害的疾风区域。由于风的梯度变化特性，风速随建筑高度的变化也非常明显，气象观测数据的地面风速取自地面高度10m处，如地面风速为2m/s时，则在100m的高空风速会提高到3m/s，400～500m的高空风速可达到5m/s以上[②]。因此，与周边郊区的开敞空间相比，城市风场具有总体风速较低、局部风速较大、风速变化程度较大以及紊乱度较大等特征。

还有，城市冠层内的湿度状况相比外围地区也发生了明显改变。城市上空的空气湿度通常比地表的空气湿度低，所以建筑高度逐渐增加，其湿度值是逐渐下降的。另外，由于城市下垫面的硬质化，城市非绿地表面比率急剧增大，城市地表面的蓄水能力和蒸发能力减弱，导致城区与乡村相比，湿度值明显下降。所以总的来看，城市化与建筑高层化导致了环境湿度的下降。

从建筑气候适应性角度来看，城市环境的新变化引起的气候因素与环境条件改变，必将引发建筑气候适应性策略的新变化。特别是大面积高密度的城市化环境，以及高层化大尺度的建筑体量，对于建筑的群体布局影响是非常大的。

4.2.2 朝向选择

从气候适应性方面考虑，建筑群体布局的朝向选择主要目的是为了防止强烈的太阳辐射，保证建筑具有较好的外部风环境，同时也考虑暴风雨吹袭等因素的影响。

为了防止强烈的太阳辐射，岭南地区建筑群体布局的最好朝向为南向，应该尽量避免东西朝向。为了使建筑有较好的自然通风能力，建筑群体宜朝向夏季的主导风向上，应设有合适的通风廊道，同时建筑物开有主要进风口的墙面应该朝向夏季的主导风向。岭南大部分地区夏季受副热带高压

---

① 孟庆林．超高层建筑要重视节能设计 [J]. 广州：广东建设报，2006-6-2.

② 孟庆林．超高层建筑要重视节能设计 [J]. 广州：广东建设报，2006-6-2.

和南海低压的影响，主导风向以偏南风为主，所以传统建筑的朝向大都是南或偏南方向。相关研究表明，在综合考虑争取良好的自然通风，并考虑防止太阳辐射和暴风雨吹袭等因素影响后，广州地区的住宅朝向以选择南偏西 5° 到南偏东 10° 为最佳，南偏东 10° 到南偏东 20° 也在可接受范围之内①（图 4-1）。

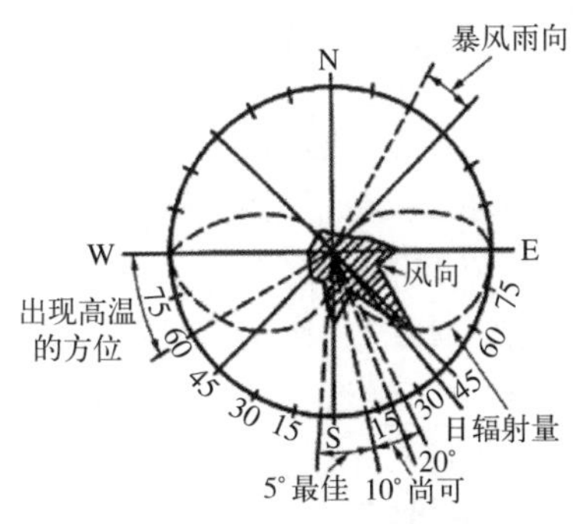

图 4-1 建筑朝向的选择

（来源：华南理工大学 . 建筑物理 [M]. 广州：华南理工大学出版社，1986.）

但是，以上的研究主要是针对旷野的主导风而言，在高度密集的城市区域，主导风向会受到多种复杂因素的影响，使问题变得较为复杂。

也有国外学者指出，从通风角度选择合适建筑开口朝向的自由度其实很大。建筑群体风廊和建筑单体主要进风面不一定要正对主导风向，即使风向和墙壁呈 60° 倾斜角，风也可以利用墙壁上的窗户作为入口进入室内，也就是说，在相对于迎风面 120° 的范围内均可，这为设计者从通风角度选择合适的朝向提供了很大的自由。另外，对于空旷原野上孤立的长条状的建筑，如果主要墙体同主要的风向垂直，可以在上风面和下风面之间提供最大的压差，获得最佳的通风效果。而现实城市中的情况则不同，联排的建筑垂直于风向布置会形成对风的遮挡，大大降低后面大部分建筑的外部风力状况。而当建筑群与风向倾斜呈 30° ～ 60° 夹角时，风可以较为顺畅地从近地面进入到邻里的内部，从而使建筑物整体及其内部的每个房间都有较好的通风条件。也就是说，在城市中的行列式群体建筑的最佳朝向应该是与主导风向呈 30° ～ 60° 夹角。②

主导风向是大尺度区域的风环境，考虑到岭南地区较高的静风频率（如广州地区静风频率接近 30%），还有地形地物条件的差异，在建筑总体布局朝向选择时还要考虑局地风环境的情况，如水陆风、山林风、巷道风等。局地风属于热压风，由空气温差产生动力，一般由较低温的水体、树林、阴凉的巷道等区域吹向附近的较高温区域，因此，风向是较为稳定的，可以充分加以利用。有研究认为，当夏季室外风速大于 1m/s 时，人们感觉是舒适的，而风速大于 5m/s 时反而会影响人们的活动，因此，1 ～ 5m/s 之内的风速是比较理想的室外风速③。

① 华南理工大学 . 建筑物理 [M]. 广州：华南理工大学出版社，1986.

② （美）巴鲁克・吉沃尼 . 建筑设计和城市设计中的气候因素 [M]. 北京：中国建筑工业出版社，2011：72-73.

③ 张士翔 . 深圳福田商城建筑风洞风环境试验研究 [J]. 四川建筑科学研究，2000，26（2）.

4.2.3 密集式布局

密集式建筑群体布局可以达到建筑物之间相互遮阳的作用。通过合理的密集式建筑群体布局，可以使群体中的建筑全部或局部处于紧邻建筑体量产生的阴影之中，直接或间接遮挡阳光，可以达到减少建筑的太阳辐射得热的目的。密集式建筑布局一方面减少了太阳光对建筑外围护结构的直接照射，降低了建筑外围护结构得热升温；另一方面也减少了太阳光对地面的照射，降低了地面反射热引起的空气温度升高。

密集布局式自体遮阳对于减少外部强烈太阳辐射对建筑内部空间的影响非常有效，是干热气候地区最常用的气候适应性策略。由于受文化等因素的影响，传统岭南建筑也普遍使用了密集布局式自体遮阳策略，起到较好的隔热降温效果。

例如，以“三间两廊”为单元的明清岭南传统民居，通过密集布局方式拼接组合形成一个完整村落。村落内的三间两廊民居规划整齐有序，以纵横巷相隔，这些巷道非常狭窄，形成密集式组合建筑，整个村的房屋形成“连房广厦”布局[①]，建筑墙面与巷道地面均很少受到太阳直接照射，降低了太阳辐射得热，而且不受建筑朝向的影响，村落可以结合地形特点灵活布局，例如，广东省三水乐平镇大旗头村和高要市蚬岗镇蚬岗村（图 4-2）。

图 4-2 传统密集式布局村落（左：佛山三水大旗头村；右：肇庆高要市蚬岗村）

（来源：华南理工大学建筑学院资料）

密集式布局虽然具有极好的遮阳隔热性能，但同时也存在明显的缺点：首先是高密度使建筑外部通风条件变得更差，不利于建筑通风散热和人体降温，这对于湿热气候地区非常不利；其次是高密度布局使建筑自然采光照明的潜力降低，从而增加灯光照明需求，灯光产生的热量又会降低建筑室内的热舒适性；再有就是极端的高密度布局使建筑缺少足够的阳光、新

---

① 汤国华. 岭南湿热气候与传统建筑 [M]. 北京：中国建筑工业出版社，2005：33.

鲜空气和自然景观，不能满足人们更高层面的物质与精神需求。所以作为补偿，在密集式布局中要运用热压通风原理，充分考虑地形地物条件，并结合群体建筑外部空间的组合形式，形成良好的水陆风、山林风、巷道风等局地风环境，以获得较好的热压通风效果。

出于对保障公共卫生安全以及对优美自然环境的追求，当代建筑在法律法规方面已经对建筑密度、建筑间距、建筑退线等要求作了严格的规定，避免了传统密集式布局的出现，所以，密集式布局方法已经极少应用在当代建筑设计中，特别是在居住建筑中。但是，在一些特殊的建筑类型中，密集布局方式仍然具有现实应用意义。

例如，由广州瀚华建筑设计有限公司设计的广东画院新址方案，以“艺术村落—文化山脉”为意，参考了广州传统竹筒屋的密集式平面布局及特有的屋顶形式，留白与建筑形成虚实相生的图底关系，以“虚”为院、“实”为体，时透时遮，形成层次丰富的密集庭院空间，建筑体量之间具有很好的相互遮阳效果（图 4-3）。

图 4-3　广东画院新址方案

（来源：岭南意匠——广东省优秀建筑创作奖 2012）

又例如在医疗建筑中：一方面，由于医学功能要求，医院的功能结构和流线要求非常清楚明晰，但又要简洁高效，所以，建筑平面和功能体量之间最好是尽量集中设计；另一方面，从病人的检查、心理的康复等方面又要求有自然的采光、通风与景观。所以综合平衡考虑，医疗建筑宜设计为相对集中式密集布局，分区明确又相对紧凑的支端式密集布局是一种比较理想的布局方式。通过设计大量的天井或凹口空间来获得自然的采光、通风与景观，如北京中日友好医院就是典型的案例。笔者在广东省中医院广州琶洲医院方案设计中也应用了密集布局式自体遮阳策略，不但在平面布局上，还在竖向的空间布局上作了相应的考虑。这种利用多天井空间的紧凑式平面布局方式，既满足了简洁高效的医学功能要求，获得良好的自然采光和景观，也取得了很好的风压通风和热压通风效果，满足了岭南湿热气候的要求（图 4-4）。

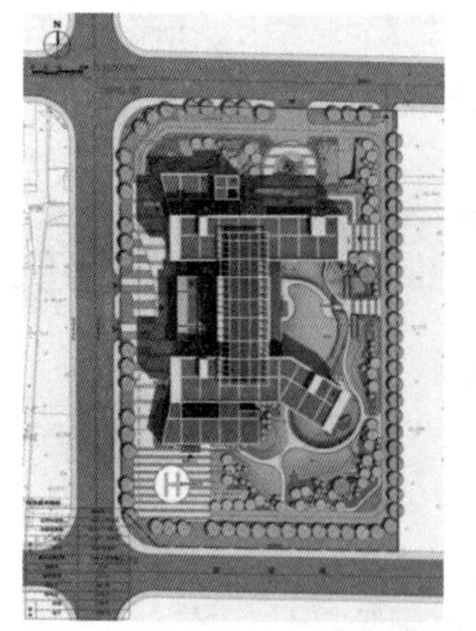

图 4-4　广东省中医院广州琶洲医院方案

（来源：作者设计）

另外，密集群体布局在展览或博物馆等建筑类型中也能起到良好的效果。例如广州国际会议展览中心，在总平面布局上类似以“三间两廊”为单元的岭南传统村落，通过一条纵向的人行交通廊道以及多条横向的消防巷道将十几个展馆拼接在一起，上面覆盖着波浪状的整体百叶屋面，起到很好的遮阳隔热效果（图 4-5）。

随着建造技术的发展，密集群体布局正在向立体空间化发展。如 2010 年上海世博会德国馆，建筑师将线性的展览空间设计成立体的麻花状结构，密集的体量关系从各个方向上都能对太阳光形成有效遮挡，减少了太阳辐射得热。同时立体空间化的密集布局也改善了建筑的外部通风条件，并且创造了丰富的建筑外部空间（图 4-6）。

随着城市土地的进一步集约利用，以及建筑材料与技术的发展，现代建筑的功能布局将进一步空间集约化，立体空间化的建筑密集布局形式将是未来的发展方向。在自然通风方面，仍然可以同时利用风压和热压的通风原理，通过空间设计来达到良好的自然通风散热效果。

图 4-5　广州国际会议展览中心

（来源：百度图片 http：//image.baidu.com）

图 4-6　2010 年上海世博会德国馆

（来源：百度图片 http：//image.baidu.com）

4.2.4 分散式布局

考古发现已经证明，分散式布局形式是世界上许多地区通行的原始建筑布局形式。这种原始布局形式中的建筑关系很弱，彼此之间的影响很小，可以最大程度的享有大自然的天然条件，比如充足的阳光和舒适的通风。岭南原始建筑也采用了分散式布局形式，运用原始的开敞式策略来适应岭南湿热气候的要求。秦统一岭南后，受中原文化与技术的影响，岭南建筑改为一种外封闭式的密集布局策略。历经近两千年，直到近现代受西方现代建筑技术理论的影响，才又转变为一种现代的开敞分散式布局策略。

西方传统建筑布局方式其实也是一种密集式的布局方式。直到 19 世纪，西方的城市化进程加速，密集式的布局方式带来许多无法解决的城市问题，因而催生了以“花园城市”为原型的现代城市规划布局理论。这种规划布局理论的初衷，是为了解决传统密集布局城市拥挤、肮脏、卫生条件极其恶劣等城市病问题，在满足现代工业城市基本功能要求的基础上，以绿地和公园分割城市建筑群体的分散布局形式，来保证每座建筑都拥有充足的阳光、新鲜的空气和优美的风景。经过后来不断完善发展，这种规划布局理论导致了一种以保证绿地、阳光和通风为目的的现代分散式建筑布局形式。

岭南地区最早应用现代分散式建筑布局形式的是 19 世纪规划建设的广州沙面岛租界建筑群。整个岛上规划了一条贯穿东西的宽阔绿地公园，南北各两排建筑布局整齐，彼此间距较大，有绿化树木分割，并设计有几条南北向的大街分割，整个岛上阳光充足、景色优美，南面珠江的习习凉风可以吹到岛上的各个角落。这种分散式建筑布局形式既满足了现代城市的功能要求，同时对于岭南湿热气候也具有很好的适应性，所以很快取代了传统的密集布局方式，至今已成为岭南地区最常用的建筑布局形式。20 世纪 90 年代的广州二沙岛建设仍然基本沿用了沙面岛的规划布局模式。

相比密集式布局形式，分散式布局形式在自然通风方面最大的优点就是能够营造良好的室外通风环境，给建筑物带来良好的风压通风。我们知道，旷野中的孤立建筑可以获得最佳的外部风环境条件，而合理的分散式建筑群体布局只要控制得当，就能够获得与之接近的最佳的外部风环境条件。要达到这一目标，首先，大片的建筑群体最好分组布置，群组彼此之间利用街道、绿地等开敞空间，在季风主导方向留出足够的通风廊道，尽量减少对季风的阻力；其次，在建筑群组布局上主要控制好两个方面：较低的建筑密度和合理的建筑群组排列方式，目的是为了让季风能够进入建筑群组内部并尽可能在内部形成平均分布。

对于通风廊道，现代城市中已拥有很多宽阔的道路和绿地公园等开敞空间，完全能够满足季风通廊的要求，但是要注意这些道路走向与季风主导风向的关系，这个问题必须在城市总体规划层面落实。

对于建筑群组的建筑密度，现代城市规划的法定控制指标中一般不会超过用地的40%，加上周边的道路面积，基本能够满足低密度的通风要求。例如，为2010年广州亚运会兴建的广州亚运城核心区，以“生态细胞”为规划理念，建筑密度控制在30%以下，采用了分散组团式布局，组团之间通绿带、水网等分隔，再加上其他的相关控制措施，使整个居住区获得了良好的自然通风效果。①

分散式建筑群组布局的建筑排列方式从平面上看一般常见的有：点阵式、行列式、围合式和混合式。其中行列式又可分为并列式、错列式和斜列式。从建筑群组通风条件的实际状况分析可知，在相同的外部风环境和相同的建筑朝向条件下，点阵式通风状况最佳，行列式和混合式次之，围合式最差（图4-7）。

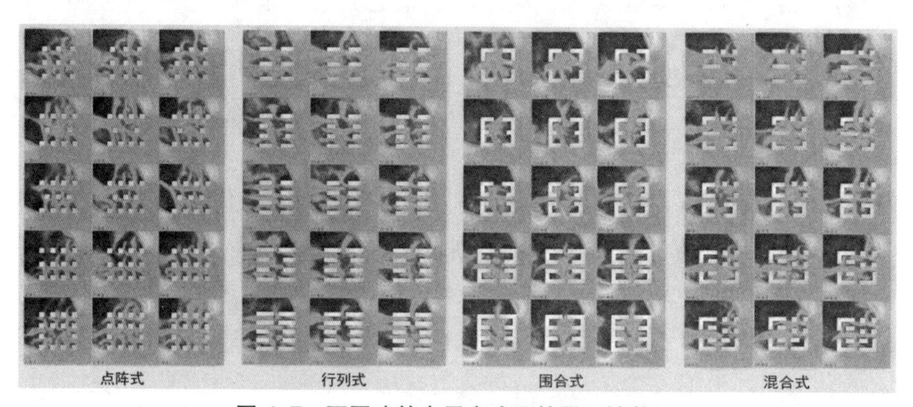

图4-7 不同建筑布局方式下的风环境状况

（东南风2.7m/s（10km/h），距地面高度1.5m风速云图）

（来源：广东省城乡规划设计研究院提供）

良好的建筑外部风环境主要包括风速和风场两个指标，现在可以借助现代计算机技术进行模拟分析，精确得出在不同建筑布局方式下的风环境状况。例如，有研究以广州地区正南向的四种建筑布局方式（并列式、错列式、斜列式和周边式）为对象，利用PHOENICS软件进行了通风模拟分析，结果表明：行列式、错列式和斜列式布局都可以得到速度适中且比较均匀的风场分布，具有较多的风舒适区域；而周边式布局的风速分布很不均匀，会出现较大范围的风影区，从而导致内部风环境的恶化。四种布局方式在形成风通道的区域内都可以获得良好的风场，而在建筑物的背风面会形成

---

① 杨小山，赵立华，孟庆林．广州亚运城居住建筑节能65%设计方案分析[J]．建筑科学，2009，25（2）．

较长的风影区，使风速大大减小。适当增加建筑之间的间距，合理布置建筑物的相对位置，就可以避免建筑布置在风影区内，创造出良好的建筑室外风环境。[①]

例如，总用地为 81.8hm² 的华南理工大学新校区，采取了疏散式的总体规划布局，建筑群体布局和建筑单体的相对位置与朝向都考虑了加强外部风环境状况，因此获得很好的自然通风效果，这种总体规划布局同时也强调了整合生态环境资源，营造亲近自然、有机和谐的大学园区（图 4-8）。再如，在广州金融城规划方案设计中，靠近珠江边的全部超高层建筑群体都采取点状式布局的方式，使其不但能够保证规划区域内每幢建筑的通风效果，同时也会大大改善区域北面城市建筑的外部风环境状况（图 4-9）。

图 4-8　广州大学城华南理工大学新校区

（来源：岭面意匠——广东省优秀建筑创作奖 2012）

图 4-9　广州金融城规划方案

（来源：设计文本）

4.2.5　高低层混合布局

随着城市化进程的加速，激增的城市人口与有限的城市用地之间的矛盾愈加突出，在现代建筑技术的支撑下，建筑高层化和集约化成为城市发

① 王珍吾，高云飞，孟庆林．建筑群布局与自然通风关系的研究 [J]. 建筑科学，2007，23（6）．

展的必然趋势（图 4-10）。当今世界最高建筑已经突破 800m，甚至还有更高的建筑正在设计计划之中。高层、高密度的建筑群体不但给城市带来前所未有的新面貌，在城市微气候环境上也带来新的问题。

首先，宏观上，过度集中的高层建筑造成城市上空气流受阻，使市区的平均风速比郊区大为减弱，因而空气洁净度变得更差。而高密度的建筑群体吸收的太阳热量和排放的化学能源热量也更多，从而导致城市热岛效应产生，城市的整体局地环境质量明显下降（图 4-11）。

图 4-10　高低层建筑混合的现代城市景观

（上左：美国芝加哥；上右：日本横滨；下左：新加坡；下右：英国伦敦；来源：作者拍摄）

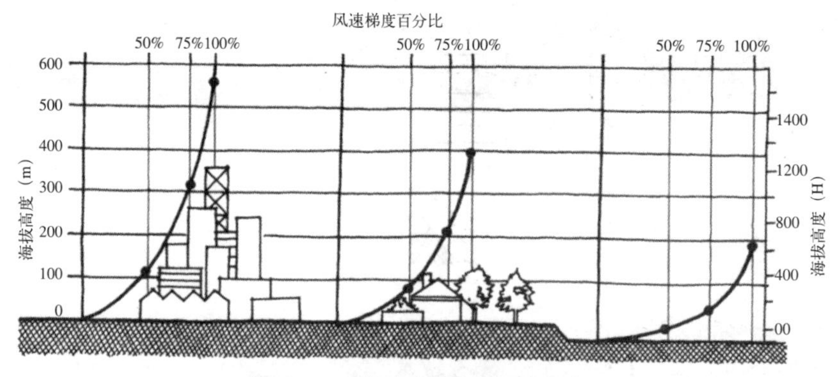

图 4-11　地形对风速断面的影响

（来源：(美) 马克・德凯，等.太阳辐射・风・自然光：建筑设计策略 [M]. 常志刚，等译.北京：中国建筑工业出版社，2009.）

其次，微观上，高层建筑对其周围的室外局部风环境影响很大：大尺度的建筑体量会形成很大的建筑风影区，给下风向的建筑及外部空间带来一定的负面影响；城市上空的风速具有梯度效应，在一定高度范围内，随着高度的增加，风速及风压也相应增大，高层建筑上部的高速气流受阻后会顺着建筑表面向下运动，在建筑底部与地面上的水平向气流混合形成复杂的底部空间风环境；高密度的高层建筑之间容易形成气流狭管效应，导致局部空间的瞬时风力风速过大，给地面行人及城市生活带来损害[①]（图 4-12）。

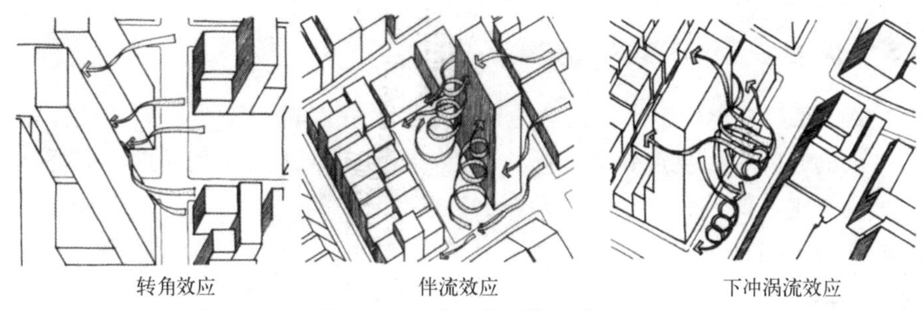

转角效应　　伴流效应　　下冲涡流效应

图 4-12　城市内部的风效应

（来源：(美）马克・德凯，等 . 太阳辐射・风・自然光：建筑设计策略 [M]. 常志刚，等译 . 北京：中国建筑工业出版社，2009.）

综合以上的分析可见，以高层、高密度建筑为主的城市风环境具有以下不利特点：在整体宏观上风力风速不够，降低了城市的通风散热能力；在局部微观上风力风速过强，给人们的生活带来不适甚至损害。

传统的密集式布局和分散式布局是基于低层建筑和多层建筑为主的建筑群体布局模式，因而无法解决以高层、高密度建筑为主的城市风环境问题。为了改善这种不利的风环境状况，必须采取一种新的高低层混合的建筑布局模式。

首先，在城市整体层面采用非等高状态的布局形式。根据城市气候数值模拟及实测的分析研究表明，在相同的建筑密度状况下，非等高建筑群的热岛强度明显低于等高度建筑群的热岛强度。非等高状态的布局形式就是“紧凑集中化布局与分散簇拥式布局相结合”[②]，即让城市中心的建筑高度和密度较大，越往城市周边则高度和密度越低、越开阔，可以引导郊区通风顺畅到达中心区域，提高城市中心风速，使之与郊区风速相差较小，有利于缓解城市热岛效应。

其次，在建筑群组布局中采用高层建筑与低层裙楼相混合的方式。通

① 关滨蓉，马国馨 . 建筑设计和风环境 [J]. 建筑学报，1995（11）：45.

② 陈飞 . 建筑与气候——夏热冬冷地区建筑风环境研究 [D]. 上海：同济大学，2007：82.

过高层建筑可以引导高空中风速较大的气流到达低层区域，以提高低层区域的风速风压环境；同时，由于低层裙楼建筑的阻挡，这些风速较大的下沉气流以及由于狭管效应产生的高速气流无法直接到达有行人活动的地面层，从而减少了高层风害发生的可能性，提高了地面层的风环境质量；另外，在静风时段高层建筑之间的高窄空间具有烟囱效应，形成热压上升气流，吸引地面层周边的较冷空气过来补充，从而形成舒适的局地风环境。

4.3 适应气候的建筑体型策略

4.3.1 风格多元化与新技术的影响

20 世纪 70 年代以来，社会生产模式从大规模的工业生产向“量体裁衣”式的非集中化生产转变，新的生产方式切合了人们对差异性和多样性的更高要求，西方建筑思潮进入全面的多元化时期。同时，当代迅猛发展的高新技术给社会带来巨大变革，对建筑领域也产生了极大的影响。一方面，新颖复杂的建筑结构技术、丰富多样的建筑材料类型、成熟的高性能建筑设备、不断升级的计算机控制技术与辅助设计技术，都直接或者间接地促进了建筑形态的“爆炸式”发展。与过去相比，建筑师在建筑体型创作方面获得了空前的自由，建筑变得更加形式多样、不拘一格。另一方面，技术进步也改变了人们的生产方式、生活习惯与审美观念，使其变得更加多元化，具体体现在建筑领域则是人们对于丰富多彩的、多样化的、个性化的建筑造型的包容，甚至是主动的追求。

不过，如果对建筑造型的认识仅仅停留于形态的表面，片面追求新奇、独特体型，则会陷入形式主义的泥沼。建筑造型受到社会、文化、气候、地形等多种综合因素的共同影响，是对各种要素的理性综合分析后的感性表达，是浪漫与理性的交织体，因而建筑造型应该具有一定的逻辑合理性。其中，自古以来，气候条件始终是影响建筑体型的重要因素之一，在当今这个建筑形态“爆炸式”发展的时代，结合气候的建筑体型设计仍然是创造令人信服的成功建筑作品的关键。

对于岭南建筑而言，合理的建筑体型设计可以促进建筑的自然通风，其作用主要体现在两个方面：首先，合理的建筑体型可以尽量降低建筑物对周边环境的通风阻力，保持相对均衡的外部风场，有利于建筑外部空间环境的通风散热，同时保证其自身以及附近建筑具有足够的外部风速风压条件；其次，合理的建筑体型是建筑内部自然通风形成的必要条件，可以降低建筑内部空间的通风阻力，促进室内外的气流流动，实现建筑内部空间的自然通风散热目的。根据流体力学原理可以知道，建筑物对周边环境的通风阻力主要与建筑物在外部主导风向上的面积（面宽和高度）有关，同时与建筑的平面形状也有一定的关系。建筑物的面宽越大、高度越高，其外部风阻越大。因此，面宽小、高度低的紧凑形体型是最好的选择。同时，通过控制建筑的平面形状，特别是控制较浅的建筑进深，能够获得建筑内部空间的良好自然的穿堂风。对于高层建筑来说，随着建筑高度的增加，水平方向的风荷载增加很快，建筑体型设计需要考虑防风问题。通过对建筑体型进行收分、挖洞等处理手法，或者选择流线型、曲线型等建筑体型，能够有效降低高层建筑的水平风荷载。

合理的建筑体型设计也可以起到建筑自体遮阳的作用。通过对建筑体型进行结构出挑、倒置、架空、错位、扭转等处理手法，能够在建筑体型上形成阴影空间，避免阳光直射到建筑的门窗洞口与墙面上，或者避开西向过渡的日晒，同时也创造出富有表现力的建筑形象。

4.3.2 小进深体型

小进深体型在岭南建筑气候适应性方面的主要作用是降低建筑物内部风阻，保证建筑内部空间获得良好的自然穿堂风。

建筑内部空间自然通风的形成必须具备两个必要条件：建筑物进风口与出风口之间存在足够的风压差，以及建筑内部空间的风阻足够小。进风口与出风口之间的风压差与建筑外部风环境有关。建筑内部空间的风阻除了与内部空间的具体形式相关外，最主要的因素就是建筑的进深尺寸。

国内学者研究表明，要实现建筑风压自然通风，除了要具备一定的外部风环境外，还要求建筑物的进深较浅，一般不要超过 14m，并且房间里的隔墙要尽量少①。英国的学者也认为，浅进深的平面形式是产生穿堂风的条件，如果要成功地组织穿堂风，建筑进深不应大于地板到顶棚高度的 5 倍②。按照住宅建筑 3m 的常见层高计算，可以得出建筑进深不应大于 15m，这和我国学者研究的数据基本相同。岭南地区年平均风速约为 2m/s，夏季很多时候风速都达到 3m/s，因此只要建筑体量控制得当，就可以获得较好的风压自然通风。

进深不大于 15m 但总面积较大的建筑会存在另外一个问题，这个建筑会变成一个面宽特别宽，或者高度特别高，或者两者兼而有之的“大墙式”建筑，这样体型的建筑对外部风环境的阻力是非常巨大的，从建筑自然通风的角度综合评估，这显然不是一个好的选择。既要保证外部风环境条件，又要保证建筑物本身各个部分保持小进深尺度，传统的解决方法一般有两种：一种是蜂窝状的多天井平面布局结构；另一种是树枝状的多支端平面

---

① 刘加平，谭良斌，何泉．建筑创作中的节能设计 [M]. 北京：中国建筑工业出版社，2009：90.

② （英）彼得·F·史密斯．适应气候变化的建筑——可持续设计指南 [M]. 中国建筑工业出版社，2009.

布局结构。

岭南传统民居在宏观的气候适应性策略上采取了封闭密集式布局，所以在建筑平面布局上选择了蜂窝状的多天井结构，如梳式布局村落、竹筒屋等。这种多天井结构在一定程度上牺牲了建筑风压通风的能力，但在热压通风方面则由于天井的烟囱效应反而得到加强，所以也可以获得不错的自然通风效果。现代建筑在用地紧张或者各部分功能流线要求非常紧密简短的情况下，也会运用多天井的平面布局结构，如医疗建筑、博物馆建筑和会展建筑等。

在用地充沛的情况下，树枝状的多支端小进深平面布局结构使建筑的每个部分的用房更充分的接受自然的空气和阳光，特别是在风压通风方面的能力更加明显，能够获得更舒适的自然通风，从而更适应湿热气候的要求。著名的现代主义代表建筑包豪斯就采用了风车状的多支端平面布局结构，这对后世的现代建筑影响深远。20 世纪六七十年代广州兴建的大量涉外旅馆建筑基本使用了多支端小进深平面布局体型，获得了很好的通风效果。从 20 世纪 80 年代开始，岭南地区的现代住宅建筑在平面上开始使用“工”字形、“井”字形、碟形、风车形等多支端平面布局形式，在促进大进深住宅的自然通风方面效果显著。深圳的万科中心大楼、广东科学中心等当代岭南建筑中也采用了多支端小进深的平面布局形式，从而化解了大型公共建筑由于巨大建筑体量带来的通风不畅问题（图 4-13）。

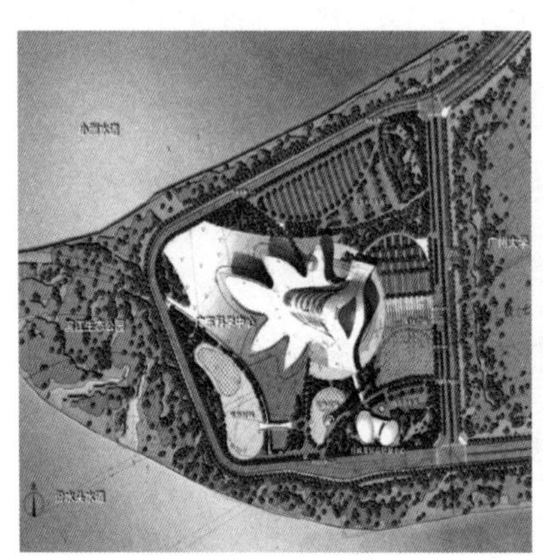

图 4-13　广东科学中心指状小进深体型

（来源：左图：建筑学报，2009（10）：58；右图：作者拍摄）

位于深圳市大梅沙的万科中心大楼采用了树枝状的平面形式，整个建筑的折线型平面的平均宽度为 20m 左右，呈不规则的树枝状水平展开，非常有利于自然通风和采光，自然采光面积超过 75%，开窗面积比超过 30%，完全达到了美国 LEED 铂金认证的要求，建成后的室内光照充足、通风良好[①]（图 4-14）。

当代建筑在集约用地条件下向空中发展，从而产生了空中立体化的多支端小进深体型，同样通过控制较小的建筑进深来获得良好的自然通风。如中央电视台新大楼、2010 年上海世博会德国馆等。在高度密集的城市化环境中，立体化的多支端小进深体型将成为未来的发展趋势。

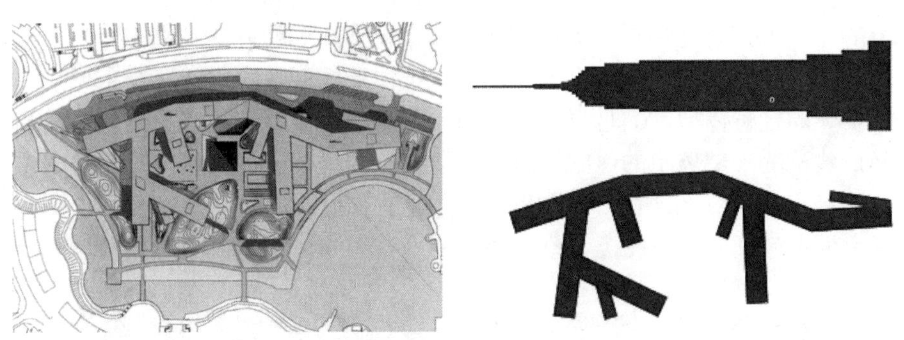

图 4-14　深圳万科中心树枝状小进深体型（左：总图；右：与纽约帝国大厦比较）

（来源：左图：建筑创作 2011（01）；右图：城市环境设计 2013（06）.）

4.3.3　架空体型

架空体型在岭南建筑气候适应性方面的主要作用是降低建筑物外部风阻，保证建筑外部空间获得良好的自然风环境。

减少面宽、控制进深是提高现代建筑通风状况的有效措施。在建筑高层化发展成为必然趋势的前提下，小面宽的点式高层建筑是较好的选择，同时，还可以通过合理的建筑平面设计进一步减少建筑的风阻。而在必须采用大面宽的建筑形体时，则可以通过建筑底层架空和在建筑体型上开孔洞的方法降低外部风阻。体型上开孔洞的方法也可以看作是一种空中立体架空的建筑体型，它与底层架空体型一起统称为架空体型。

建筑底层架空是由柯布西耶在 1926 年提的“新建筑五点”之一，现代主义建筑深受其影响。岭南著名建筑师林克明先生在 1935 年设计的自宅以及在 1947 年设计的徐家烈宅中第一个尝试应用底层架空。底层架空不仅解决了城市土地资源稀缺的矛盾，给人们提供了更多的休闲绿化场地，更重要的是大大促进了地面层的通风状况。研究表明，如果建筑底部架空，其通风能力比没有底部架空的建筑高达约 30%，而且架高的建筑会随着高度增加处于更大的风速区域[②]。对于湿热气候的岭南地区优点非常突出。在

① 朱建平 . 一个绿色巨构——深圳万科中心 [J]. 建筑创作，2011（01）.

② 刘加平，谭良斌，何泉 . 建筑创作中的节能设计 [M]. 北京：中国建筑工业出版社，2009.

20 世纪六七十年代广州兴建的大量涉外旅馆建筑中，底层架空结合岭南园林一体设计，成为广州新建筑重要的设计特色。到 20 世纪 90 年代后，由于其优美的景观性和良好的气候适应性，底层架空结合绿化开始在岭南地区的新型住宅小区中大量使用，慢慢成为一种惯用做法。

对于一些尺度特别巨大的“高墙式”大面宽现代高层建筑物，单纯通过底层架空方法已经无法保证建筑物的外部通风畅顺，这时可以在底层架空的基础上，通过在建筑体量上开设多个大型孔洞的方法来进一步降低建筑的外部风阻。甚至通过多个较小的建筑体量的疏散式空间叠合来形成一个较大的建筑体型，同时也可以利用大体型建筑上疏散的空洞结构来达到降低建筑的外部风阻的目的。例如，法国巴黎拉德芳斯大拱门以及日本东京新梅田大厦（图 4-15）。当代岭南建筑也有类似的案例，比如，广州农信大厦和深圳大学科技楼（图 4-16）。

图 4-15　门框式架空建筑体型

（左图：法国巴黎拉德芳斯大拱门；右图：日本东京新梅田大厦；来源：作者拍摄）

随着现代建筑技术以及设计美学的发展，现代建筑的体型变得越来越自由，建筑的平面与立面关系慢慢变得模糊，新型的立体空间化建筑实体与空间互相缠绕。这种类似海绵状的立体疏松体型结构，在总体上风阻较小，有利于外部季风通过，保持良好的外部风环境；在局部上使每个部分的建筑进深都能够控制在较小范围内，有利于内部空间穿堂风的形成。立体空间化的疏松体型结构同时满足了改善建筑外部通风环境和促进建筑内部通风两个方面的要求，而且取得了新颖的建筑造型效果，所以，将会是一种新的解决岭南气候问题的设计方向。

图 4-16　开孔洞的建筑体型

（上：广州农信大厦；下：深圳大学科技楼；来源：作者拍摄）

例如，深圳万科中心大楼。这座称为“水平的摩天楼”采用“斜拉桥上盖房”的方式，使其完全架空在基地上方，通过 12 个极小的落地筒体、实腹厚墙与柱支承离地 10 ~ 15m 的上部 4 ~ 5 层结构，中间跨度达到 50 ~ 60m，端部悬臂 15 ~ 20m，使建筑底部形成连续的开放大空间[①]（图 4-17）。

架空体型在岭南建筑气候适应性方面具有显著作用，再加上其给予公共建筑形式的丰富多样性，以及架空空间为城市公共开放空间带来的积极作用，使得架空体型成为当代岭南建筑非常重要，同时也是非常多见的一种形态创作策略。近年来，架空体型策略在许多重要的大型标志性公共建筑设计中均有应用，例如，广东省博物馆、深圳证券交易所、广州市城市规划展览中心等项目的架空层设计（图 4-18 ~ 图 4-20）。

① 李虎，傅学怡 . 水平的摩天楼——深圳万科中心 [J]. 建筑技艺，2012（05）.

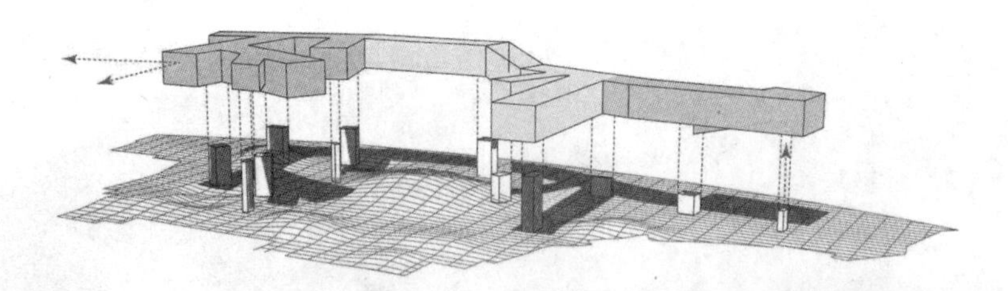

图 4-17　深圳万科中心大楼架空层

（来源：上：城市环境设计 2013（06）；下：作者拍摄）

图 4-18　广东省博物馆架空层

（来源：作者拍摄）

图 4-19　深圳证券交易所架空层

（来源：左、中：2015 年广东省优秀工程勘察设计奖评选项目文本；右：作者拍摄）

图 4-20　广州市城市规划展览中心架空层设计

（来源：华南理工大学建筑设计研究院提供）

4.3.4　特异体型

当代技术的发展使得许多曾是建筑师纸上畅想的独特风格的异形建筑成为现实，这些强调艺术化风格的异形建筑契合了当代追求个性化的设计美学的需要，在近年来更成为一股国际化的流行设计风潮。异形体型的建筑不但丰富了当代建筑的造型美学，同时在气候适应性方面也提供了更多可行的措施与解决问题的方法。

通过建筑单体本身独特的体型特点可以形成建筑的自体遮阳，以达到减少建筑的太阳辐射得热的目的。常见的建筑自体遮阳一般采用出挑、倒置、错位等处理手法，形成上大下小的特殊体型，以上部出挑的体量来减少下部体量的太阳直射辐射。传统古建筑由于建造技术与材料的限制，很少采用上大下小的体型设计，中国古建筑利用木结构斗拱层层出挑形成大屋顶形式，起到了很好的自体遮阳作用。

现代建筑在全新的结构和材料技术保障下，从形式上赋予建筑师更多的创作自由，同时也在建筑气候适应性方面提供了更为广泛的可能性。建筑大师赖特设计的流水别墅堪称现代主义建筑的经典之作，向各个方向层层出挑的白色混凝土板凌驾于瀑布之上，不但塑造了超然的视觉形象，同时取得了极好的自体遮阳效果（图 4-21）。还有其设计的纽约古根海姆美术馆，简洁动人的白色螺旋状倒锥形体也起到了很好的自体遮阳作用，避免了直射阳光对室内展品的损害。擅长高技术的英国建筑师诺曼·福斯特更是将建筑自体遮阳作为形体塑造的主要出发点，在其设计的伦敦新市政厅中，以钢与玻璃建造的蛋状建筑向南侧扭曲倾斜，起到建筑自体遮阳作用，同时也获得非常独特的外观效果（图 4-22）。

早期的现代岭南建筑在气候适应性方面比较注重立面遮阳和空间通透性的设计，在建筑体型方面的探索实践很少。20 世纪 80 年代后，现代岭南建筑作品的建筑体型开始变得愈加丰富。其中，何镜堂先生在其建筑创作中充分考虑岭南亚热带气候特点，一直探索利用建筑本身的体型特征来

图 4-21　特异体型建筑

（左：流水别墅；右：纽约古根海姆美术馆；来源：百度图片 http：//image.baidu.com）

图 4-22　伦敦新市政厅外观及体型分析

（来源：左图为作者拍摄；右图为作者根据资料整理改绘）

达到遮阳、挡雨等作用，丰富了现代岭南建筑气候适应性策略与方法。

深圳科学馆是何镜堂先生 1983 年回到广东后设计的第一个作品，该设计最明显的特点是突出了八角形平面的倒锥形主体，建筑造型别具一格，给人以鲜明深刻的印象。同时，倒锥形体型向内倾斜的墙面给每层的带形窗形成了遮阳、挡雨的效果，适应了当地日照强烈和多雨的气候。何镜堂先生 1984 年主持设计了广东江门五邑大学教学主楼，在剖面设计上采用了每层依次向外“位移”的方法，不但形成了各层大小不等的教室、休息平台和屋顶花园，而且每层的向外悬挑体型起到遮阳、采光和挡雨的作用，营造了一个既具有时代感的建筑造型，又适应岭南气候特点的新型校园环境(图 4-23)。

何镜堂先生主持设计的 2010 年上海世博会中国馆，以“东方之冠”为理念，给人以雄伟壮丽、气度雍容的深刻印象。中国馆虽然地处上海，但由于世博会会期主要在夏季，与岭南夏季特点比较相似，所以，在设计中也运用了岭南建筑气候适应性策略的方法。中国馆由国家馆和地区馆两个部分组成，国家馆在标高 9m 的地区馆平台上架空升起，居中矗立。国

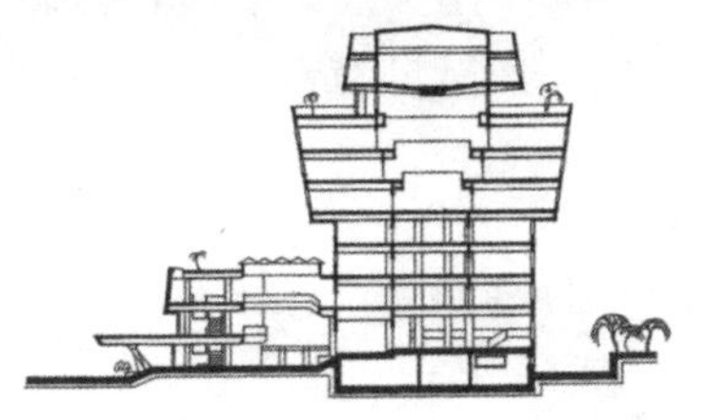
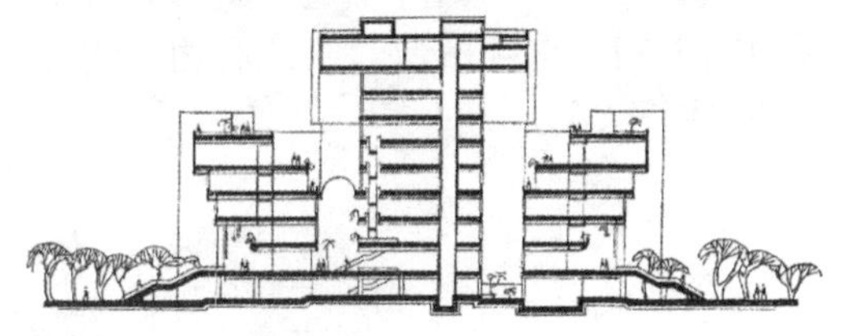

图 4-23　岭南现代特异体型建筑

（左：深圳科学馆；右：江门五邑大学教学主楼）

（来源：华南理工大学建筑设计研究院资料）

家馆的空间构成抽象于中国传统木构架的营建法则，倒锥形的体型以及层层出挑的仿木构立面形成了很好的自遮阳系统，通过合理的角度选择，兼顾了夏季遮阳和冬季日照的需要，充分体现了建筑与环境和谐统一的设计理念（图 4-24）。

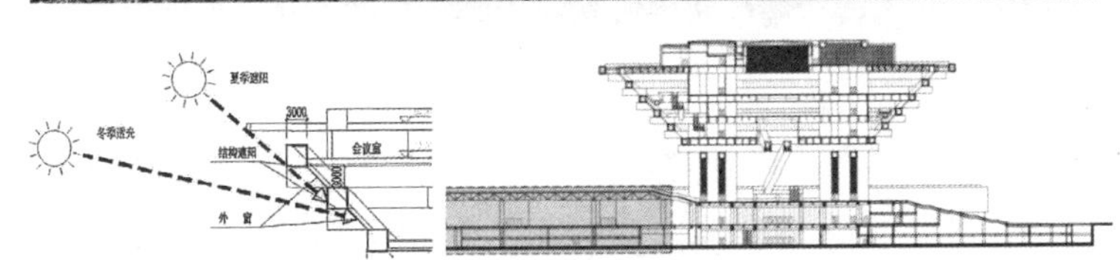

图 4-24　上海世博会中国馆

（来源：华南理工大学建筑设计研究院资料）

由于契合了当代追求个性化的设计美学风潮，近年来异形建筑在许多岭南地区的大型标志性公共建筑中也非常常见，例如，由中外建筑师合作设计的广州大剧院，其独特的“珠江石”造型异常夺目，同时在气候适应性方面也起到了很好的自体遮阳作用（图 4-25）。

除了自体遮阳作用外，通过建筑单体本身独特的体型设计也可以有效改善建筑的外部通风状况。例如，英国伦敦的瑞士再保险总部大楼，该建筑高 40 层，体型非常有特色。它采取了圆形平面，往上慢慢收缩，被戏称为“小黄瓜”。这种独特弯曲的流线型体量可以使疾风从表面滑过，将风力的影响减小到最低。它是利用流体力学原理，通过计算机模拟计算得到的（图 4-26）。

图 4-25　广州大剧院异形体型的遮阳效果

（来源：作者拍摄）

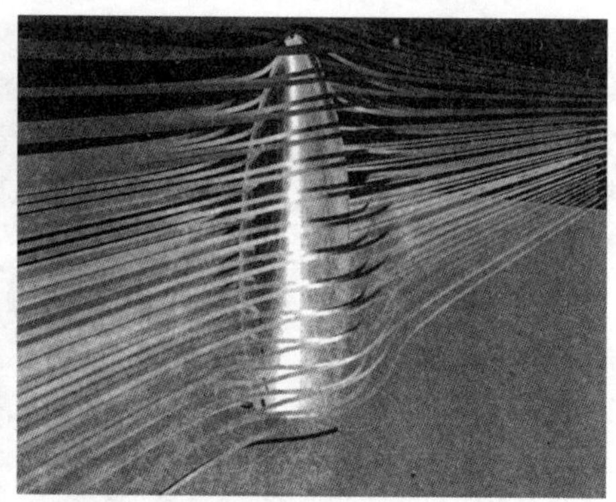

图 4-26　英国伦敦瑞士再保险总部大楼

（来源：彼得 · F · 史密斯 . 适应气候变化的建筑——可持续设计指南 [M]. 中国建筑工业出版社，2009）

由美国 SOM 与广州设计院共同设计的广州珠江城大厦也采用了类似的设计策略，通过计算机模拟计算得到了独特的建筑体型，不但减少了建筑的水平风荷载，同时还巧妙的利用了在建筑物上安装的风力发电机来获得绿色能源（图 4-27）。

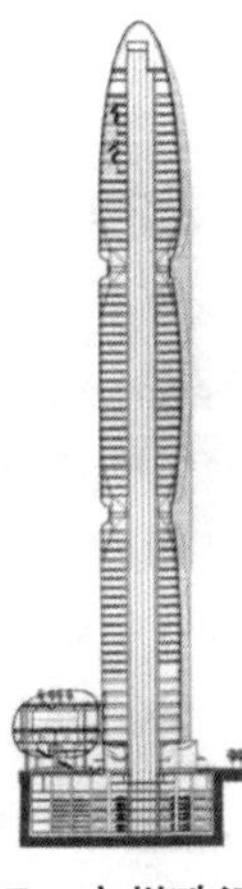
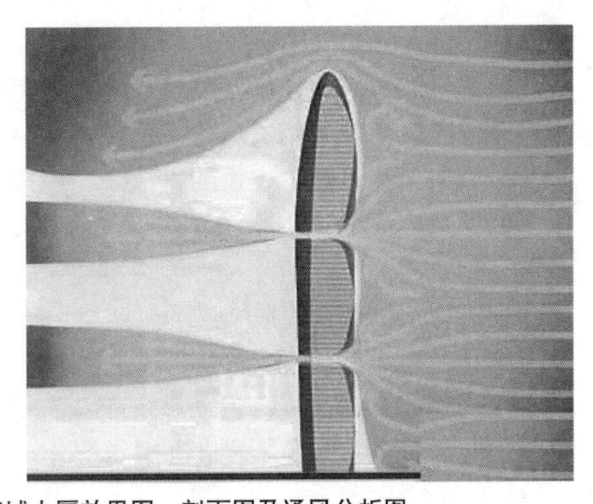

图 4-27 广州珠江城大厦效果图、剖面图及通风分析图

（来源：黄惠菁，马震聪 . 珠江城项目绿色、节能技术的应用 [J]. 建筑创作，2010（12）.）

4.4 适应气候的建筑空间策略

4.4.1 大型化与复合化的影响

现代城市的功能复合性与多样化以及城市生活的丰富性远远超越了建筑单纯遮风避雨的生理需求。为解决城市高密度发展与土地有限性之间及环境卫生状况的矛盾，城市建筑群密度增大，建筑向竖向发展。现代建筑在单体规模上已经远大于传统建筑，大开间、大进深、多样化、复合化功能以及人们对更高品质的内部环境的要求，让建筑气候适应性设计工作变得更加复杂。

由于结构与材料技术的局限，传统建筑空间与现代建筑空间在形式上差异巨大。与传统建筑空间相对孤立、封闭的空间形式相比，多元化的现代建筑空间则更多地体现出空间的连续性与流动性。这种流动空间不但在空间形式上给人以更加丰富多变的心理感受，同时在物理上也可以引导建筑内部能量的流动与分配，起到调节建筑室内物理环境的目的。

建筑内部空间的能量主要通过空气对流的方式流动，风压与热压是形成空气对流的两种动力来源。风压是空气受到阻挡时产生的静压，在建筑物中产生伯努利效应和文丘里效应；热压是气温不同产生的压力差，在建筑物中产生烟囱效应，使室内热空气升起逸散到室外；建筑物的通风效果往往是这两种方式综合作用的结果，其作用效果除了受建筑外部风环境影响外，主要与建筑物的内部空间形式等因素相关。在建筑设计中利用通风原理塑造合理的内部流动空间，就能获得良好的自然通风效果。例如，柯布西耶设计的具有立体雕塑空间的马赛公寓，以及查尔斯 · 柯里亚的“管式住宅”，都是从建筑内部的空间结构出发，巧妙利用流动空间的气流原理，使建筑获得良好的气候适应性。

建筑自然通风问题涉及建筑的外部界面形式以及内部空间的组织。一个完整的通风系统包括进风口、出风口和风道，建筑内部流动空间就相当于一个风道系统。建筑表层的进风口与出风口之间的空气压力差是建筑室内自然通风形成的动力来源，两者的压力差越大，通风效果越好；风道是风流经建筑内部空间的路径，要获得良好的室内通风效果，在风道设计时要注意两方面因素：一是风道的风阻力，风阻越小，风力在流动过程中的衰减越小，通风越畅顺；二是风道的风场均衡度，即受风道影响的室内空间范围的广度，要让风道带动尽可能多的室内空间的空气流动，才能起到总体均衡的最佳通风散热效果（图 4-28）。

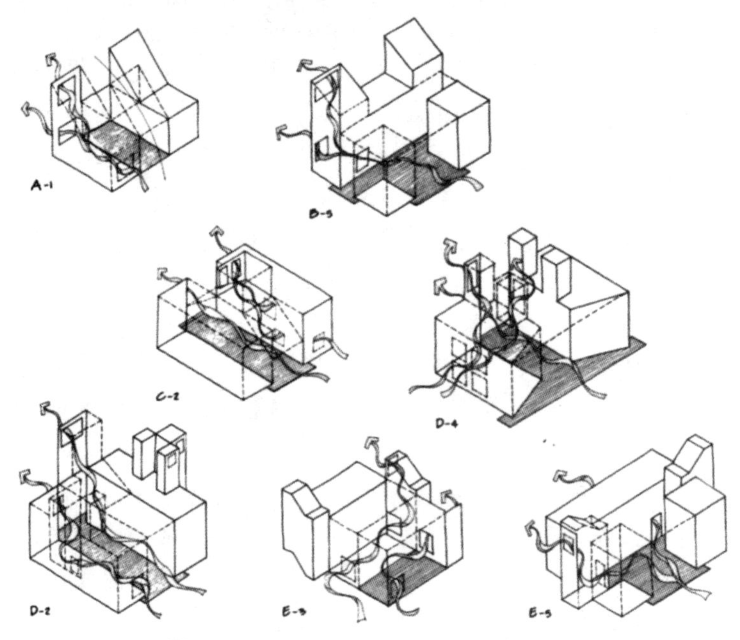

图 4-28　风压通风和热压通风策略示意

（来源：（美）马克・德凯，等 . 太阳辐射・风・自然光：建筑设计策略 [M]. 常志刚，等译 . 北京：中国建筑工业出版社，2009.）

由于风压通风和热压通风在原理上不同，在风道设计上也有所差异。风压通风主要是和建筑外界的风环境密切相关，在外界有风的情况下，只要风道阻力足够小，便能形成风压通风；热压通风与建筑外界的风环境无关，热压通风的形成与风道两端风口的空气温度差或垂直高度距离相关，因此，热压通风的风道除了阻力足够小外，应该尽量拉大风道两端风口的垂直距离。风压通风风道不一定能形成热压通风，而热压通风的风道对于形成风压通风也是合适的。虽然建筑物的通风效果往往是这两种方式综合作用的结果，但在设计中应该根据两者的不同侧重找出相对合适的解决方案。

传统岭南建筑通过冷巷、天井、敞厅等建立了一套连续的内部空间体系，以促进内部的自然通风，但由于其对外的相对封闭性，所以这一空间体系更多的是运用热压通风原理达到自然通风的目的。现代岭南建筑打破了内部空间系统与外部环境的封闭性，建筑内外空间甚至可以做到相互渗透、相互交融。另外，得益于自由平面设计和现代结构与材料技术的支撑，现代建筑内部空间系统的空间尺度和形式也更加自由和多样化，空间的雕塑性和流动性得以加强。因此，现代岭南建筑的空间体系设计能够更充分地运用风压通风和热压通风原理来达到建筑气候适应性目的。

当前，岭南现代建筑的空间类型已经变得更加多元化和复合化，高层建筑空间、地下空间、超大空间、建筑综合体的复合空间等新的空间类型不断涌现，以应对不断变化提升的功能与环境要求。但是不管如何变化，空间的流动性仍然是现代建筑空间的基本特性，同时也是湿热气候地区建筑气候适应性的基本策略之一。通过充分利用风压与热压通风原理，构建新的立体空间通风系统，才能有效满足岭南湿热气候的通风散热要求。

4.4.2 水平流动空间

水平流动空间在岭南建筑气候适应性方面的主要作用是充分利用风压通风原理，通过合理的开口设置降低建筑物内部空间的风阻，使建筑内部空间获得良好的自然穿堂风（图 4-29、图 4-30）。

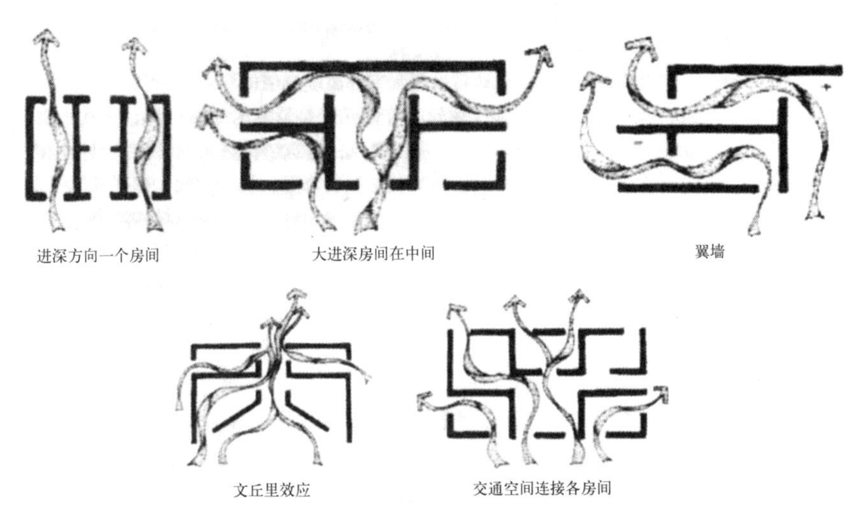

图 4-29　水平空间穿堂风组织示意

（来源：（美）马克·德凯，等.太阳辐射·风·自然光：建筑设计策略 [M]. 常志刚，等译.北京：中国建筑工业出版社，2009.）

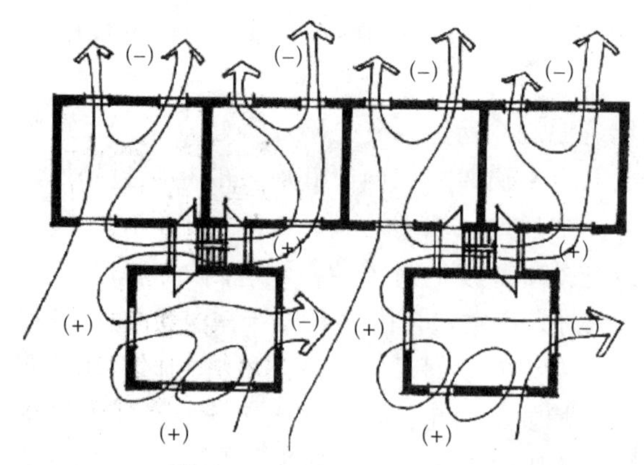

图 4-30　容易形成穿堂风的小进深住宅平面通风示意

（来源：（美）巴鲁克·吉沃尼.建筑设计和城市设计中的气候因素 [M]. 北京：中国建筑工业出版社，2011.）

20 世纪 50 年代发展起来的现代岭南建筑采用了分散式群体布局模式，建筑单体之间的间距较大，外部风环境条件较好，且建筑单体采用了开放式的外围护结构方式，门窗面积比例较大，大部分的居住建筑和小型公共建筑由于进深较小，风道简单通畅，因此极易形成穿堂风，在风压通风方面的效果与传统建筑相比，提升非常明显。这种建筑自然通风方式仍然是当代岭南居住建筑的主要方式。

通常来说，控制平面的进深仍然是保证水平向风压通风的最有效手段，要获得良好的自然穿堂风，建筑进深不宜大于 15m。但是，现代公共建筑总的发展趋势是类型越来越多、功能越来越复杂，因此建筑体量会变得越来越大，空间关系也会变得更加复杂，这种大体量大进深的建筑在通风方面会带来很多新的问题和困难。要解决这个矛盾，通常有两种解决方法。

一种方法是从建筑体型出发，把巨大的建筑体量分解成小进深的建筑体型，如蜂窝状的多天井平面布局结构或树枝状的多支端平面布局结构，通过控制局部建筑平面进深来获得良好的自然穿堂风。如 20 世纪 80 年代岭南地区的现代住宅建筑在平面上普遍使用了“工”字形、“井”字形、碟形、风车形等多支端平面布局形式，在促进大进深住宅的自然通风方面效果非常明显（图 4-31）。

另一种方法就是从建筑内部空间结构出发，通过巧妙利用流动空间的气流原理，塑造立体雕塑状的内部流动空间，在风压通风的基础上适度叠加热压通风作用，从而在大进深的情况下同样能够获得良好的自然通风效果。例如柯布西耶设计的具有立体雕塑空间的马赛公寓（图 4-32），以及查尔斯·柯里亚的“管式住宅”。近代岭南的大进深竹筒屋民居也是采用了相似的内部空间策略来获得良好的自然通风效果。

现代建筑的空间变化异常丰富，有些建筑类型也可以结合其特殊的功能要求，营造出有利于自然通风的水平流动空间。例如，1951 年，由夏昌世先生设计的广州华南土特产展览交流大会水产馆，其设计构思紧扣“水”的主题，平面布局形式以圆形作为母题，中心为一个圆形庭院，形成新颖的环形流动空间布局，营造出主题鲜明、导向性强、层次丰富多变的展览空间。小进深的环形流动空间围绕着中间富有岭南园林神韵的庭院组织展开，两者之间以开敞式的柱廊相隔，廊柱上设有杉木百叶，各展区面向庭院一侧每隔一定距离设有小窗，使内外空间相互渗透，获得良好的通风效果（图 4-33）。

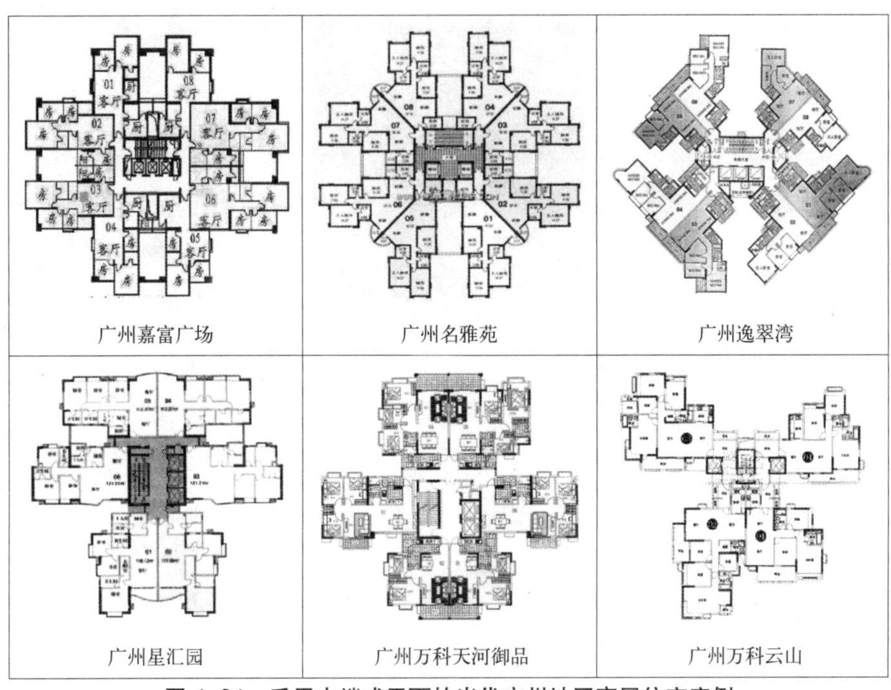

图 4-31　采用支端式平面的当代广州地区高层住宅实例

（来源：作者根据相关资料整理）

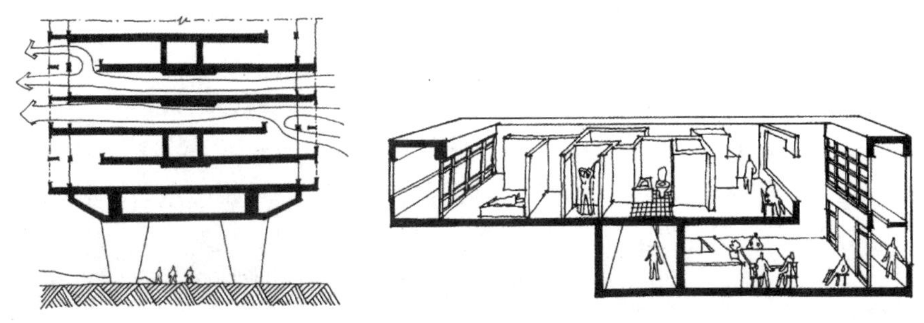

图 4-32　柯布西耶马赛公寓立体雕塑空间的通风设计

（来源：(美) 巴鲁克 · 吉沃尼 . 建筑设计和城市设计中的气候因素 [M]. 北京：中国建筑工业出版社，2011.）

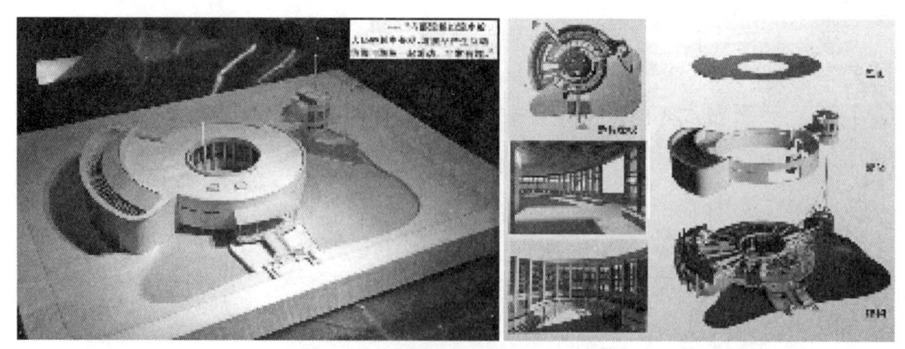

图 4-33　华南土特产展览交流大会水产馆复原模型及流动空间分析

（来源：华南理工大学建筑学院资料）

4.4.3　垂直流动空间

垂直流动空间在岭南建筑气候适应性方面的主要作用是充分利用热压通风原理，在具有高度较大的垂直空间的建筑物中产生烟囱效应，使室内热空气升起逸散到室外。通过合理的开口设置，尽量拉大风道两端风口的垂直距离，就可以使建筑内部空间获得良好的自然通风（图 4-34）。

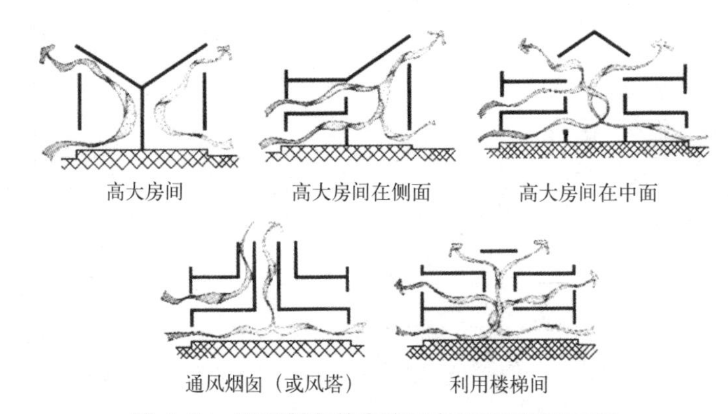

图 4-34　利用烟囱效应的垂直空间通风示意图

（来源：（美）马克·德凯，等. 太阳辐射·风·自然光：建筑设计策略 [M]. 常志刚，等译. 北京：中国建筑工业出版社，2009.）

垂直流动空间不一定要在高层建筑中才能应用，如果尺度得当，一般两三层的建筑也可以形成效果明显的热压通风。如近代广州竹筒屋民居就利用两三层的小天井形成建筑的热压自然通风。再如广东著名传统园林——东莞可园的邀山阁，仅仅利用其 15.6m 的高度，就可以起到很好的热压拔风作用，同时也带动了几层房间的空气流动，热压通风效果非常明显（图 4-35）。

这种垂直流动空间在现代低层建筑可以设计得更加灵活多样，通常可以结合各种垂直交通空间进行设计，只要在空间顶部设计合适的出风口，便可以获得良好的热压自然通风，例如深圳万科中心的内部垂直流动空间设计（图 4-36）。

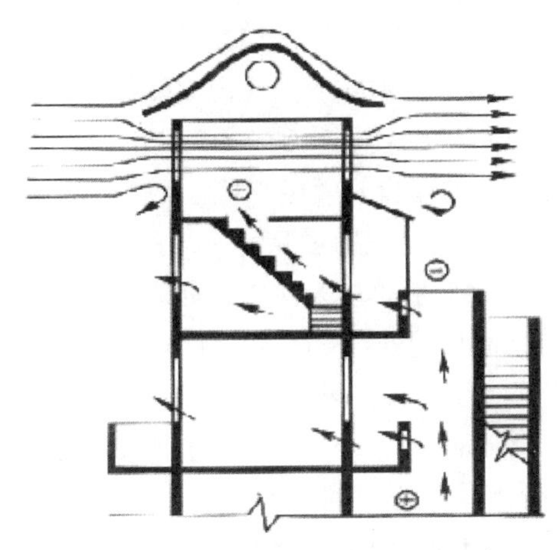

图 4-35　可园邀山阁热压拔风示意

（来源：汤国华 . 岭南湿热气候与传统建筑 [M]. 北京：中国建筑工业出版社，2005.）

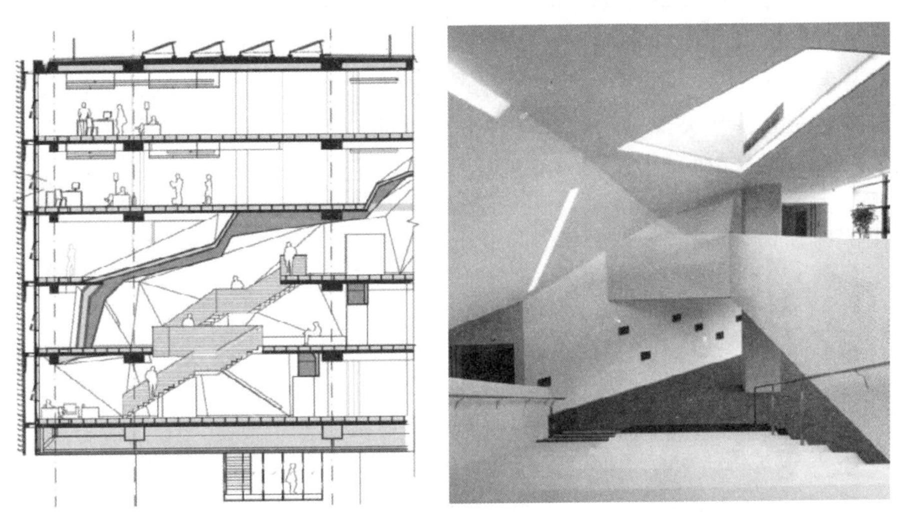

图 4-36　深圳万科中心内部垂直流动空间设计

（来源：斯蒂文・霍尔 . 万科中心 水平摩天大楼 [J]. 城市环境设计，2013（06）.）

自 20 世纪 70 年代广州建成白云宾馆等建筑开始，岭南地区的高层建筑逐渐增加，到 21 世纪初由于城市化进程加速，土地资源相对短缺，高层建筑建设慢慢成为一种普遍现象，在城市化要求及现代建筑技术支撑下，城市建筑普遍向高层化发展，竖向的垂直建筑空间也变得更加丰富。通过塑造建筑内部竖向的流动空间，使之成为垂直风道，可以利用其特有的高度差起到很好的热压拔风作用，甚至可以同时形成风压通风和热压通风，从而带动各层房间的空气流动。

由风的垂直梯度原理可知，越高的高层建筑，外部环境的风速越大，例如马来西亚吉隆坡第 18 层建筑的风速可达 40m/s，这样的风速直接开窗会影响室内正常工作。英国学者甚至认为 12 层以上的建筑高度在西欧气候区中是无法实现自然通风的①。因此，在现代空调技术支撑下，高层建筑通常采取了完全封闭的玻璃幕墙形式。这种完全封闭的人工环境是不利于节能和保持人体健康的，但是要实现自然通风，则必须解决好高空风速过大的问题。根据目前的技术水平，一般可以通过两种途径解决：一种是通过特别设计的建筑外表皮使外界风速降低后再进入室内，如双层幕墙系统、立面引风墙和风斗等等；另一种是在高层建筑内部空间设计垂直的主风道，使外界的强气流经过这些风道空间过渡以后，在风速缓和风场均衡后再进入各层使用空间，如建筑内部中庭、空中庭院等等，这就涉及垂直流动空间设计方面的问题。

例如诺曼 · 福斯特设计的英国伦敦的瑞士再保险总部大楼，该建筑高 40 层，平面为圆形，往上慢慢收缩，形状像“小黄瓜”一样。它采取在建筑周边设计竖向中空通风道空间的模式。建筑在紧靠幕墙的周边位置设计了 6 个三角形平面的中庭空间，随着建筑螺旋状缠绕上升，通过中庭上电动开启的窗户可以使室内空间实现自然通风。这些螺旋状的中庭风道空间充分利用热压通风原理，产生巨大的压力差，驱动建筑内部的自然通风循环，使每个楼层大部分时间都能够自然通风，这可以满足一年中 40% 的时间段的自然通风需求②（图 4-37）。

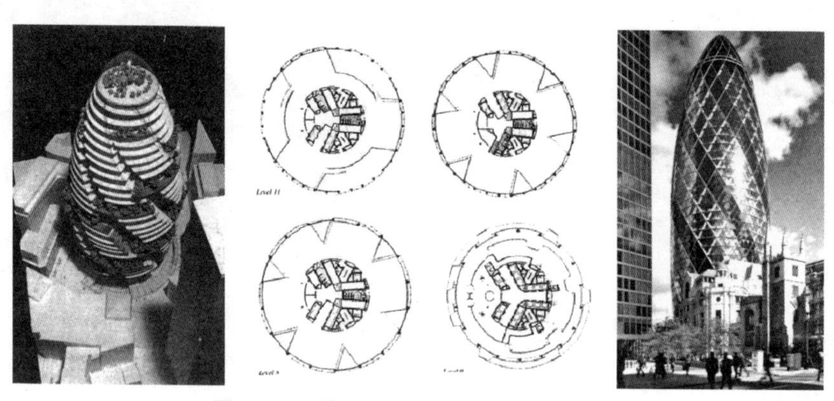

图 4-37　英国伦敦瑞士再保险总部大楼

（来源：作者整理）

---

① （英）彼得 · F · 史密斯 . 适应气候变化的建筑——可持续设计指南 [M]. 北京：中国建筑工业出版社，2009：154.

② （英）彼得 · F · 史密斯 . 适应气候变化的建筑——可持续设计指南 [M]. 北京：中国建筑工业出版社，2009：156.

建筑内部中庭是现代大型公共建筑中常见的空间形式，除了可以满足建筑自身的使用功能外，也可以作为促进热压通风的垂直的主风道。例如广东科学中心（图 4-38)，几个花瓣状的展厅围绕中间四层通高的大型中庭布置，底层采取了局部架空形式，使西边的湖面凉风可以通达中庭，中庭顶部的玻璃光棚设计成锯齿状的侧面可开启的天窗，充分利用热压抽风原理使室内热空气排出，使整个中庭以及周边的展厅获得良好的自然通风。广州新图书馆的中庭垂直流动空间也具有相似的作用 (图 4-39)。

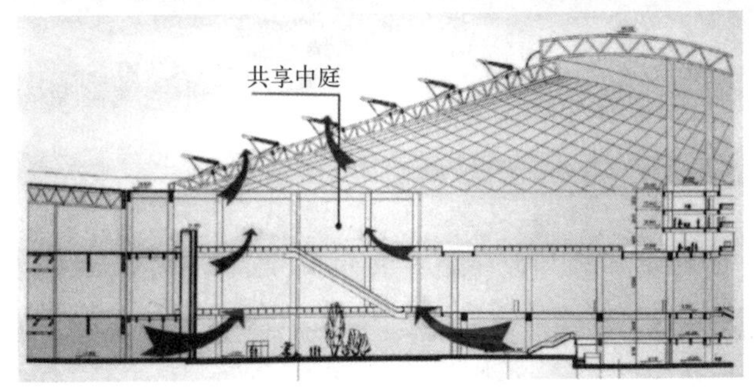

图 4-38　广东科学中心中庭通风

(来源：上图来自百度图片 http：//image.baidu.com；下图来自：面向未来的低碳建筑——广州市建筑节能与绿色建筑示范案例，广州市城乡建设委员会编，2011）

现代大型公共建筑具有向大型化与复合化发展的趋势，因而其内部的中庭空间也逐渐变得更为庞大而复杂，这样的变化从促进建筑内部空间的热压通风方面来说是非常有利的。巨大的空间高度落差能够产生较大的气压差，同时，常用的玻璃采光天棚设计也能加热中庭内部空气，产生较大的空气温度差，使其产生足够强的向上升力，从而带动中庭周边整个建筑空间的空气流动。

垂直流动空间策略充分利用热压通风原理，通过在建筑内部设计垂直的风道空间获得良好的热压通风，因此特别适合高层建筑、尺度较大的大型公共建筑。

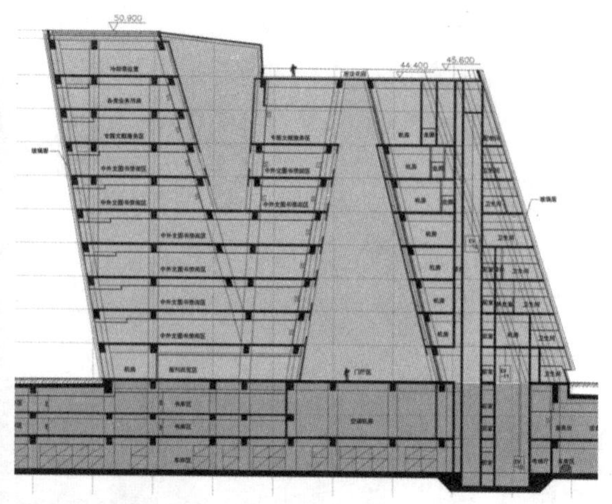

图 4-39　广州新图书馆的垂直流动空间

（来源：左图为作者实景拍摄；右图根据设计文本改绘，蓝色为中庭垂直流动空间）

4.4.4　复合流动空间

现代建筑存在大型化、复合化、高层化的发展趋势，为解决大型复合建筑的自然通风问题，建筑师一直在探索大型及高层复合流动空间的可能性。

英国诺曼·福斯特事务所在此方面有很多成功的作品，最为著名的当属德国法兰克福商业银行。这是一幢高 60 层、三角形的超高层办公建筑，塔楼中心的中庭从下到上贯穿整个建筑高度，每隔 12 层分为一个单元，每个单元三个边上的建筑体量在不同高度上依次镂空一个 4 层高的开放式空中花园，使所有的办公空间都能欣赏花园的美景。大厦核心巨大的中庭通过拔风效应形成自然的垂直通风道，外部的自然通风可以经由三个不同朝向的花园上部的开口进入中庭，通过控制水平开口的开关调节风量与风速，形成分段的水平及竖向通风，给空中花园和所有办公空间带来舒适的穿堂风。这个巧妙地通风系统解决了高层建筑自然通风的难题，能够满足一年中 60% 的时间段里的正常使用要求，从而使得该建筑成为世界著名的超高层生态建筑（图 4-40）。

杨经文设计的上海兵器大厦方案同样采用了将水平开口与竖向通风结合的立体复合流动空间通风设计，大大提高了建筑自然通风的综合效率。贯穿建筑整体高度的竖向中空空间形成强烈的“烟囱效应”，在建筑中空空间不同高度上还开设了多个风口，依据外部气候条件以及建筑室内空间的需要，组合控制各个风口的开闭状况，以此满足不同情况下的通风与节能需求（图 4-41）。

这种独特的将水平开口与竖向流动空间结合的设计对于解决现代高层

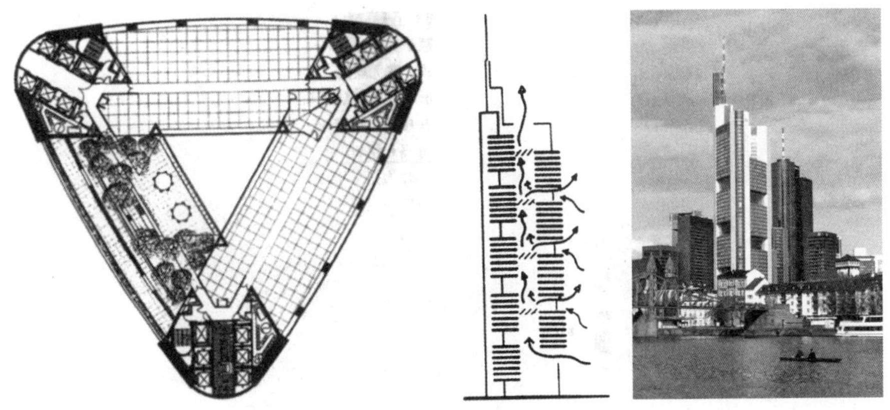

图 4-40　德国法兰克福商业银行总部

（来源：左、中图：平面与剖面，(英)彼得 · F · 史密斯 . 适应气候变化的建筑——可持续设计指南 [M]. 北京：中国建筑工业出版社，2009；右图：作者拍摄）

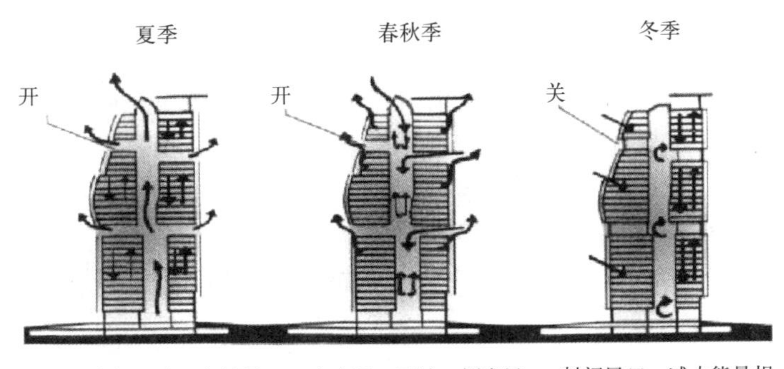

风口全部开放，内外温差导致竖向与水平气流充分流动

中庭风口开放，侧庭风口局部开放，风向变化及内外温

封闭风口，减少能量损失，通过温室效应促进内部空气循环

图 4-41　上海兵器大厦方案及四季通风示意图

（来源：吴向阳 . 杨经文 [M]. 北京：中国建筑工业出版社，2007.）

建筑的自然通风非常有启发，适合复合化的规模尺度较大的大型公共建筑，因此很多作品借鉴使用。例如深圳大学科技楼（图 4-42），其设计手法与法兰克福商业银行总部大楼非常类似。

当前，岭南地区大量的高层住宅建筑主要还是以小进深体型方式，实现风压穿堂风通风，高层风速过大问题主要通过小开窗和人手控制解决。由于在高层公共建筑设计上的实践探索还在起步阶段，其自然通风策略与高层住宅建筑也基本类似。像杨经文和诺曼 · 福斯特倡导的生态塔楼模式在实践中还很少，特别是关于垂直风道应用极少，更多关注在空中花园的设计上，其实这也正是延续了老一辈岭南建筑师对于岭南传统园林与现代建筑空间融合的探索。比如，有观点认为可以将高层建筑的空中花园视为

图 4-42　深圳大学科技楼

（来源：作者拍摄）

岭南传统庭院的立体化，将高层建筑空间竖向分组，分别设置空中花园，使之成为多个通风网络系统，从而实现高层建筑的自然通风[①]（图 4-43）。

例如广州南沙发展电力大厦办公楼，通过借鉴传统建筑中的庭院布局，将庭院布置立体化处理，利用中庭和边庭通风实现高层建筑的自然通风。该建筑上部办公区设置了一个贯通 6 层的中庭，在建筑东南向主导风方向设置侧庭院作为主要进风口，并利用竖向中庭热压效应组织中庭通风。另外，还在建筑南向、西向设置侧向庭院，以导入不同方向的气流。中庭与各向侧庭院构成了一个空间系统，共同实现建筑内部良好的自然通风环境[②]（图 4-44）。

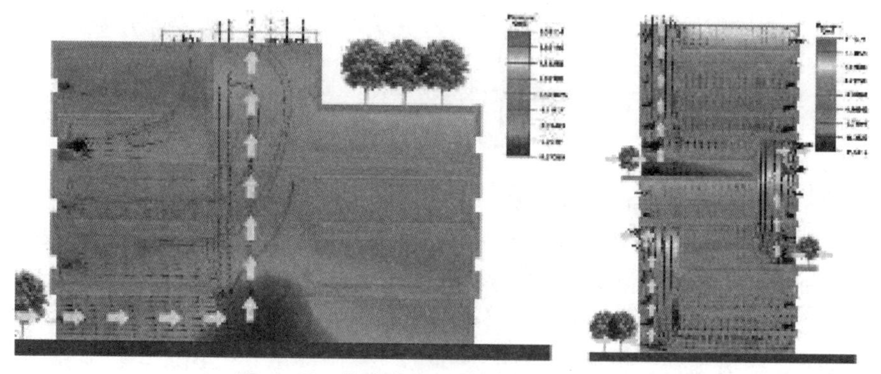

图 4-43　符合空间系统的通风模拟分析

（来源：陈杰，梁耀昌，黄国庆 . 岭南建筑与绿色建筑——基于气候适应性的岭南建筑生态绿色本质 [J]. 南方建筑，2013（3）.）

① 陈杰，梁耀昌，黄国庆 . 岭南建筑与绿色建筑——基于气候适应性的岭南建筑生态绿色本质 [J]. 南方建筑，2013（3）.

② 肖毅强，王静，林瀚坤 . 基于节能策略的建筑空间设计思考 [J]. 华中建筑，2010（06）.

图 4-44 广州南沙发展电力大厦外观及中庭空间

（来源：肖毅强，王静，林瀚坤 . 基于节能策略的建筑空间设计思考 [J]. 华中建筑，2010（06）.）

岭南现代建筑空间发展到现在，空间类型已经变得更加多元化和复合化，高层建筑空间、地下空间、超大空间、建筑综合体的复合空间等新的空间类型不断涌现，以应对不断变化提升的功能与环境要求。但是不管如何变化，空间的流动性仍然是现代建筑空间的基本特性，同时也是湿热气候地区建筑气候适应性的基本策略之一。通过充分利用风压与热压通风原理，构建新的立体空间通风系统，同时引入立体化的庭园与空中花园等，才能有效应对岭南湿热气候的要求。只是今天新建筑的空间尺度和立体化关系变得愈加复杂，我们可以借助计算机辅助分析与辅助设计来实现。

4.5 适应气候的建筑界面策略

4.5.1 审美观念与新材料的影响

建筑空间的外部围合部分有许多种名称，常见的有“围护结构”（protective structure）、“建筑表皮”（skin of architecture）、“建筑界面”（Interface of architecture）等。“围护结构”指的是将建筑室内外分隔开来的实体构件，强调构件的实体性以及对于外界不利环境的抵御；“建筑表皮”引用自生物学的“皮肤”概念，强调围护体系能够像生物的皮肤一样，具有对各种气候因素进行有目的的选择性“过滤”作用，更加强调其功能的多样性和相对独立性，而且具有生态意义；“建筑界面”这个定义相比“围护结构”和“建筑表皮”则有着更广泛的延伸含义。①

进入 21 世纪以来，建筑审美观念越来越强调个性化与多元化，加上高科技建筑材料的发展以及数字技术的应用与建造技术的进步，使当代建

① 冯路 . 表皮的历史视野 [J]. 建筑师，2004（8）.

筑突破了原来的设计制约，建筑形态发生了根本性的变化，这种变化对建筑界面的影响尤其明显。

传统的建筑界面与建筑其他部分的界线都是比较清晰的，而进入21世纪以来，建筑界面也发生了很多实质性的变化，界面形态变得千姿百态，界面的各部分之间不再清晰可辨，而是变得模糊。另外，附加在建筑界面的功能也变得愈加复杂，除了要满足传统建筑界面保温隔热等功能外，还要解决一些在当今可持续发展社会中遇到的新问题，如需要结合一些绿色、生态的节能设施和设备等。多功能复合的复杂建筑界面成为今后的发展趋势，因此，在设计时再不像以前那样随心所欲，而必需统筹兼顾。①

建筑界面在岭南建筑气候适应性方面主要起到遮阳隔热以及通风散热的作用。传统岭南建筑采取一种对外封闭、对内开放的建筑形式，建筑外部界面以厚实的砖墙为主，极少开窗，较为封闭，主要起到遮阳隔热作用，通风散热功能主要靠内部天井等开口解决。相比传统建筑，现代岭南建筑在界面设计上产生了很大的变化：一方面，出于对室外自然世界无论在物理上还是心理上的融合要求，建筑界面一般设计得比较通透开放；另一方面，现代新技术与新材料的发展不但使现代建筑界面脱离了结构支撑功能，使设计变得更加自由灵活，甚至可以应用智能控制措施使其可以动态的适应不同的变化需求；另外，在审美观念上也提出了更加多元的要求，例如追求光滑简洁的界面，或者追求更具有艺术表现力的表皮式界面。这些当代建筑界面的新变化对建筑气候适应性设计提出了新的要求，因此在建筑创作中要进行整体考虑。

马来西亚建筑师杨经文在建筑设计中强调建筑的表层界面设计。针对东南亚地区的湿热气候特征，他认为建筑的“表”（界面）应优先于“里”，建筑外墙不应该是一个“密闭的表皮”，而应该像一种“环境过滤装置”，有可以调节的“开口”和“阀门”，可以迅速对气候变化做出反应。杨经文创造了一种“两层皮”(double-skin) 的外墙构造，形成阳光、风的缓冲区，能够适时地调节室内的通风效果，并起到遮阳隔热的作用。这种构造既解决了马来西亚湿热气候问题，也取得新颖独特的建筑艺术造型效果②（图4-45)。

由于高空的风速较大，高层建筑在外界面上直接开窗会影响室内正常工作环境，因此一般采取完全封闭的玻璃幕墙形式。这种完全没有自然通风的设计不但会加大空调能耗，也不利于长期在其中工作生活的人们的生理和心理健康。其实，高层建筑的自然通风方式也有许多解决方案。例如杨经文所倡导的生态塔楼模式，他倡导“过滤层”式的建筑外层界面设计

---

① 隋杰礼，王少伶，高钰琛．走向模糊界面的建筑形态 [J]. 四川建筑科学研究，2008（08）．

② 吴向阳．杨经文 [M]. 北京：中国建筑工业出版社，2007.

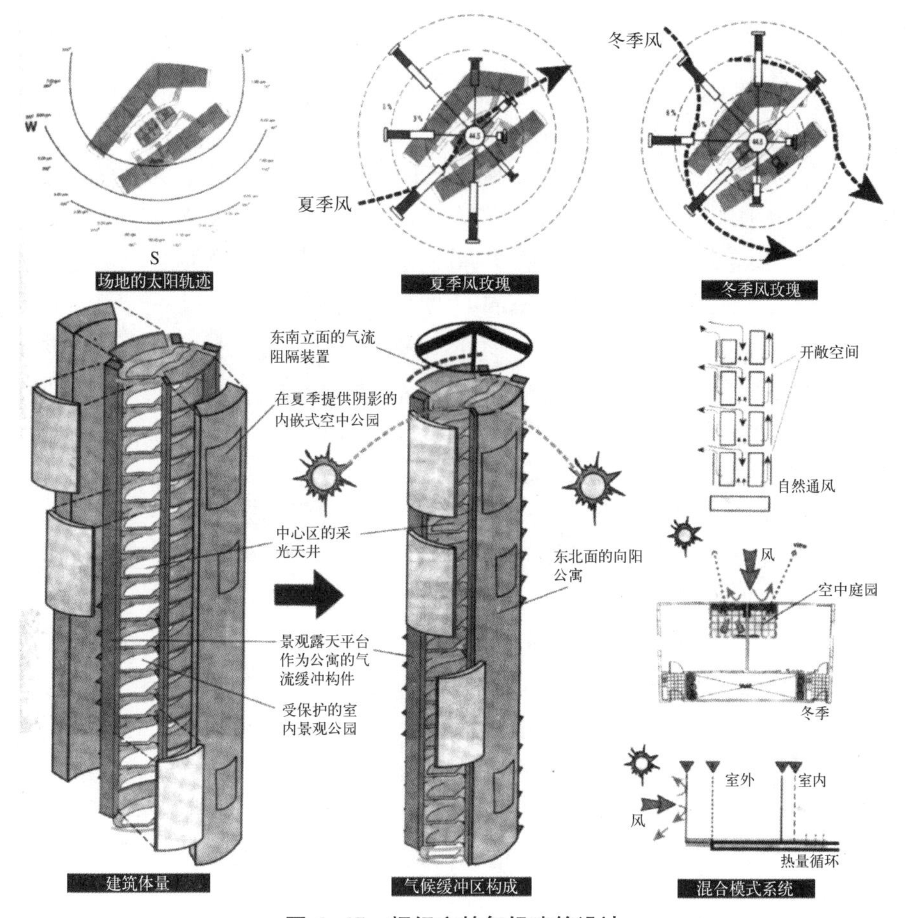

图 4-45　杨经文的气候建筑设计

（来源：吴向阳 . 杨经文 [M]. 北京：中国建筑工业出版社，2007.）

概念，利用空中花园、翼状的引风墙和风斗等特别的“装置”，使风偏转方向并降低风速后再进入建筑的中心空间。再比如西欧建筑师所倡导的双层幕墙模式，又称为气候外墙系统。主要是通过在建筑外界面安装两层玻璃幕墙，形成中间几十厘米的空气间层，外表皮的单层玻璃幕墙从外侧封闭了这个空气层，但位于空气间层顶部和底部的通风口可以使新鲜空气进入，再通过打开内层玻璃幕墙来实现自然通风。通过通风口控制可以调节空气间层内气流的速度，使气流以适当的速度进入办公空间，解决了高层建筑高空风速过大和噪声污染等问题。

目前建筑界面形式、材料多种多样，有许多种分类方法。例如，从功能上分有遮阳界面、呼吸界面、生态绿化界面等。本书主要从建筑设计创作的形态特征与气候适应性功能效果出发，把建筑界面分为凹凸式界面、构件式界面和表皮式界面三大类。

4.5.2 凹凸式界面

凹凸式界面主要通过建筑体量上的凹凸处理，形成对门窗洞口或墙面的直射阳光的局部遮挡，从而达到减少建筑局部空间太阳辐射得热的目的。

照射在建筑上的太阳辐射以两种不同的方式传入室内：照射在不透明界面上的太阳辐射，一部分被界面反射，一部分被界面吸收，再通过界面层将热量传递到室内；照射在透明界面上的太阳辐射，绝大部分直接透射进入室内。通过透明界面传入室内的太阳辐射热量要比通过不透明界面传入室内的太阳辐射热量高很多，因此，建筑外部门窗、洞口等是遮阳设计的重点部位，门窗遮阳是最有效的夏季隔热措施。研究表明，如果大面积玻璃幕墙外围设计 1m 深的遮阳板，大约可以节约 15% 的空调耗电量[①]。另外，西墙等受太阳辐射较多的部位也是遮阳设计的重点部位。建筑界面遮阳可以通过界面的凹凸式设计或者在界面外部附加遮阳构件两种方式实现。这些设计处理在具有遮阳功能的同时，也成为立面造型的重要构成要素，充分利用遮阳建筑语言可以创造出富有特色的地域建筑。

凹凸式界面常用于外门、较大的窗户等外部洞口以及门廊、阳台等人员停留的部位，一般作为建筑室内外的过渡空间。从其作用原理上分析，凹凸式界面实际上相当于一个由水平遮阳与垂直遮阳共同组成的综合遮阳系统。这个遮阳系统只是利用外围护结构本身的内凹处理构成，并没有额外增加其他建筑构件，因而建造简单、经济实惠，而且造型简洁、阴影丰富美观，所以，自古以来就成为热带气候地区常用的建筑遮阳策略方法，同时也具有良好的避雨功能。

岭南传统建筑非常注重建筑入口空间的内凹处理，常见于民居、书室、店铺等建筑的凹门和祠堂、书院、寺庙等建筑的门廊空间。近代岭南城镇中常见的骑楼建筑也是运用了凹空间遮阳的策略。骑楼的首层一般为进深 3m 以上的内凹柱廊，夏季炎热的日晒被骑楼上盖和柱列所遮挡，商店首层的大门入口以及大部分的人行道地面都很少受到太阳的直接辐射，因而气温相对清凉，同时也起到了避雨作用，为人们提供了全天候的商业环境空间（图 4-46）。

现代岭南建筑对外开门开窗面积很大，因此，要采取更加多样化的凹凸空间的遮阳措施和方法。例如，大量的现代集合式住宅在平面设计上通常采用阳台、凹槽等处理，除了可以增加采光、通风面积外，同时也能起到凹空间遮阳作用。南向客厅的大面积落地玻璃门窗大部分时间受到太阳的直接照射，容易造成室内气温过高以及光线过强，可以采取内凹或外凸

---

① 杨柳．建筑气候学 [M]. 北京：中国建筑工业出版社，2010：268.

图 4-46 广州陈家祠的门廊凹空间

（来源：百度图片 http：//image.baidu.com）

阳台设计来达到遮阳减光的作用。

出于对简洁造型以及实用面积的追求，当代公共建筑一般采取平整光洁的立面设计，而且外围护结构通常又采用大面积的玻璃幕墙，这在太阳光照强烈的热带地区是很不适宜的。如果在立面设计上适当运用凹凸式界面设计处理，不但能起到有效的遮阳调光作用，同时也能获得别具一格的建筑立面造型效果。

杨经文设计的梅纳拉商厦是运用内凹式界面设计的一个典型成功案例。建筑西立面设计了深凹的绿化大平台；东立面则放置了以实体墙面为主的电梯核心筒；南北立面为大面积旋转上升的玻璃窗，窗户通过内凹和遮阳设计使其达到减少辐射的目的，可调的遮阳板和镀膜玻璃窗使室内可以获取适宜的柔和光线。办公空间被置于楼的正中，外围的多样化内凹空间起到了很好的遮阳作用，也保证了良好的自然通风与采光，同时形成了新颖独特的建筑造型效果（图 4-47）。

位于广州珠江新城的广东省博物馆也是非常成功的案例。广东省博物馆的设计构思隐喻为“一樽保藏、收纳珍品的容器，一个散发着神秘魅力的宝盒。”方形的宝盒状建筑主体被放置在一个缓缓升起的草坡台座上，方形主体建筑的首层四面悬挑深度达 23m，草坡台座延伸其中，给人以“宝盒”悬浮于草坡上的感觉[①]。巨大的大进深内凹式半开敞空间形成了城市公共空间与建筑本体的过渡区域，同时也适应了广州气候特点，具有遮阳挡雨的作用，营造了清凉舒适的休闲交流和主入口空间。黑色的方形主体建筑在立面上还设计了很多不规则的红色内凹“裂缝”，加强了“宝盒”的效果。这些内凹“裂缝”实际上是许多不规则的凹窗，由于内凹的深度较大，因

① 江刚，许滢．掀开历史的珠帘——广东省博物馆新馆设计 [J]. 建筑学报，2010（8）.

图 4-47 梅纳拉商厦

（来源：吴向阳. 杨经文 [M]. 北京：中国建筑工业出版社，2007.）

而具有凹空间自体遮阳作用，并大大减弱了进入室内展厅的光线强度，减少了光线对展品的影响（图 4-48）。

图 4-48 广东省博物馆

（来源：左图：建筑学报，2010（8）；右图：设计家，2011（4）.）

凹凸式界面对于门窗等部分的遮阳作用明显，同时又产生了丰富斑驳的立面阴影效果，因而在建筑设计创作中经常运用。其形式变化多样，建筑立面造型效果非常丰富，常见的类型见以下的项目实例（图 4-49）。

4.5.3 构件式界面

构件式界面是指通过在建筑物结构外侧附加遮阳板、遮阳构架等遮阳构件，来遮挡门窗洞口或整个建筑的太阳直射辐射，以减少建筑得热，同时通透的构件对促进建筑通风非常有利。根据安装部位的不同，构件式遮阳界面可以分为门窗构件遮阳、墙面构件遮阳和屋顶构件遮阳三种，为了突出建筑造型的整体效果，建筑师经常会把这三种构件遮阳进行统一协调处理，成为一种整体构件式遮阳界面。

（1）广州新图书馆

（2）深圳深业·泰然大厦

（3）深圳太平金融大厦

（4）深圳大学师范学院

（5）广州侨鑫国际大厦

（6）广州科学城科技人员公寓

图 4-49　凹凸式界面实例

（来源：（2）来自 2015 年广东省优秀工程勘察设计奖评选项目文；（6）来自《岭南意匠——广东省优秀建筑创作奖 2012》；其他均为作者拍摄）

1. 门窗构件遮阳界面

门窗遮阳可以分为内部遮阳和外部遮阳两种方式。内部遮阳装在门窗内侧，如百叶帘、卷帘、垂直帘、风琴帘等。内部遮阳虽然安装、使用和维护保养都十分方便，但使用内部遮阳时，阳光透过玻璃到达室内的遮阳设施，会使房间升温，而装在门窗外侧的外部遮阳使得大部分阳光只能直射到遮阳设施，不能直接到达室内空间。研究表明，外部遮阳较内部遮阳可以使室温低10%～20%，夏季外窗遮阳应该首选外部遮阳设计①。

根据形式不同，门窗外部遮阳可以分为水平式、垂直式、格栅式和挡板式四种基本类型。水平式遮阳能够有效遮挡高度角较大、从窗口上方投射下来的阳光，主要适用于南向附近的窗口；垂直式遮阳能够有效地遮挡高度角较大、从窗侧斜射过来的阳光，主要适用于东北和西北向附近的窗口；格栅式遮阳是同时安装了水平和垂直的遮阳板，因而同时具备了水平式遮阳和垂直式遮阳的优点，主要适用于东南或西南向附近的窗口；挡板式遮阳能够有效地遮挡高度角较小的、正射窗口的阳光，主要适用于东、西向附近的窗口。在具体建筑遮阳设计中，在以上四种基本类型的基础上，可以根据实际状况和艺术构思需要组合运用，不断推陈出新的新材料以及计算机辅助设计技术使当代门窗外部遮阳形式变得更加丰富多样。

夏昌世先生最早重视现代岭南建筑外部界面设计的气候适应性，从1953年到1957年间，夏昌世在设计中山医学院的一系列医疗建筑中，实践了多种永久性混凝土遮阳构造。这些垂直与水平遮阳构件加设在窗户外，根据立面朝向以及太阳照射规律采用了多种形式，被称为“夏氏遮阳”。后来的实测分析证实，“夏氏遮阳”在防太阳辐射方面是非常优异的，平均可以遮挡高达80%的太阳辐射，同时兼顾了室内采光和遮阳板散热的问题②。在20世纪70年代广州兴建的一大批涉外建筑中，“夏氏遮阳”被进一步改良为更加简洁的水平遮阳板和各式预制的通花窗等形式，运用到如流花宾馆、东方宾馆、广州出口商品交易会陈列馆、广州电讯电报大楼、白云宾馆等大量公共建筑中。在此后20年里，这种美观实用的立面形式成为现代岭南建筑气候适应性的常用手法，并成为当时岭南建筑立面设计的主要特征之一（图4-50、图4-51）。

门窗遮阳类型既可以是固定遮阳方式，也可以是活动遮阳方式。固定遮阳初始建造成本和维护成本都比活动遮阳低，但是存在阴天建筑室内光照不足、遮挡景观视线以及影响冬季太阳能采暖等缺点，因而，通过传感器自动控制的活动遮阳装置相对而言具有更灵活的适应性，其运行期的综合节能效果也更佳。

进入21世纪后，在新的理论和技术条件下，建筑师开始探索根据外界状况可以更加精准调节的活动遮阳设施。如广州发展中心大厦采用了先进的智能控制活动立面遮阳构造，其玻璃幕墙外立面外侧设有宽900mm、高8000mm的可转动调节竖向遮阳板，均由智能控制系统自动调节，可根

① 刘加平，谭良斌，何泉．建筑创作中的节能设计[M]. 北京：中国建筑工业出版社，2009：138.

② 齐百慧，肖毅强，赵立华．夏昌世作品的遮阳技术分析[J]. 南方建筑，2010（2）.

图 4-50 “夏氏遮阳”

（左：中山医学院；右：广州出口商品交易会陈列馆）

（来源：华南理工大学建筑学院资料）

（1）广州白云宾馆
（水平遮阳）

（2）广州花园酒店
（综合遮阳）

（3）广州文化酒店
（水平遮阳）

图 4-51 构件遮阳界面实例

（来源：作者拍摄）

据太阳方向、风向和光线强弱等室外状况转动变化，起到遮阳、采光、通风和隔热保温作用，不同角度的银色遮阳板与其后的深蓝色玻璃幕墙还可以形成不同的虚实变幻的效果（图 4-52）。

活动遮阳设施通过对建筑外部界面的巧妙设计，同时起到了遮阳隔热和通风散热的作用，解决了湿热气候的两个最主要问题，而且可以根据气候状况灵活调节，能够更精确的满足室内空间要求。另外，变化的遮阳设施还可以形成丰富多变的立面艺术效果，更加符合当代多元化的建筑设计风格要求。因此，随着经济技术水平的提高，活动遮阳必将成为今后的主要发展趋势。

2. 墙体构件遮阳界面

墙体外部遮阳是指通过在建筑物外墙体结构外侧附加遮阳构件来遮挡

图 4-52　广州发展中心大厦

（来源：百度图片 http：//image.baidu.com）

太阳直射辐射，以减少建筑得热。岭南地区太阳高度角大，建筑南北向的外墙面受太阳辐射不大，但东西向特别是西向外墙面受到的太阳辐射非常强烈，而且持续时间很长，所以，要特别做好西向外墙面的外部遮阳措施。

岭南传统建筑基本上采取了密集式建筑群体布局，利用建筑物的密集排列组合形成对太阳光相互遮挡，使建筑外墙很少受到阳光的直接照射，或者照射的时间较短，从而大大减少了建筑墙面的太阳辐射得热。因此，岭南传统建筑的外墙面一般都比较平整光洁，很少再做外部遮阳构件。

现代岭南建筑受西方规划理念的影响，总体布局开始变得疏散，建筑外墙防晒成为必须解决的新问题。20 世纪初广州兴办了很多教会学校，为了体现中国传统文化特色，大都采用了中国传统宫殿建筑的外观形式。这些新建筑多为两层以上的多层建筑，墙面高度较高，传统大屋顶无法为下层外墙起到足够的遮阳作用，于是，建筑师探索发展出重檐或腰檐的设计形式。例如，广州岭南大学（现中山大学）采用了二重檐形式的第二麻金墨屋，以及采用了三重檐形式的爪哇堂。这种重檐或腰檐的设计对墙面起到遮阳作用，在形式上也使得这些中西结合的新建筑比例更加协调、姿态更加雄伟。到了民国时期，政府大力提倡“中国固有形式”建筑运动，这种中西结合的建筑形式得到了大力的推广运用。

20 世纪 50 年代开始，现代岭南建筑对墙体的外部遮阳设计进行了新的探索实践。夏昌世先生对中山医学院系列建筑外墙外的整体性遮阳构造设计，使其不但起到窗户遮阳的作用，同时也起到墙面遮阳的作用。到 20 世纪 70 年代，广州兴建的一大批涉外建筑把“夏氏遮阳”改良为更加简洁的外墙连续水平遮阳板带，同时也起到窗户遮阳和墙面遮阳的作用，如流花宾馆、东方宾馆、白云宾馆等。在此后 20 多年里，这种美观实用的立面形式在岭南地区被大量的推广应用，同时也在住宅建筑中演变出具有相同遮阳功能的连续飘阳台设计形式。

20 世纪 90 年代后，受审美观念转变的影响，当代岭南建筑更追求形式的简洁性，一般不单独做墙体的外部遮阳构件，而是通过保温隔热构造措施解决墙面温度过高的问题，或者采用整合门窗、墙面和屋面遮阳的整体构件式遮阳界面，达到简洁的外观效果。

3. 屋面构件遮阳界面

岭南地区全年日照时数较多，太阳高度角大，夏季太阳辐射强烈，现代建筑平屋顶受日照影响最大，容易吸收太阳辐射热，外表面和周围空气温度差可达 50℃左右[①]。多层建筑屋顶面积约占建筑外表面积的 1/4，夏季下午 2 点到 6 点屋顶比墙面多向室内传 9 倍的热量，通过遮阳技术控制屋顶的太阳辐射照度，可使屋顶的传热负荷削减近 70%，节能效果显著[②]。因此，岭南地区的建筑屋顶是遮阳防热的首要部位，屋顶遮阳设计应主要考虑夏季对太阳直射辐射的遮挡效果。

岭南传统建筑屋顶多为坡屋顶，在防热方面，传统建筑坡屋顶受太阳照射的角度较小，减少了太阳辐射得热，轻质的瓦片材料吸收储存的太阳辐射热较少，且采用空铺法有利于瓦片的通风散热。因此，岭南传统建筑坡屋顶即使不做屋顶外部遮阳也能使建筑室内获得较好的热舒适性。

20 世纪中叶岭南建筑大量应用钢筋混凝土平屋顶后，带来了建筑屋顶过热的问题，必须采取适宜的屋顶外部遮阳措施来降低太阳辐射的影响。夏昌世先生在 1953 年设计中山医学院系列建筑时开始尝试采用曲拱屋面，通过设置曲拱状的隔热通风层来降低建筑顶层温度。后来演变出的可以上人的空铺大阶砖架空通风屋面，成为 20 世纪七八十年代岭南建筑屋面惯用的遮阳隔热做法。

20 世纪 90 年代后，受国外建筑师的影响，特别是东南亚热带、亚热带国家的杨经文、柯利亚等著名建筑师的屋顶遮阳建筑作品的影响（图 4-53），相似气候区的岭南地区也出现了大量的屋顶构架式遮阳建筑，巨大的遮阳棚架为屋面和墙面投下阴影，遮挡了炎炎烈日，同时，建筑形式产生了连续的视觉效果，创造出富有表现力的整体建筑形象。欧洲高技派建筑师也有采用现代新材料的屋顶遮阳建筑作品（图 4-54），更加使屋顶遮阳架成为一种争相仿效的创作手法。在新的理论和技术条件下，岭南建筑师开始探索更加精准有效而且富有建筑艺术表现力的屋顶外部遮阳设施。

---

① 张磊，孟庆林. 华南理工大学人文馆屋顶空间遮阳设计 [J]. 建筑学报，2004（8）.

② 张磊，孟庆林. 广州地区屋顶遮阳构造尺寸对遮阳效果的影响 [J]. 绿色建筑与建筑物理——第九届全国建筑物理学术会议论文集（二），2004（10）.

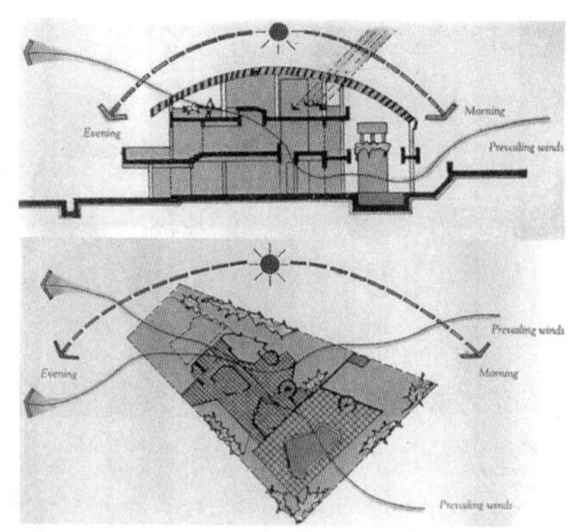

图 4-53　杨经文自宅的屋顶遮阳

（来源：吴向阳 . 杨经文 [M]. 北京：中国建筑工业出版社，2007.）

图 4-54　法国尼姆现代艺术馆的屋顶遮阳

（来源：作者拍摄）

例如华南理工大学逸夫人文馆，建筑师综合考虑了广州冬夏两季太阳活动规律，在屋顶构架上专门设计了带有固定倾斜角度的遮阳板。遮阳板的倾斜角、间距和长度等都进行了精确的设计，遮阳板倾斜角度为 40°，接近广州地区冬至日正午时刻 43.4° 的太阳高度角，使遮阳板做到冬至日正午时刻大部分太阳光线可以通过倾斜的遮阳板照到屋面，透光系数接近 100%，而夏至日大部分太阳直射光线被遮阳板遮挡，透光系数接近零，从而达到夏季遮阳隔热、冬季透光采暖的最佳效果。同时，少量太阳直射光可以通过遮阳板照到屋顶平面和建筑立面上，满足了采光要求。一天中随着太阳位置不停变化的光影效果赋予建筑艺术的韵律感和生命力，实现了建筑与气候的巧妙结合[①]（图 4-55）。

4. 整体式构件遮阳界面

进入 21 世纪后，各种新型材料的工业化遮阳百叶产品非常丰富，使

---

① 张磊，孟庆林 . 华南理工大学人文馆屋顶空间遮阳设计 [J]. 建筑学报，2004（8）.

展厅屋顶遮阳

12 月 22 日正午时刻遮阳板在屋顶的阴影

7 月 2 日正午时刻遮阳板在屋顶的阴影

图 4-55　华南理工大学逸夫人文馆

（来源：上图：华南理工大学建筑设计研究院资料；下图：张磊，孟庆林．华南理工大学人文馆屋顶空间遮阳设计 [J]. 建筑学报，2004（8）.）

现代岭南新建筑的遮阳设计变得更加自由灵活，可以分别对各个不同外围护结构进行精准而有针对性地设计；另一方面，追求建筑艺术性的表皮设计成为一种潮流，建筑师可以把建筑的外表皮作为一个整体设计，综合解决屋顶、门窗和墙面的遮阳问题，同时获得独特的艺术性外观造型效果，例如新加坡会展中心（图 4-56）。

广州国际会议展览中心的墙面与屋面也采用了整体式构件遮阳界面，设计以“飘”为主题，在一片片银色“波涛”中消弭，象征珠江暖风微微吹过大地，使会展中心这个 70 万 m^2 的巨大建筑高科技和现代文化的载体飘然落在广州珠江南岸，为珠江边的建筑找到了一个恰如其分的新的地域性语言[①]（图 4-57）。

① 陶郅，倪阳．广州国际会议展览中心建筑设计 [J]. 建筑学报，2003（07）.

图 4-56　新加坡会展中心整体式构件遮阳界面

（来源：作者拍摄）

图 4-57　广州国际会展中心整体式构件遮阳界面

（来源：上图：华南理工大学建筑设计研究院资料；下左：建筑学报 2003（07）；下右：南方建筑 2009（05）.）

再例如惠州市体育中心，其设计构思源于客家传统围屋和客家妇女编织的草帽。有别于一般体育场建筑的厚重，惠州市中心体育场用连续的多孔膜形成“窗帘”，有效遮挡了南方强烈的太阳辐射，亦利于自然采光和通风的引入，在结构上也在视觉上减轻了建筑的重量，创造了简洁、轻逸的形式感受（图 4-58）。

广东海上丝绸之路博物馆紧靠南海，以表现海上丝路文化为主题，选择了以现浇混凝土为主的结构系统，一体化设计的清水混凝土结构形成整体式遮阳界面，具有一定的遮阳效果，同时也表现出优美的韵律感（图 4-59）。

图 4-58　惠州市体育中心

（来源：第一届“岭南特色规划与建筑设计评优活动”资料）

图 4-59　广东海上丝绸之路博物馆

（来源：邵松 . 岭南意匠——广东省优秀建筑创作奖 2012[M]. 广州：华南理工大学出版社，2012.）

随着计算机模拟辅助设计的发展，使如今的遮阳设计变得更加简单和精确，而且成套的遮阳产品品种繁多，建筑师甚至可以只需挑选产品，而无需进行复杂的细节设计工作，因而，可以将更多的精力放在遮阳构造的立面艺术效果上。另外，在设计门窗外部遮阳时还要注意遮阳设施的颜色选择，如果室内需要漫射光线，遮阳系统宜用浅色；如果要最大程度地减少室内光线和得热，则遮阳系统更宜用较深的颜色（图 4-60）。

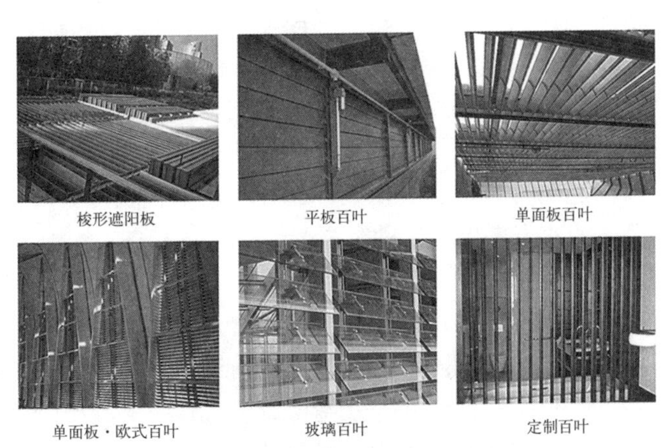

图 4-60　品种繁多的遮阳百叶产品

（来源：广东创明遮阳科技有限公司网页 httpwww.wintom.net）

4.5.4 表皮式界面

近年来，建筑立面设计呈现一种表皮化和平面化的趋势。与凹凸式界面和构件式界面不同，表皮式界面追求建筑简洁光滑的外观造型以及材料运用的纯粹性，建筑界面的“表皮化”主要体现了在建筑审美观念上的变化以及追求更具有艺术表现力的建筑整体造型美学要求。材料科技的发展使高科技含量的材料不断涌现，各种新型复合材料质量轻、性能好、可塑性高，容易加工成任何形状，为建筑界面的“表皮化”创造了条件。

为了满足建筑采光、通风、透气、保温、隔热以及观景等多种复合功能的需求，表皮式界面一般不是由单一材料构成的建筑界面，而是由多层材料构成的复合式建筑界面。一般来说，复合式建筑界面是作为一个整体系统解决功能要求，内层材料主要解决保温、隔热等热工性能要求，外层材料则更多的满足采光、通风、透气等需求。由于外层材料的物理功能要求得以部分甚至是全部释放，因此获得了更加灵活自由的艺术表现力。

根据外层材料的不同，表皮式界面可以分为玻璃、石材、陶瓷、金属、薄膜等多种形式。对于不透明的建筑界面，建筑界面内层可以采用加气混凝土砌块、保温砂浆、挤塑聚苯板、岩棉板等现代轻质材料解决保温、隔热问题，所以界面外层表皮可以灵活运用各种材料，以获得不同的艺术效果。而对于有视觉、通风等通透要求的建筑界面，其材料选择则相对受限，且构造组合更为复杂。近年来，在建筑界面设计上还提出了“呼吸表皮”概念，用植物学的“呼吸作用”比喻建筑内外物质交换的过程，以此强调建筑的健康需要与节能性能，因此，建筑表皮的通透性能也变得更为重要。

像岭南这种湿热气候地区，建筑界面除了必须的采光与视觉通透性功能外，遮阳隔热与通风透气性能都是非常重要的气候适应性要求。在设计表皮式界面时，除了考虑其整体性的艺术造型表现外，同时也要满足气候适应性要求。建筑界面的外层表皮材料多种多样，但为了研究方便，本书主要根据材料的透明特性，将表皮式界面分为透明式表皮界面、不透明式表皮界面与半透明式表皮界面三种类型。

1. 透明式表皮界面

透明表皮式界面一般采用玻璃材料，也就是使用最为普遍的玻璃幕墙表皮。现代主义建筑大都追求形式上的简约与通透，玻璃的视觉透明性以及其平滑光洁的外观特性，使其一开始便成为现代主义建筑理想的外立面材料，并得到了如密斯等早期现代主义建筑大师的大力倡导，现在已经成为现代建筑、特别是高层建筑最为普遍的立面材料。随着当代技术的发展，玻璃材料在外观形式、颜色以及物理功能特性方面变得更加丰富，可以满足更多的艺术表现与复合功能需求。

玻璃的保温隔热性能相对较差，因此西方国家普遍采用了双层中空玻璃幕墙表皮界面（Double-Skin Facade）。双层幕墙的空气夹层加大了幕墙表皮的热阻，实现冬季保温以及降低夏季空调能耗的功效，并且起到阻挡室外噪音污染的作用，因此在欧美等北方高纬度地区应用很广。但是封闭的双层中空玻璃幕墙表皮隔热性能很差，并不适合岭南这种湿热气候地区，即使改为开放的双层中空玻璃幕墙表皮，其隔热性能也改善不大，而且会占用建筑空间面积，增加建筑造价，因此，在岭南地区一般不会采用双层中空玻璃幕墙表皮，而更多会采用隔热玻璃和热反射玻璃来解决玻璃幕墙的隔热问题。

玻璃的透明特性也带来了玻璃幕墙表皮的遮阳问题。由于玻璃表皮界面追求玻璃光滑透明的艺术造型效果，因此，不能在立面外侧附加遮阳构件。欧洲地区主要通过在双层中空玻璃幕墙的中间空气腔内设置遮阳百叶来解决，如德国柏林的 GSW 总部大楼。近年来，现代岭南建筑也开始尝试使用双层中空玻璃窗和双层中空玻璃幕墙等。例如广州珠江城大厦，采用了宽度 300mm 的单元式双层内呼吸幕墙与智能遮阳技术，在双层幕墙空腔内设置了铝合金遮阳百叶增强其遮阳隔热效果，同时提高了不同气候条件下室内采光的灵活性。但由于双层中空玻璃幕墙隔热性能较差，加上造价高、维护麻烦，且双层幕墙浪费了使用面积，因此，这种方法仍然不是很适合岭南湿热气候的要求。

在不能增加外部构件遮阳的情况下，岭南建筑的玻璃表皮界面主要通过加大玻璃本身的遮阳系数来降低太阳辐射的影响。目前运用较多的是 Low-e 玻璃，另外还有陶点玻璃等。现在已经发展出能够只让可见光通过、而极少让热辐射通过的新型玻璃品种，这必将有利于玻璃幕墙表皮界面在岭南建筑的应用。

玻璃幕墙表皮界面在岭南建筑的应用还要解决其通风散热问题。与普通建筑立面可以直接开启的窗户不同，玻璃幕墙表皮界面在解决通风散热问题时要注意两个问题：一是开启通风部分要相对隐蔽，尽量不要破坏玻璃幕墙平滑光洁的外观形式特性；另一方面，高层建筑风速较大，直接对外开窗会影响室内使用功能，需要考虑能够降低风速的构造设计。例如深圳证券交易所的玻璃幕墙，巧妙的利用立面上内凹部分的侧面及上底面设置非常隐蔽的窄缝状通风口，外界自然风经过弯曲的通道后风力减弱，再通过外墙内侧可开启控制的活动门进入室内（图 4-61）。

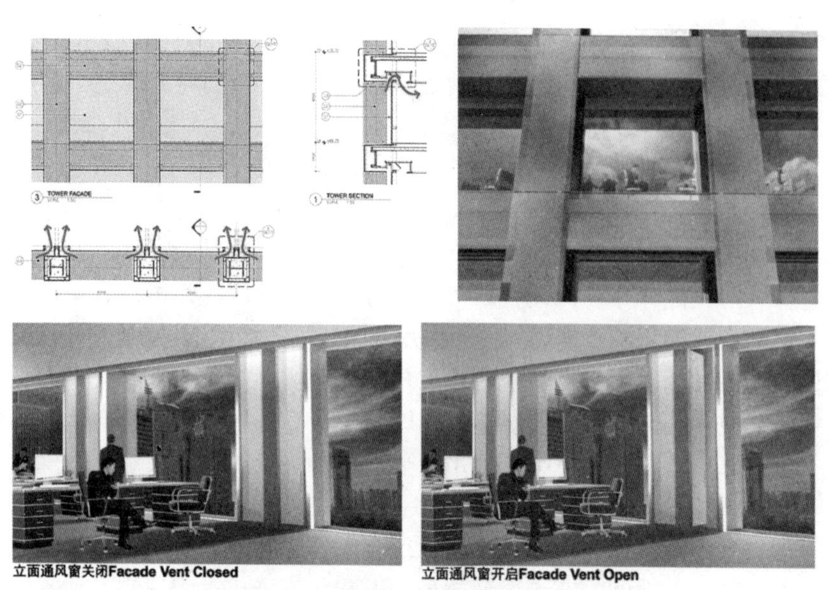

图 4-61　深圳证券交易所的立面通风窗设计

（来源：2015 年广东省优秀工程勘察设计奖评选项目文本）

为了加强建筑玻璃幕墙的“呼吸”性能，欧美等国家已经发展应用由玻璃百叶构成的玻璃幕墙表皮界面，这些玻璃百叶不但具有遮阳作用，并且可以根据外部气候条件智能控制其开闭的角度，从而能够更加精确的调节建筑的自然通风状况。与此同时，由于玻璃百叶闭合程度状况的不同，也能产生丰富多变的立面效果（图 4-62）。

随着经济技术的发展，在生态节能理念的指导下，玻璃百叶幕墙表皮界面逐渐在岭南建筑中得到推广使用。如深圳欢乐海岸华会所，其西立面正对着宽阔的湖面，景观非常优美，但存在强烈的西晒问题，因此使用了兼顾观景与遮阳效果的活动玻璃百叶表皮界面（图 4-63）。

2. 半透明式表皮界面

半透明式表皮界面一般采用薄膜、金属冲孔板，铝拉网和金属格栅等作为外层材料，形成了既遮挡、又相对通透的外观效果。由于这些材料的封闭性与热工性能较差，一般不会单独使用，而是与传统外立面构造一起，组合形成多层结构的复合建筑表皮。这几种半通透的材料可以以一种饰面包裹整个建筑全身，隐藏了建筑外立面上复杂的设备管线与洞口，以及不规则的门窗形式，在满足建筑采光和通风等需求的同时，获得简洁统一的建筑外观造型效果。

半透明式表皮界面既有一定的遮挡性，又兼顾很好的通透性，因此非常符合岭南建筑遮阳与通风并重的气候适应性要求。半通透的金属孔板网反光性能强，能过滤太阳光线、风和雨等自然气候要素，穿孔大小和密度

图 4-62　欧洲当代建筑的玻璃百叶幕墙

（来源：上图：作者拍摄整理；下图：百度图片）

图 4-63　深圳欢乐海岸华会所的玻璃百叶幕墙

（来源：上图：项目设计文本；下图：作者拍摄）

经过严谨设计，可以阻挡大部分太阳辐射抵达室内，同时，利用与墙面之间空气间层的隔热作用，解决了夏季炎热气候下建筑遮阳隔热的问题。由于多孔金属材料的孔洞特征，使其具有良好的通风效果，从而实现通风散热的潜力较大。经过实测证明，有穿孔铝板的外墙表面温度比没有穿孔铝板的外墙表面温度平均低 4℃，遮阳隔热效果非常明显。[①]

例如，广州第二少年宫采用了铝拉网表皮界面（图 4-64），广州二沙岛国际羽毛球训练中心采用了穿孔铝板表皮界面（图 4-65）。广州国际羽毛球训练中心多孔板表皮立面采用折面拼接的造型方式，解构的表皮从羽毛肌理中抽取图案进行重新编译，使外立面多孔板得到羽毛状的立面肌理组合，建筑形体通透轻盈，暗喻着羽毛球运动速度性与灵活性结合等的体育运动特征。外立面 40% ~ 60% 的开孔率的多孔铝板有效的遮挡太阳辐射，也适应室内良好的通风要求及比赛时的间接采光要求。这种缓冲层的设计适应了南方特殊气候要求，实现了建筑生态节能与造型技术的完美统一。

半透明式表皮界面外层材料由于功能比较单一，因此创作自由度较大，可以满足建筑师的独特的艺术要求。例如广州城市规划展览馆方案，建筑师为了展示广州城市风貌魅力，建筑外立面采用外挂铝合金网槽板，选取广州最典型的城市街道图为原型，组合成意味深远的外墙图案，形成遮阳通风的艺术表皮，创造出一个富有岭南特色的、技术与艺术结合的建筑形象（图 4-66）。

图 4-64　广州国际羽毛球训练中心多孔铝板表皮界面

（来源：左：岭南意匠——广东省优秀建筑 创作奖 2012；右：作者拍摄）

半透明式表皮界面还可以结合智能的控制系统，根据室外气候状况控制穿孔板的开合角度，以增强遮阳通风效果，同时获得更良好的室外景观。例如，在深圳万科中心立面设计中，独特的具有椰树叶纹理的半通透曲面穿孔铝合金遮阳板既遮光又挡风，并根据建筑各部分不同的朝向，结合深

① 李飞 . 多孔金属表皮在湿热地区建筑中的适应性设计研究 [D]. 广州：华南理工大学，2012：58.

图 4-65　广州第二少年宫铝拉网表皮界面

（来源：作者拍摄）

图 4-66　广州城市规划展览馆表皮方案效果图

（来源：华南理工大学建筑设计研究院）

圳全年太阳运行的高度角分别做了垂直固定、水平固定与电动可调的不同形式的处理。水平电动遮阳百叶可以通过室内传感器，根据太阳高度角以及室内的照度，自动调节 0° ～ 90° 的开启范围，以达到理想的遮阳效果。在夏季阳光照射强烈的时候现场测量结果表明，在遮阳板关闭的状态下，15% 的阳光透射率可以减少 70% 的太阳辐射得热量，并能满足 75% 的空间的自然采光需要[①]。在保证遮阳通风效果和室内光线的前提下，动态的外立面形成丰富的"表皮"肌理，在尽量不阻挡窗外风景的同时，也给室内带来斑驳而生动的阴影效果（图 4-67）。

正是因为半透明式表皮界面非常符合岭南建筑遮阳与通风并重的气候适应性要求，同时又可以满足建筑师丰富独特的多样性艺术创作要求，所以，近年来在岭南地区得到了越来越广泛的应用（图 4-68 ～ 图 4-70）。

---

① 李楠 . 一座生态建筑的可持续设计策略——解读斯蒂文·霍尔设计的深圳万科中心 [J]. 中国市场，2015（09）.

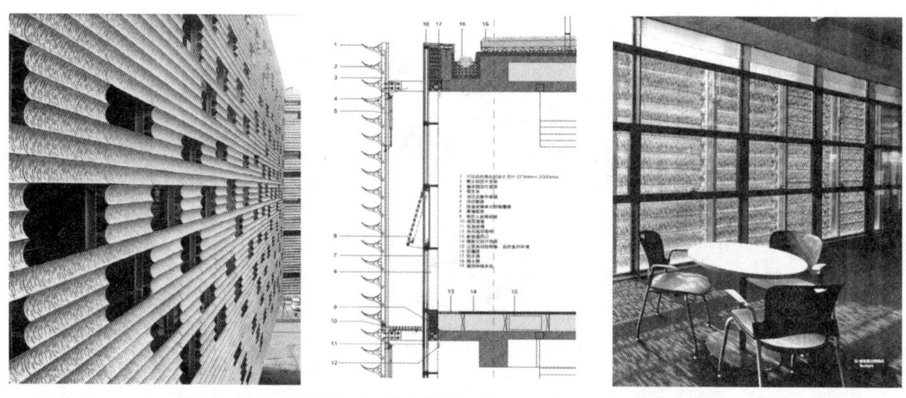

图 4-67　万科中心遮阳板外观、设计详图与室内效果

（来源：从左到右分别出自世界建筑 2010（02）、城市环境设计 2013（06）、建筑创作 2011（01）.）

图 4-68　深圳宝安中心区图书馆

（来源：华南理工大学建筑设计研究院）

图 4-69　深圳机场交通中心

（来源：2015 年广东省优秀工程勘察设计奖评选项目文本）

图 4-70　深圳市南山文体中心

（来源：2015 年广东省优秀工程勘察设计奖评选项目文本）

3. 不透明式表皮界面

不透明式表皮界面一般采用金属、石材、陶瓷等作为外层材料，形成金属、石材或陶瓷板材幕墙表皮。从岭南建筑气候适应性的角度来看，金属、石材、陶瓷等不透明式表皮界面具有极好的隔热性能，但其通风、采光性能很差，因此，一般仅适用于剧院、博物馆、档案馆、美术馆等需要大部分封闭界面的建筑类型。金属、石材与陶瓷等材料的独特质感也正好可以赋予这些公共建筑以丰富的文化内涵。在局部需要通风透气的界面部分，可以通过把金属、石材、陶瓷材料设计成百叶肌理的形式来达到，但其采光性能仍然是很差的，所以只适合于特殊的建筑类型。例如广州大剧院、广州亚运会综合体育馆、广东省博物馆、深圳欢乐海岸剧场、西汉南越王墓博物馆等建筑（图 4-71）。

（1）广州亚运会综合体育馆（金属板界面）

（2）广州大剧院（石材板界面）

（3）深圳欢乐海岸剧场（金属板界面）

图 4-71　不透明式表皮界面

（来源：作者拍摄）

4.6　本章小结

被动式建筑气候适应性策略主要通过建筑的形态空间设计来达到适应地域气候的目的，建筑形态空间也是建筑创作的主要对象，因此，对于建筑形态空间的研究成为当代岭南建筑气候适应性创作策略研究最为重要的内容。

本章以“整体观”核心思想为指导，以当代社会经济文化发展为背景，分析当代建筑形式设计的发展趋势，并充分结合丰富多样的当代建筑创作实例，分类分析研究了当代岭南建筑气候适应性创作的形态空间策略。

当代建筑形式设计的发展趋势主要表现在：城市化带来的建筑高层化、大型化与复合化趋势；审美观念变化与技术进步带来的建筑形式多元化趋势。建筑气候适应性与建筑形式存在密切的关系。气候在很大程度上深刻影响着建筑形式，在不同的社会经济文化与技术背景下，丰富多彩的建筑形式通过特定的策略，都能以不同的方式综合解决相同的气候适应性问题。

为研究方便，笔者采取分类研究的方法，并结合建筑创作的对象与流程，主要把当代岭南建筑气候适应性创作的形态空间策略分为建筑群体布局、建筑体型、建筑空间和建筑界面四个方面。它们分别受到了当代建筑城市化与高层化、风格多元化与新技术、大型化与复合化、审美观念与新材料的影响。其中建筑群体布局策略包括朝向、密集式布局、分散式布局、高低层混合布局策略；建筑体型策略包括小进深体型、架空体型、特异体型策略；建筑空间策略包括水平流动空间、垂直流动空间、复合流动空间策略；建筑界面策略包括凹凸式界面、构件式界面、表皮式界面策略。

虽然这些不同类别的形态空间策略侧重点各有不同，但总体上从不同角度、不同方面综合解决了岭南建筑气候适应性的遮阳隔热与通风散热除湿等问题，同时也反映了当代建筑形式的设计与审美趋向。因此，这些形态空间策略成为应对气候问题、同时塑造当代岭南建筑地域特色的主要策略方法。

当代岭南建筑气候适应性创作的形态空间策略汇总表（来源：作者整理绘制） 表4-1

类型	影响因素	策略	特点	适用情况	案例
群体布局	城市化与高层化影响：城市化造成城市范围扩大，建筑密度提高，建筑向高层化趋势发展，城市环境温度、风场和湿度都发生变化，从而影响群体布局设计	密集式布局	具有极好的遮阳隔热性能；但外部通风条件变差，内部需要热压通风补偿，自然采光、景观视线不佳	受法规限制，当代建筑运用较少。可用于展览、美术、博物馆、医疗建筑等特殊类型	广州国际会议展览中心
		分散式布局	能够营造良好的室外通风环境，给建筑物带来良好的风压通风，自然采光、景观视线良好	适合大部分建筑类型，特别是对自然通风要求较高的居住建筑、教育建筑等类型	华南理工大学广州大学城新校区
		高低层混合式布局	解决高层建筑为主的城市风环境问题，保证均衡合适的外部风环境，同时减少高层风害	适合高层、高密度为主的城市建筑，特别是城市核心区的大型公共建筑群体	广州珠江新城

续表

类型	影响因素	策略	特点	适用情况	案例
建筑体型	风格多元化与新技术的影响：当代新技术促进了建筑形态的“爆炸式”发展；建筑思潮与审美观念更加多元化，人们主动追求多样化、个性化的建筑造型	小进深体型	保证建筑内部空间获得良好的自然穿堂风。自然采光、景观视线良好。有立体化发展趋势	适合对自然通风要求较高的居住建筑、教育建筑、医疗建筑、办公建筑等类型	广东科学中心
		架空体型	降低建筑物外部风阻，保证建筑外部空间获得良好的自然风环境。同时拓展了生态绿化空间	适合用地紧张的高密度城市建筑，立体空间化的疏松体型特别适合大型公共建筑	深圳万科中心
		特异体型	可以形成建筑自体遮阳，也可以改善建筑外部通风状况。同时丰富了建筑造型美学	适合对建筑造型有独特要求的标志性重点公共建筑	深圳科学馆
建筑空间	大型化与复合化的影响：现代建筑空间类型变得大型化和复合化，新的空间类型不断涌现，空间尺度和形式也更加自由和多样化，空间的雕塑性和流动性更加明显	水平流动空间	充分利用风压通风原理，通过降低建筑物内部空间风阻获得良好的自然穿堂风	适合居住建筑、教育建筑、医疗建筑等大部分建筑类型	广州华南土特产展览交流大会水产馆
		垂直流动空间	充分利用热压通风原理，通过在建筑内部设计垂直的风道空间获得良好的热压通风	适合高层建筑、尺度较大的大型公共建筑	广州新图书馆
		复合流动空间	充分利用风压与热压通风原理，构建立体空间通风系统，同时获得良好的自然穿堂风和热压通风	适合复合化的规模尺度较大的大型公共建筑	广州南沙发展电力大厦

续表

类型	影响因素	策略	特点	适用情况	案例
建筑界面	审美观念与新材料的影响：审美观念的改变与新技术新材料的发展使当代建筑界面形态变得千姿百态，附加在建筑界面的功能也变得越来越复杂，建筑界面成了多功能复合的产物	凹凸式界面	通过建筑体量上的凹凸处理形成对直射阳光的局部遮挡，从而减少建筑太阳辐射得热	适合立面上能够设计凹凸灰空间的建筑，特别是居住类建筑	 广东省博物馆
		构件式界面	通过外侧附加遮阳构件，减少建筑局部或整体的太阳辐射得热，通透的构件对促进建筑通风非常有利	适合大部分建筑类型	 华南理工大学逸夫人文馆
		表皮式界面	由多层材料构成的复合式建筑界面，同时满足建筑物理功能和造型美学等多种复合功能需求	适合对建筑艺术造型有独特要求的标志性重点公共建筑	 深圳宝安中心区图书馆

第 5 章　当代岭南建筑气候适应性创作的生态环境策略

5.1　建筑气候适应性与生态环境

5.1.1　岭南建筑的“绿文化”传统

由于得天独厚的气候环境以及传统干栏式建筑的影响，岭南建筑与充满绿色植物的自然环境，在漫长的历史变迁中巧妙的融为一体，沉淀为岭南建筑文化的一大特色。

岭南建筑中“绿文化”的发展与岭南地区湿热气候，独有的社会人文和生态环境有着密切的联系。首先，在亚热带地区植物易于在各种空间生存，这成为“绿文化”能轻松走进建筑的先决条件。其次，绿化环境在一定程度上起到调节小气候的作用。另外，绿化还能吸尘减污净化空气，利于卫生健康。在社会人文方面，岭南地区独特的历史文化养育了朴实、自由、热爱自然的岭南民风，建筑中沉淀的绿文化，不但可以美化建筑空间，而且可以起到让人修身养性的作用。

岭南建筑中“绿文化”的形态发展经历了一个动态发展过程。在古代，由于岭南建筑结构与材料相对落后，绿化多在建筑外部种植，建筑沉没在绿化环境中。近现代，商业发展导致用地紧张，外部绿化减少，而发展到建筑内部。到了当代，岭南建筑采取了现代疏散式规划布局，住区中的室外绿化景观环境迅速发展。现代生态建筑理念和景观环境技术的发展，更是把岭南建筑中的绿文化搬上了高层建筑。岭南建筑中“绿文化”的动态发展表现了建筑与环境的一种互动关系，建筑与环境成为是一个不可分割的整体。

经过了千百年的发展，“绿文化”已经成为岭南建筑文化的一个组成部分。注重生态环境和可持续发展是当代社会发展的主要理念，新世纪的岭南建筑创作仍然会以充满生机的绿色文化作为主旋律，功能技术空间与环境艺术空间的交织仍是创新的平台与突破口。[①]

5.1.2　可持续发展理念下的当代建筑生态环境营造

20 世纪中叶以来，现代工业化的急剧发展导致了全球性的环境危机和

---

① 肖大威，胡珊 . 试论岭南建筑中的绿文化 [J]. 华南理工大学学报（自然科学版），2002（10）.

能源危机，人们赖以生存的基本条件受到了冲击，引起了全世界对环境保护问题和人类发展模式问题的高度重视和思考。直至20世纪80年代，联合国提出了“可持续发展”原则，很快就得到了全世界的普遍认同。“可持续发展”思想让人类重新审视人与自然的关系，从人类征服自然的豪情中重新回归到人与自然的和谐共融，这是人类环境意识发展的一个新的里程碑，对全球政治、经济、社会和文化等各个领域产生了深刻的影响。

建筑与环境的关系本来就密不可分，严酷多变的自然气候环境是建筑产生的根源，建筑为人们提供一个适合生存、相对稳定舒适的安全庇护所，以抵御自然界恶劣环境的侵扰。建筑空间就是一个更加稳定宜人的微气候环境，是相对于自然大环境的经过人工创造改良的小环境。在营建和维持这个相对稳定舒适的小环境过程中，必定会对其所在的自然大环境产生影响；反之，自然环境的改变也必然会影响到建筑小环境，这就是建筑与自然环境的相互影响关系。因此，应该采取适当的方法和措施来营建和维持建筑环境空间，以同时协调人类自身生存环境与自然环境之间的可持续发展。

其实，可持续发展的思想古来有之，并非是现代人类的新创造。在工业社会出现之前的漫长的人类发展历史长河中，人类一直坚持朴素的人与自然和谐共处的基本法则。例如，我们“天人合一”的哲学思想，体现了人对自然力量的敬畏、人与自然和谐共处的追求，这是经过千万年长期积累的人类宝贵经验与智慧财富。“天人合一”哲学思想在建筑领域具体表现为尊重自然环境和自然规律要求，充分利用气候规律以及取之不尽的自然潜能，通过建筑空间设计、材料构造以及建筑细部处理等措施来适应自然气候环境。这种在有限技术条件下的气候适应策略，虽然不一定能够创造出令人完全舒适的环境空间，但在尽力保护自然环境的前提下，基本满足了人类自身获得健康舒适环境的需求，从而达到人与自然和谐共处的目的。

在可持续发展理念指导下，当代建筑师更注重从绿色、生态、节能的角度来对待建筑创作设计问题，并将其作为建筑评价的重要指标。在传统建筑中偏重艺术景观功能的绿化环境设计，也由此附加了更多的环境生态调节功能，生态环境营造成为当代建筑创作设计中的重要内容。

5.1.3 岭南建筑生态环境的气候应对作用

夏季防热是岭南建筑必须解决的主要问题，建筑防热问题可以通过隔热、散热和降温三个方面的措施来解决。对于像岭南这样的湿热气候地区的建筑来说，隔热和散热是最重要的防热措施，降温则是改善性的措施。当隔热和散热措施都无法使建筑环境满足人体舒适性要求时，人们还得另辟蹊径，而最为直接有效的就是使用降温策略。

根据针对对象的不同，降温策略可以分为环境降温、建筑降温和人体降温。环境降温主要通过建筑周边环境场地的绿化、水体等的蒸腾作用，或者利用土层深处的低温环境，来降低建筑环境的空气温度，因此，环境降温又被称为空气降温。建筑降温又被称为“结构降温”或“夜间通风降温”，主要利用夜晚的低温环境，通过长波辐射降温和充分通风带走建筑围护结构的热量，从而降低建筑物温度。人体降温是通过通风对流促进人体体表的汗液蒸发，利用蒸腾作用使人体散失热量，以降低人体体表温度。建筑降温适合日夜温差较大的地区，在岭南地区效果并不明显，而人体降温在使用通风散热策略时可以同时获得，所以，作为隔热策略和散热策略的有效补充，环境降温成为岭南建筑的主要防热策略。

根据作用机理的不同，生态环境降温策略可以分为环境场地的蒸发式降温和覆土降温两种。覆土降温的作用机理是：地面以下的泥土温度通常比地面上的空气更凉爽和稳定，地表每下降 1m，土壤的温度就会下降 1℃左右[①]。可以将建筑全部或部分埋置于地下来降低建筑温度，或者让空气通过输送到埋置于地下的管道来降低空气温度。岭南大部分地区海拔较低，雨量充沛，水网纵横，地下水位很高，出于防水防潮的需要，极少做地下覆土建筑，所以很少利用覆土降温措施。场地的蒸发式降温主要通过建筑周边环境场地的绿化、水体的蒸发作用获得。气态的分子比液态的相同分子所含的能量多，将环境中的水转化为蒸汽需要吸收空气中的热量，从而达到降低空气温度的目的。场地的蒸发式降温可分为绿化降温和水体降温两种方式。植物可以通过叶子的呼吸作用散发湿气，形成蒸发式降温；自然水体和人工水池、喷泉等水景也可以起到蒸发降温的效用。岭南地区年降雨量大，地面水体较多，植物生长茂盛，因此，岭南建筑特别善于利用这种绿化和水体的蒸发式降温策略，同时绿化和水景还可以起到美化建筑环境空间的作用。

中国传统的建筑风水理论导致建筑和村落在选址方面非常讲究“靠山面水”“左右有山辅弼，前有环水，后有镇山”，即建筑或者村落的背面以及左右两面宜有山林拥护环绕，前面宜有河流小溪流过，这种独特的环境格局观在某种意义上可以用今天的环境降温理论来解释。虽然古人并不明确知道植物和水体蒸发式降温的作用机理，但长期积累的生活经验让他们慢慢总结出这种适宜的模式方法。

今天我们已经可以运用科学仪器精确测量出植物和水体等因素对建筑环境温度的影响，例如，对广州某住宅小区的夏季微气候参数定点实测

---

① 阿尔温德·克里尚，等．建筑节能设计手册——气候与建筑 [M]. 刘加平，等译．北京：中国建筑工业出版社，2005：161.

结果显示：人工湖边的测点比远离人工湖的测点的最高温度差最多可达到2.2℃；树荫下的测点比无树荫下的测点最高温度低大约0.9℃ [①]。这些实测数据充分说明了植物和水体对建筑环境降温作用的显著性。

近几十年来，由于城市化的飞速发展，城市建筑密度加大，城市下垫面结构愈趋硬质化，地表植物和水体越来越少，城市热环境愈加恶化，城市“热岛现象”的负面作用日渐凸显。因此，要更重视建筑室内外的热环境质量，积极运用绿化与水体等生态环境降温策略，营造一个舒适美观的工作生活环境。

根据位置以及尺度的不同，生态环境降温可分为外部生态环境降温、建筑生态环境降温两种类型。外部生态环境降温是建筑物周边较大范围内的环境因素对此区域的降温作用，由于范围较大，绿化、水体等环境因素数量较多，因此其降温作用比较明显且相对稳定。外部生态环境降温可以利用自然的山水或者人工的绿化和水体环境。建筑生态环境降温可以分为地面生态环境降温和空中生态环境降温，是利用依附于建筑物的园林、庭院、天井和室内庭园、空中花园等环境因素对于建筑内部空间的降温作用，这些环境因素虽然规模不大、数量不多，但是由于紧贴建筑，针对性强，作用直接，其降温作用也比较明显，从心理上也起到美化建筑空间的效果。

5.2 适应气候的建筑外部生态环境策略

5.2.1 外部生态环境的隔离与拓展

外部生态环境是建筑物周边较大范围内的自然或人工生态环境，包括自然的山水或者人工的绿化和水体环境。

大自然的山林、海洋、河流、湖泊等生态环境因素尺度规模非常宏大，对于局地气候的影响很大，是热带地区建筑环境降温的主要作用因素。原始时期岭南地区森林密布、河汊纵横、人烟稀少，因此，岭南地区的原始建筑采用简易的干栏式建筑也可以达到较好的人体舒适度。农耕文化的发展使人类离开山区走向平原，开荒种地，择水而居。虽然森林减少、人口增加，自然生态环境因素对局地气候的作用力有所减弱，但仍然是改善人们生活空间环境条件的重要因素，长期的生活经验积累使人们慢慢总结出“靠山面水”的建筑和聚落选址观念。珠江三角洲平原上的村落与城镇相比没有大山可以依靠，因此，利用平原上零星的丘陵和小山岗作为聚住地的新依靠，纵横交错的河汊及到处遍布的水塘成为新家园前的主要景观。从

① 陈卓伦，赵立华，孟庆林．广州典型住宅小区微气候实测与分析 [J]. 建筑学报，2008（11）.

珠江三角洲的地名命名规律上可以发现，出现频率较高的是“岗”“滘”“塘”等几个字，如“象岗”“赤岗”“龟岗”“昌岗”“新滘”“沥窖”“北滘”“大塘”“莲塘”“陈塘”等等。“岗”“滘”“塘”分别代表在小山边、河涌边、水塘边的村落，这些名字恰恰印证了岭南人“靠山面水”的聚落选址方式，是长期利用自然生态条件营造宜居环境的反映（图 5-1）。

图 5-1　岭南水乡特色

（来源：百度图片 http：//image.baidu.com）

岭南城镇建设一直强调与自然环境的和谐共融。例如，具有 2000 多年历史的广州城就建立在白云山的余脉越秀山的南麓，南面的珠江由西向东缓缓流过。广州自古就是一个山水城市，在历史上还有“六脉（河）”穿城而过的城市格局。从广州考古所的清代广州老城区的复原想象图中可以看到，清代的广州城北靠越秀山，南临珠江，城内外密布着与珠江垂直的南北纵向河涌，宏观生态环境非常优越。纵横的河网系统不但满足人们在交通、居住、休闲等方面的需求，同时也是城市的通风廊道及环境降温的重要因素（图 5-2）。

图 5-2 清代广州城区复原想象图

（来源：广州考古所）

随着城镇规模和人口的集聚扩张，传统的自然城镇风貌特色与岭南山水城市格局遭到破坏，巨大的城市尺度及密集的建筑布局更使得城市内的建筑与城外的大自然环境相隔甚远，从而使城市与建筑的生态环境质量急剧下降。因此，人们不得不另辟蹊径，通过人工的方法拓展生态绿化水体，在美化环境的同时也发挥其环境降温作用，以提高城市的生态环境质量。

在人口密度较大的珠江三角洲地区，人们很早就发展出借助人工生态绿化水体进行环境降温的村落规划模式。在典型的梳式布局村落中，村前的“风水塘”和村后的“风水林”成为必备配套。村前的“风水塘”一般为一个近似半圆形的人工鱼塘，常放在东南面地势较低的位置，除了可以接纳整个村子的生活排水，还可以使夏季东南向的季风首先经过水塘，被冷却降温后再进入村子，起到很好的环境降温功能。村后的“风水林”通常放在西北方向，形状可以根据地形灵活布置，一般人工种植了许多大型的乔木或竹子等枝叶茂盛的植物，在夏季可以给村子带来清凉的风，在冬季还可遮挡北方吹来的寒流。有时候由于用地的限制，在朝向上不一定能够严格按照季风的主导方向布置，风力作用会有所减弱，但由于人工水塘和树林与村子之间存在明显的温差，即使在静风的时候也可以产生较好的水陆风和山林风。在风力条件较差、人口密度较大的梅州地区，典型的客家“围拢屋”也采用了非常类似的前“风水塘”和后“风水林”的形式，同样取得很好的环境降温效果（图 5-3）。

在近代岭南早期进一步大规模的城镇化时，由于土地昂贵加上认识不足，像“风水塘”和“风水林”这种人工绿化水体空间被压缩甚至舍弃，引起环境条件急剧恶化。在清末洋商对广州城的文字描述中可以看出，广州城内建筑拥挤不堪、街巷狭小迫厌，缺少绿化开敞空间，环境非常恶劣。

其实早期西方的工业城市也存在同样的问题，从而导致了以“花园城市”理论为基础的现代城市规划理论的诞生。“花园城市”理论的主导思

图 5-3　岭南传统村落前的风水塘

（来源：百度图片 http：//image.baidu.com）

想是以绿化分割城市功能区域，在解决城市功能的基础上，防止城市无限制蔓延带来的城市环境恶化问题。“花园城市”理论对城市最直观的影响就是大量城市公园和城市绿地的出现。19 世纪末由英国洋商主导的广州沙面岛规划建设是岭南地区首个应用这种规划理论的实例。整个沙面岛被贯穿东西的中央带状公园分为南北两个区域，南面濒临珠江地区有滨江运动公园，两个公园开敞的绿地上遍植高大的乔木，并通过几条南北向的大街联系起来，与宽阔的珠江水面一起，把沙面营造成一个清凉舒适、绿树成荫的美丽小岛。

今天，在此基础上逐渐发展成熟的现代城市规划理论已经成为法定的规范原则。在宏观层面，整个城市规划保留出一定面积的城市公园和城市公共绿地，并且在空间上尽量做到均匀分布，以降低整个城市的热岛效应；在微观层面，每块建设用地保留出一定面积的建筑绿化用地，面积一般达到整个用地的 30% 以上，不但可以美化建筑环境，也可起到良好的建筑环境降温作用。

5.2.2　自然山水生态环境因借

大自然的山水生态环境尺度规模宏大，对于局地气候的影响很大，其建筑环境降温的作用十分明显，因此，在具备条件的时候要尽量借助自然山水生态环境的环境降温作用。

现代岭南建筑师继承发扬了岭南传统建筑利用自然山水的环境降温策略，特别是在一些自然环境条件较好的风景区或海边度假疗养建筑设计中多有应用。例如，广州从化温泉宾馆、广州白云山庄、肇庆鼎湖山教工疗养所等，以及深圳、海南等地的很多海边的现代高级度假酒店建筑中，一般也会将大堂、酒吧、连廊等公共场所设计成完全向室外开放的空间，由于海洋以及丰富绿化植被的显著降温作用，再加上良好的通风，使其即使在没有空调设备的情况下也令人感到非常舒适。

例如海南三亚海棠湾 9 号酒店，位于三亚海棠湾南区一线海景位置，是一座兼具中国文化韵味和热带地域特色的现代滨海度假酒店。由于处于得天独厚的山海相连的优越自然环境中，在其气候适应性设计中充分考虑了对自然山水生态环境的因借与利用。首先是在总体布局平面上呈“凹”型布局，向海面打开，使大部分客房可以直接朝向大海，面对海上吹来的宜人的凉风；其次，充分利用向海岸慢慢跌落的地形高差，在建筑剖面中设计了多条通风廊道，使海陆风经过园林水面降温后，从逐渐升高的通风廊道穿越公共空间的架空敞廊，为大堂、餐厅等公共空间带来舒适的穿堂风。该项目充分利用自然环境的通风设计使公共空间成为无空调的全自然通风环境，既改善区域的热环境又加强了散热效果[①]（图 5-4）。

由于现代城市化发展使得城区面积越来越大，城内的自然山水面积比例非常少，这对于城市建筑的环境降温非常不利。因此，在城市规划中应该尽量保留自然的河流水体及绿化要素，以降低整个城市的热岛效应，提供相对舒适的环境温度。

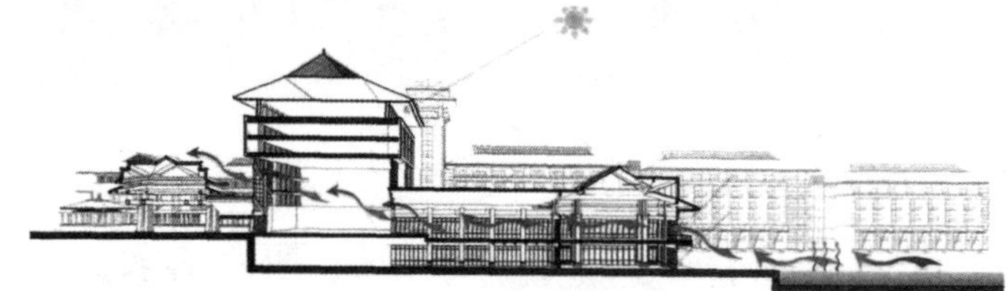

图 5-4　三亚海棠湾 9 号酒店实景照片及自然通风分析图

（来源：丘建发，何镜堂，等．三亚海棠湾 9 号酒店设计 [J]. 建筑学报，2014（04）.）

5.2.3　城市人工生态环境因借

自然山水规模宏大，环境降温作用显著，可是随着城镇化的发展、人口密度的急剧增加，土地资源变得相对短缺，建筑范围与建筑密度逐渐加

---

① 丘建发，何镜堂，等．三亚海棠湾 9 号酒店设计 [J]. 建筑学报，2014（04）.

大，使得大部分建筑远离了自然山水。可以通过拓展人工生态绿化水体，发挥其环境降温作用。

1898年，英国建筑师霍华德在《明日的田园城市》里设想的“花园城市”，就是提倡一种在城市中引入自然生态环境、与自然融合的新型“花园”城市。这对后来的现代建筑和城市规划理论产生了深远的影响。1956年，勒·柯布西耶在印度昌迪加尔城市规划中发展应用了这种规划构想，他通过设计网络状的生态绿地来分割城市，不但拓展了城市区域的生态环境面积，改善了城市景观，而且可以有效调节城市微气候条件，提高了城市环境质量（图5-5）。

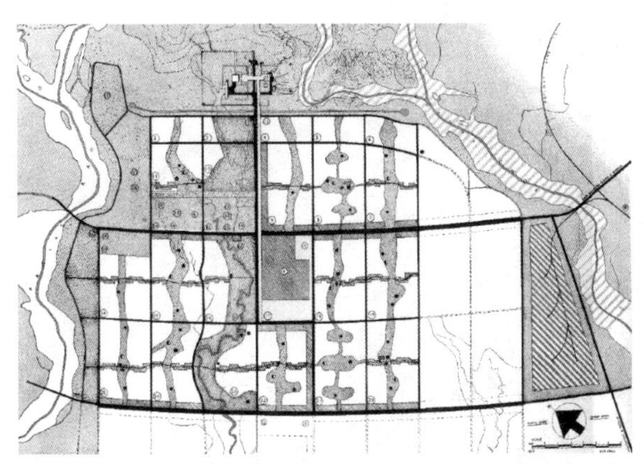

图5-5　印度昌迪加尔规划中的生态环境网络

（来源：Le Corbusier. 柯布西耶全集[M].1952.）

从岭南气候夏季防热的作用角度看，无论是大规模的城市公园和城市公共绿地，还是小面积的建筑绿地，应该注意尽量发挥其环境降温作用。首先，应该注意这些绿地水体与建筑的总体布局关系，放在主导风的上风向，并留出合理的通风通道，让这些冷源产生的凉风能够尽可能通畅的吹入建筑内部；其次，应该注意这些绿地水体的具体配置，合理搭配水体与绿化的比例以及各种植物的种类，朝阳的水面和茂密的大型乔木的蒸腾作用会更加显著，因此，增加配置就能获得更加显著的环境降温效果。

从宏观大尺度方面看，以生态绿化空间为主的城市轴线空间营造能起到很好的生态降温作用。露山见林、亲水近河一直是岭南城市的重要规划手法，通过适度的规划布局，留出足够的景观廊道与城市内外的自然山水相连，不但能够美化城市的景观风貌，在生态环境营造与气候适应性方面更具有积极意义。例如广州天河区的城市新中轴线生态空间，北起燕岭公园，跨越珠江北水道，南至珠江南水道，总长约12km，其间规划控制了几乎完全连通的大型生态绿化空间，可以大大改善广州城市的微气候环境。

其中，作为广州城市新中轴的一部分的花城广场是广州城市 CBD 珠江新城的核心空间，位于黄埔大道以南、华夏路以东、冼村路以西、临江大道以北，广场整体呈榄核状，南北近 1000m，最宽处 250m，是一个总面积约 56 万 m^2 的超大型城市花园。其中大部分面积用来种植包括高大乔木在内的丰富的花卉植物，北端的生态休闲区还设计了一系列水面、岛屿和山石景观，展现了现代岭南水乡的特色，为市民提供了在城市中央也能享受自然野趣的区域，营造出一个大型的城市公园效果。这个巨大的绿化花园不但给人们提供了清凉优美的休闲场所，同时也为周边高密度的高层办公与商业建筑群起到很好的生态降温作用，充分适应了岭南地区的气候特点（图 5-6）。与此类似，深圳福田中心区的城市绿轴也起到了相同的环境降温作用（图 5-7）。

图 5-6　广州珠江新城城市绿轴

（来源：规划设计文本）

图 5-7　深圳福田中心区城市绿轴设计

（资料来源：百度图片 http：//image.baidu.com）

从微观小尺度方面看，通过对建筑周边小型的人工生态绿化环境的巧妙因借，同样也能起到很好的环境降温作用。例如华南理工大学逸夫人文馆，通过充分利用建筑两旁的湖面生态环境，在建筑布局与体量设计上采用“少一些，空一些，透一些，低一些”的设计策略，实现了建筑与环境的共生。建筑的东西向分别为校园的东湖与西湖，东湖为一个矩形水体，其水面开阔，绿树井然，是校园规划中轴线的景观中心之一；西湖则为一个自然形态的风景湖，水面自由，湖岸曲折，杨柳垂荫，构成层次丰富的岭南园林景致。逸夫人文馆的总体布局及空间秩序的形成来源于对其所处的宏观生态环境的理性分析，建筑以较小、通透的体量，将东西两个湖面连接起来，结合园林处理及亲水设计，不但在景观上达到建筑自然环境的和谐与共鸣，同时也充分发挥了自然环境的生态气候调节作用（图 5-8）。

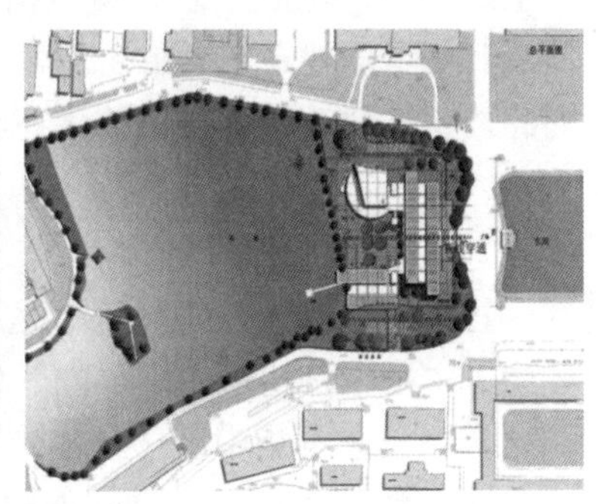

图 5-8　华南理工大学逸夫人文馆

（来源：华南理工大学建筑设计研究院）

5.3　适应气候的建筑地面生态环境策略

5.3.1　建筑生态环境的多元化趋势

建筑生态绿化环境在传统意义上一般指的是在建筑物周边地面上的花草、树木及水体等因素，也常称“建筑绿化”“园林绿化”等。由于建筑技术与材料的限制，传统建筑与园林绿化之间的界线通常还是比较清晰的。特别是岭南传统建筑，除了用地比较宽敞的园林建筑外，一般传统建筑与绿化之间都保持一定的距离，究其原因，一方面，由于台风及多雨气候的影响，在建筑物附近极少种植高大的树木，以避免台风吹倒树木压坏建筑的危险发生，或者避免落叶堵塞屋面造成房屋漏水；另一方面，由于岭南传统采取了密集式建筑布局模式，建筑物之间及建筑内部的天井空间尺度均非常狭隘，因此一般都做硬化铺装而极少种植植物。所以，传统岭南建筑绿化一般比较缺乏，且在形式上也比较单一，多采用局部点种或盆栽的方式。

在重视环境可持续发展理念的今天，建筑生态绿化环境营造受到越来越多的重视。当代建筑基本上采取了疏散式布局形式，在用地规划要求上一般要满足30%以上的绿地率，从而在空间上保证了建筑生态绿化环境的营造要求。另一方面，得益于现代建筑技术材料及植物栽培技术的发展进步，当代建筑生态绿化环境在空间上早已突破传统建筑生态绿化环境原有的建筑室外范围，逐渐向建筑内部及立体空间方向拓展渗透。建筑生态环境与建筑的结合更加紧密，甚至成为建筑物的重要组成部分，不但起到美化环境与微气候调节的作用，同时也成为建筑设计创作的重要策略手段。所以，当代建筑生态绿化环境无论在空间范围还是形式特征方面都呈现出多元化的发展趋势。

从空间范围上看，当代建筑生态绿化环境可以分为地面生态环境和立体生态环境。地面生态环境是指建筑基地内地面层的生态绿化环境。除了传统意义上的建筑室外的生态环境外，地面生态环境逐渐向建筑内部渗透，因此还包括建筑架空层内的生态环境以及建筑室内的生态环境。

5.3.2 室外生态环境

这里的“室外生态环境”是指建筑基地内除了建筑覆盖外的露天生态环境，主要区别建筑架空层内的生态环境以及建筑室内的生态环境。

合院式建筑是中国传统建筑的基本形式，庭园是指由建筑物围合的室外空间，根据空间尺度大小，小的叫“庭”，一般的叫“院”，大的可叫“园”。北方地区建筑由于日照采暖要求，建筑物围合的室外空间比较宽敞，一般以“院”相称，如“北京四合院”。南方地区建筑更加注重遮阳隔热功能，建筑物围合的室外空间尺度相对比较狭小，一般以“庭”相称。而在炎热的岭南地区尺度更加狭小，已经变成了几米见方的“天井”空间。

岭南传统建筑的“天井”空间过于狭小，主要出于通风透气功能的考虑，一般都以砖石砌底，没有种植植物或营造水景设施，但有的会摆设几个盆栽花草来点缀景观，或摆设一个“风水缸”，这也是出于防火的需要。由于高狭的天井很少受到太阳照射，底部比较潮湿，砖石砌底与下面的泥土层之间也比较通透，因此，也有一定的蒸腾降温作用。由于其面积太小，且没有植物水体等促进蒸腾降温的环境因素，所以降温作用并不明显。

岭南传统园林除了空间尺度相对狭小以外，与北方园林并无大异，同样具有堆山叠石、理水营林等模仿自然景观的基本内容，但同时，岭南传统园林也具有自己独特的特点。出于观景的需要，岭南传统园林中的建筑并没有采取岭南传统居住建筑的封闭性外围护结构形式，开敞灵活的建筑与园中丰富的水景、绿化融为一体，不但景色优美，还可以提高环境降温的效果。如著名的岭南传统四大名园：东莞可园、番禺余荫山房、佛山梁园和顺德清晖园。

源自西方的现代主义建筑追求与自然的开放融合，追求有利于人们健康的阳光、新鲜空气等物理因素，使人产生犹如在自然中的场所感与存在感（图 5-9）。现代岭南建筑在建筑气候适应性方面放弃了岭南传统建筑的对外封闭性策略，采用适应新的城市化环境要求的对外开放性策略。开敞灵活的建筑立面、一定比例的绿化用地，在学习模仿西方现代主义建筑的同时，具有类似特征的岭南传统园林也成为现代岭南建筑学习的对象。如莫伯治先生在广州闹市中设计建造的极具岭南传统园林特色的北园酒家，小桥流水与丰富的植物绿化与开敞的就餐空间相互渗透，不但景色优美，而且由于绿化和水体的降温作用，即使在炎热的夏季也非常凉爽舒适。

图 5-9　马来西亚吉隆坡国际机场室外庭院

（来源：作者拍摄）

北园酒家的成功使得岭南现代建筑师找到了一条将现代与传统结合的创新之路，并且应用到 20 世纪六七十年代兴建的一大批新建筑中。例如，1962 年的广州白云山庄客舍、1963 年的白云山双溪别墅、1965 年的广州友谊剧院以及 1976 年的桂林漓江饭店、漓江剧院等，这些新建筑内部大多沿袭传统庭院布局方式，开敞或半开敞的现代建筑与以池水、山石、花木为主的传统庭院自然结合在一起，达到了空间景观与气候功能的和谐统一。

到 21 世纪，以何镜堂先生为首的华南理工大学建筑设计团队继续把这种传统园林与现代建筑相结合的创作方法应用在一系列的高校建筑、文化建筑和纪念建筑等建筑设计之中，并且运用了更富有时代精神的新材料与新设计手法，创造出一大批非常优秀的建筑作品。如何镜堂先生的创作工作室，原来本是几幢建于 20 世纪 60 与 80 年代的破落的教师别墅和住宅，在保留了主体建筑和原有大树的基础上，通过运用玻璃和钢材等现代材料对其改造和局部加建，并引入现代的连廊、平台、水池、绿化等景观设施，使之成为一个曲径通幽、空间丰富、绿意盎然，既具有传统岭南园林神韵，又极具时代建筑风格特征的优美舒适的园林式建筑群体（图 5-10）。

图 5-10　华南理工大学何镜堂建筑创作工作室

（来源：华南理工大学建筑设计研究院）

再例如华南理工大学的逸夫人文馆，以玻璃和构架为主要特征的建筑主体被分散成几个通透的体量，相互穿插在基地上几个非常简洁现代的景观水池之上，并且沟通了建筑两边的东湖与西湖景观。建筑在水面上静静的倒影显得空灵而典雅，湖面与水池上的凉风可以穿透在建筑之间，共同营造一个美丽、舒适的场所（图 5-11）。

5.3.3　架空层生态环境

建筑底层架空一直是岭南建筑的常用设计策略，在岭南建筑气候适应性方面的主要作用是有利于降低建筑物外部风阻，保证建筑外部空间获得良好的自然风环境。如果在架空层上配置足够的生态绿化环境，则可同时起到环境降温的作用。

为了解决城市用地紧张与气候环境需求的矛盾，又进一步发展出将建筑底层架空与室外庭园结合的设计手法，从而更加扩大了地面庭园的空间。例如 1973 年佘畯南先生设计的东方宾馆，还有 1976 年莫伯治先生设计的

图 5-11　华南理工大人学逸夫人文馆

（来源：华南理工大学建筑设计研究院）

矿泉客舍等（图 5-12）。这些现代风格的室外庭园与架空层庭园为人们提供了清凉舒适的休闲场所，发挥出很好的气候适应性功能。到 20 世纪 90 年代后开始大量在住宅建筑中广泛使用，至今已成为岭南地区住宅建筑的常用手法。

图 5-12　矿泉客舍的架空层生态环境

（来源：上图：剖面图，来自《莫伯治集》；下图：实景照片，来自《旅馆建筑》）

得益于新技术、新材料的支撑，当代岭南建筑在底层架空层设计方面更加灵活多变，甚至几乎可以将整个建筑全部“悬浮”于基地之上，将全部用地解放出来，成为一个大型生态绿化公园。例如，深圳万科中心大楼采用了“斜拉桥上盖房”的理念，“像造桥梁一样的造房子”，利用主动预应力拉索和首层钢结构楼盖承担上部4～5层混凝土框架结构，传递至落地筒体、墙、柱上，中间跨度50～60m，端部悬臂15～20m，底部形成连续的开阔大空间，6万m^2的地面全部变成开放的生态绿化公园。不但为城市提供了更多的公共活动场所，而且由于规模尺度较大，非常有利于改善建筑基地本身以及周边建筑的微气候状况（图5-13）。

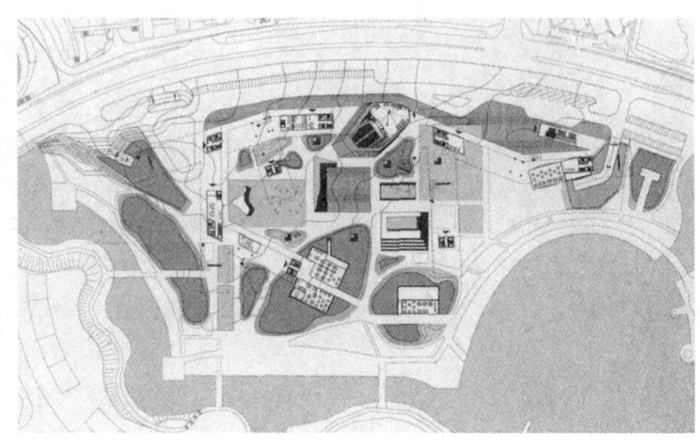

图5-13 深圳万科中心大楼

（来源：左：百度图片；右：王骏阳.都会田园中的建筑悬浮——评斯蒂文·霍尔的深圳万科中心[J].时代建筑，2010（04）.）

5.3.4 室内生态环境

传统园林通常采用建筑与园林相互穿插的布局模式，分散的小型建筑体量与各种大小不一的庭园空间尺度相适应，建筑界面相对通透甚至完全开敞，室内与室外空间相互流动、界限模糊，从而达到绿化园林景观与建筑内部空间水乳交融的效果。传统园林的私家性以及其较为单一的休闲功能属性确保它可以采取这种小体量分散布局方式，而城市中的现代建筑多为公共性建筑，功能多元复合，面积规模较大，且因为城市用地相对紧张，所以一般多采用相对集中的布局形式。这种集中布局的大型建筑要与园林环境相结合，建筑底层架空是其中一种可行的策略，但这种策略毕竟牺牲了地面层的建筑功能空间，且架空层的绿化环境与上部的建筑空间缺乏必要的联系，起不到对上部建筑空间的景观和环境降温作用。这些限制与不足导致了另外一种策略——室内庭院设计手法的应用。

植物生长需要光照，即使是阴生植物也需要一定的光线进行光合作用，因此，传统建筑中的植物一般都种植在建筑周围的场地、内部庭院或天井等露天空间，室内最多摆设容易定期更换到室外的小型观赏性盆栽花草植物，这些植物体形较小且数量不多，对于室内物理环境的调节作用不大。

钢和玻璃在建筑中的大量使用改变了这种状况，1833 年巴黎植物园温室的建成开启了植物室内化的历程，1851 年建成的伦敦水晶宫更是对后世产生了深远的影响。一种全新的透明建筑不但使室内视野开阔、光线充足，同时也可以像室外空间一样绿意盎然。但是，在后来的很长时间这种可以将室内环境室外化的建筑形式并没有得到普及应用，人们更多的还是把其作为一种植物温室使用。

1967 年，美国建筑大师约翰·波特曼在佐治亚州亚特兰大市的海特摄政旅馆中，设计了一个与建筑通高、上面覆以玻璃盖顶的大型室内绿化中庭空间，这个以“共享空间”“大自然”为理念的室外化的室内空间尺度宏大、光线充足、绿意盎然，满足了人们交往、放松、休闲的需求，在建筑界产生了巨大影响，开创了现代意义的建筑室内中庭的新纪元。在约翰·波特曼后来的作品以及其他建筑师的许多旅馆建筑中，这种室内中庭空间得到了广泛的应用（图 5-14）。

图 5-14　约翰·波特曼设计的酒店中庭空间

（来源：约翰·波特曼的建筑艺术人生）

岭南建筑绿化室内化的发展也是从旅馆建筑开始的。从 20 世纪 60 年代开始，以莫伯治、佘畯南先生为代表的老一辈岭南建筑师在广州市的一系列的旅馆建筑设计中，开始了对岭南现代建筑形式与传统园林空间相结合的探索。莫伯治将这一设计思想概括为“对自然的复归”和“对历史文化的沟通”。一开始的设计遵循了传统园林分散式建筑体量布局方式，如 1962 年设计的白云山庄客舍、1963 年设计的白云山双溪别墅等，虽然尝试把绿化庭园引入房间内（客房内的“三叠泉”布置），但最终还是采取了露天庭园的形式；后来在市区的大型旅馆设计中，由于用地有限，开始采取架空层绿化这种半室内化的庭院设计，如 1973 年设计的东方宾馆、1974 年设计的矿泉旅舍、1975 年设计的白云宾馆等。这些探索为 1983 年设计的广州白天鹅宾馆提供了基础和经验，最终设计出著名的完全室内化的“故乡水”绿化中庭空间（图 5-15）。从林兆璋的创作手稿看，一开始的方案采取了有盖玻璃顶绿化中庭与江边架空层庭院相结合的方式，后来的实施方案用三层高的玻璃幕墙完全将江边立面封闭起来，从而形成一个完全室内的中庭空间。在白天鹅宾馆设计期间，美国建筑师约翰·波特曼曾应邀短暂到访参与讨论方案，所以实施方案应该也是受到了他的影响。

图 5-15　广州白天鹅宾馆室内庭院

（来源：作者拍摄）

但是，生态环境的室内化仍然存在许多有待解决的现实问题，从而阻碍了它在当代岭南建筑中的推广应用。首先是容积率问题，由于按照现行建筑规划管理法规，室内空间不管是何功能属性都必须计入容积率计算面积，从而导致没有实际商业经济价值的室内绿化花园很难实施，最多也只会配置小规模的室内绿化，只能起到视觉上的美化环境的作用，而没法起到环境降温的作用。其次是技术问题，室内绿化仍然需要一定的自然光照条件，在日趋大型复合化的城市建筑中确保室内绿化的自然光照条件有一定的难度，室内绿化会引起室内空气湿度增加，也会加大当今普遍采取中央空调封闭空间的城市建筑的能耗开支，因此也阻碍了它在当代岭南建筑中的应用。所以，室内生态环境策略的大量推广应用仍需时日。

5.4　适应气候的建筑立体生态环境策略

5.4.1　建筑生态环境的立体化要求

地面生态绿化环境需要占用一定比例的基地面积，在城市用地比较紧张、建筑密度与高度不断加大的情况下，难以营造与之相对应的足够规模的生态环境。通过建筑底层架空的设计手法，可以在一定程度上缓解这个矛盾，但是，有很多公共建筑在功能要求上是不宜底层架空的，再加上现代建筑的规模越来越大，并且有向高空发展的趋势，单靠地面层的绿化环境，无论从规模上还是空间距离上都已无法满足建筑景观和环境降温的要求（图 5-16）。因此，立体化的空中花园成为一种新的环境美化与生态环境降温策略。

图 5-16　广州市区绿化环境变化对比（左图：20 世纪 70 年代，右图：现在）

（来源：付卓群 . 垂直花园绿色景观设计初探 [D]. 北京：中国林业科学研究院，2013：17.）

柯布西耶在其“新建筑五点”中提出了“屋顶花园”概念，这是现代主义建筑首次明确提出将绿化花园放在空中的设计手法。他在其设计作品中进一步具体的描绘了这种空中花园的形象，并阐述了这些绿化设施对于人们心理上和物理上的积极作用。例如，柯布西耶在其一个城市集合住宅方案中，每一户都设计了一个两层通高的大阳台空间，在阳台上可以种植各种花草植物，并放置室外休闲躺椅等，就像一个地面上的小花园一样，为高空中的住宅提供了优美舒适的环境（图 5-17）。

图 5-17　柯布西耶设计的带空中花园的城市集合住宅方案

（来源：Le Corbusier. 柯布西耶全集 [M].1952.）

岭南传统建筑采用的是轻薄的瓦屋顶，无法种植绿化植物。在近代城市住宅中慢慢出现了面积不大、可上人的屋面平顶天台，但由于防水技术的局限，基本不种植植物，最多只会摆设少量小型的盆栽花草以供观赏。直到 20 世纪 30 年代后钢筋混凝土技术的普及应用以及现代主义建筑的传入，为屋顶花园设计提供了可能。林克明先生在其 1935 年的自宅设计以及 1947 年的徐家烈宅设计中，开始尝试多层退台花园和屋顶花园设计形式，但实际上并没有种植植物。

20 世纪 70 年代，随着材料技术的发展，特别是大型高层建筑的出现，空中立体花园终于在岭南地区开始实际应用。例如广州白云宾馆，作为我国首座高层旅馆建筑，不但在地面层设计了由门前山冈、前庭、内庭和小院等多层次的平面庭园空间序列体系，还结合旅馆建筑裙楼中相互流动的公共空间，在中心庭院中种植了高大的乔木，设计了多级相互错开的绿化平台、屋顶花园等垂直方向的立体庭园空间体系，从而增加了空间的流动感，使庭园与功能空间互相渗透，融为一体（图 5-18）。

图 5-18　广州白云宾馆立体化庭园设计

（来源：《林兆璋创作手稿》）

这种立体化庭园的设计手法新颖，兼顾了高层建筑空间的景观功能和环境降温功能，对后来的东方宾馆、白天鹅宾馆等许多高层旅馆建筑设计都产生了影响，还有如广州大酒店、广州东方宾馆、广东大厦等建筑也都设计了屋顶花园。

20 世纪 90 年代以来，人们越来越重视生态环境保护问题，生态建筑和绿色建筑得到大力提倡和快速发展（图 5-19）。人们对于建筑绿化主要作用的认识，也从原来以环境景观美化功能为主，转变为改善环境物理性能为主。立体绿化的占地面积少，可用空间大，有发展的潜力和可能。近 20 年来，当代建筑大都为多层和高层建筑，体量高大，而随着建筑结构

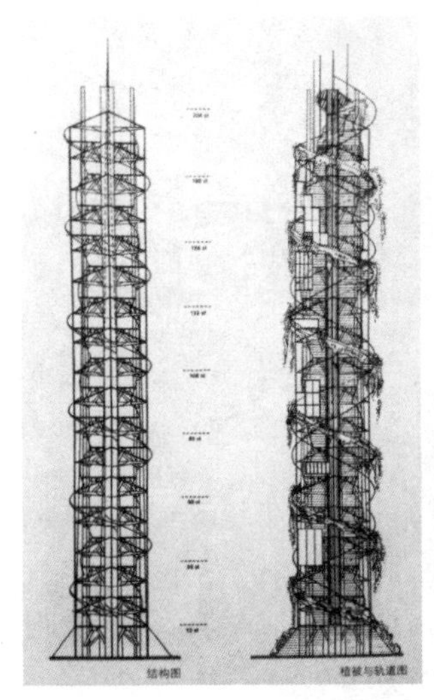

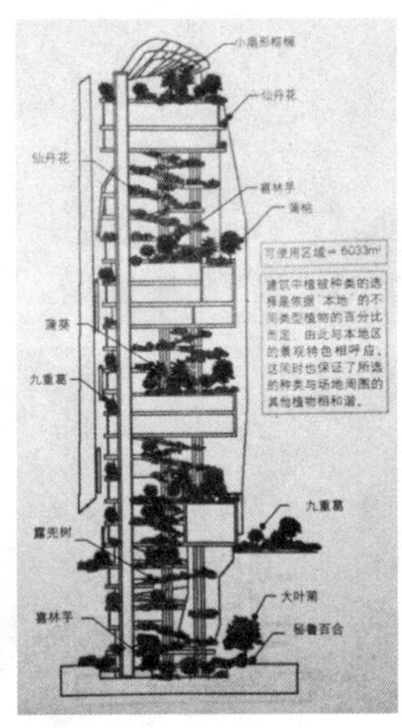

图 5-19　杨经文的绿色摩天楼设计方案

（来源：《大师》编辑部 . 杨经文 [M]. 武汉：华中理工大学出版社，2007.）

与材料技术的进步，在解决好绿化对建筑外围护结构损害以及防水等问题后，具有良好的保温隔热性能的建筑外围护绿化设计慢慢得到大力推广及应用，例如种植屋面、生态绿化墙面等等。立体绿化除了可以增加绿化面积与景观美化作用外，还具有良好的隔热保温以及环境降温性能，可以降低屋面反射热，改善室内热环境，改善局部环境微气候，减缓城市热岛效应的作用，也可以降低城市排水系统的负荷；同时也获得较好的绿化景观效果，营造出优美舒适的环境。

2010 年，上海世界博览会以“城市，让生活更美好”为主题，突出展示了新时代、新技术下的美好城市环境发展趋势。其中，以高密度城市空间为背景的立体绿色生态环境营造成为一个亮点。据统计，上海世博会近 240 个场馆中，80% 以上做了屋顶绿化、立体绿化和室内绿化，集中展示了各国的立体绿化新技术，彰显了绿色环保、节能减排的低碳生态新理念，预示了未来生态建筑和城市绿化的立体化要求与发展趋势（图 5-20）。

立体化的生态环境营造是将绿化植物与屋面、墙面、窗体、阳台、空中平台、遮阳构件等建筑空间与界面结合。根据部位的不同特点，可以将其分为空中花园与垂直绿化两大类。空中花园主要指种植在屋面、阳台、空中平台等空中水平建筑界面上的生态环境；垂直绿化主要指种植在墙面、窗体、遮阳构件等空中垂直建筑界面上的生态环境。

图 5-20　未来派立体绿色建筑设计方案

（图片按顺序为：韩国首尔 2026 公社；韩国首尔 Gwanggyo 绿色城；土耳其伊斯坦布尔泽奥陆生态城市；新加坡融合城市绿色摩天大厦；迪拜朱美拉花园公园大门；日本 XSeed4000 摩天巨塔）

（来源：作者根据百度图片整理）

5.4.2　空中花园生态环境

建筑屋顶界面平均占地上建筑全部外界面的 20% 左右，屋顶绿化带来的不仅是热工性能的改善，还为人们提供了建筑中的户外活动场所[①]。总的看来，在注重生态环境营造以及当今建筑大型化与高层化的趋势下，空中绿化设计已经是大势所趋。首先，在相应的建筑法规上确立了许多鼓励措施；其次，在应用技术上，屋面花园结构荷载、防水处理、防根穿刺、防植物倒伏等技术难题已经得到解决，植物维护成本等问题也有所改善。随着无土化栽培、浅根植物、耐候植物等新技术、新物种的发展，立体空间化的建筑绿化方式将会得到更加普遍的应用。

目前，国外建筑师在空中建筑绿化技术方面走在前面。例如日本的福冈大厦、东南亚的杨经文和欧洲的诺曼·福斯特的高层生态塔楼探索实践等等。2010 年上海世博会各国建筑师让我们亲身感受到立体绿色建筑的魅力，例如绿色建筑表皮的法国馆，从屋顶到墙面全部覆盖着绿色的植物，给人以非常清新自然的形象（图 5-21）。

再如，由诺曼·福斯特设计的德国法兰克福商业银行总部大楼，三角形平面大楼在每侧立面不同高度上设计了多个通高几层的空中花园，空中花园布满绿色植物，营造了空中立体的绿色空间，既改善了室内环境小气候，同时也营造了自然轻松的空间氛围（图 5-22）。

① 费双，魏春雨．建筑界面的绿色营造 [J]. 中外建筑，2012（02）．

(1) 日本福冈 ACOSS 大厦　　(2) 新加坡展览大厦

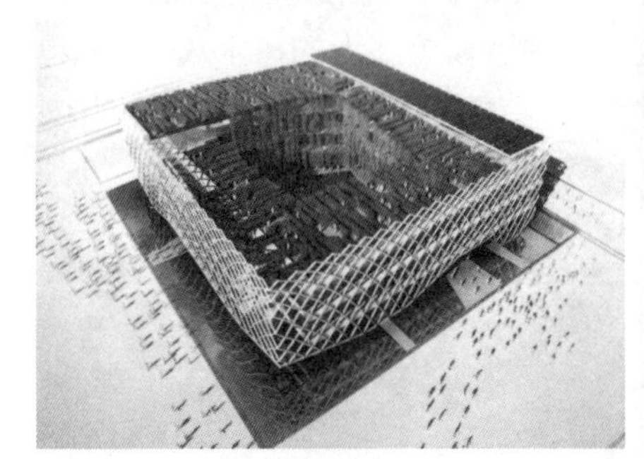

(3) 上海世博会法国馆

图 5-21　国外建筑师设计的空中花园建筑

(来源：百度图片 http：//image.baidu.com)

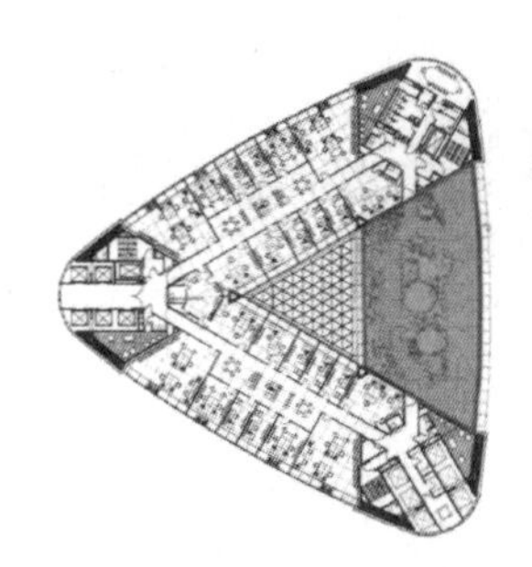

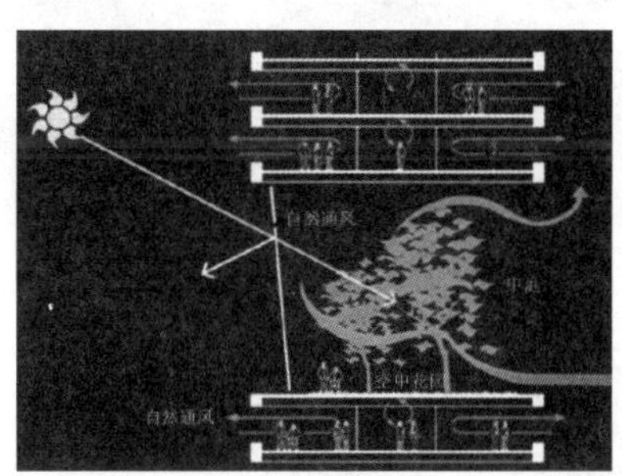

图 5-22　德国法兰克福商业银行总部大楼中庭

(来源：李华东 . 高技术生态建筑 [M]. 天津：天津大学出版社，2002.)

当代岭南建筑在空中花园绿化方面虽然还处在起步阶段，但近年来已经开始在许多作品中应用。例如，位于华南理工大学校内的何镜堂建筑创作工作室，是由一组建于 20 世纪 30 和 70 年代的旧别墅建筑更新改造而成。该项目在注重保护历史文脉的基础上，充分贯彻了生态性的改造策略，保留了原有高大的乔木，将原场地的绿化进行整合升级改造。特别是在屋面绿化隔热方面，考虑到旧建筑的结构荷载能力限制以及维护问题，采用了可移动式佛甲草屋面绿化植被做法，使立体化的绿化环境与屋面隔热节能效果有机结合。佛甲草屋面绿化植被种植土层很薄，只需几厘米，不需浇水和打理也能够自然生长，可移动的单元式块状草皮布置灵活性很强，因此非常适合旧建筑的屋顶绿化改造（图 5-23）。

再如广州的太古汇广场，这是一个集商场、文化中心、餐饮娱乐、酒店、办公等功能于一体的城市综合体建筑。由于地处商业中心区，该建筑占地密度很大，在地面层标高上几乎没有留出绿化空间。作为一种补偿措施，在三层商业裙楼屋面上设置了一个完全向公众开放的屋顶花园，通过室外阶梯和电动扶梯与街道地面层直接相连。屋顶花园采取在屋面结构层上再架空的处理方式，既解决了屋面复杂的设备管线铺设和检修难题，同时也可以在局部位置增加种植覆土厚度，使种植较为高大的树木成为可能，丰富了植物的配置与可观赏性。由于增加了架空层，这种绿化屋面在隔热保温方面的性能比传统做法更加优越（图 5-24）。

图 5-23　何镜堂建筑创作工作室屋面绿化

（来源：华南理工大学建筑设计研究院）

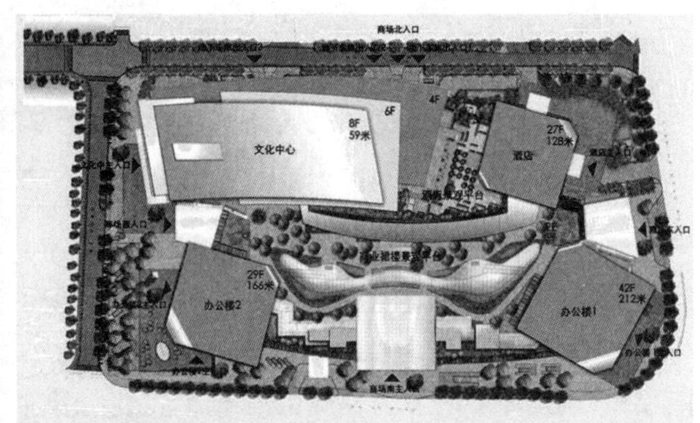

图 5-24　广州的太古汇屋顶花园

（来源：南方建筑 2013（3）.）

随着政府对绿色建筑的大力倡导，屋顶绿化花园作为绿色建筑的一个重要设计选项，成为近年来许多大型公共建筑的必做项目，这对推动屋顶生态绿化环境设计的普及起到了积极的作用。比较出名的如深圳万科中心、广州图书馆、广州市南越王宫博物馆、深圳证券交易所等项目（图 5-25 ~ 图 5-29）。

图 5-25　深圳万科中心屋顶绿化

（来源：城市环境设计 2013（06）.）

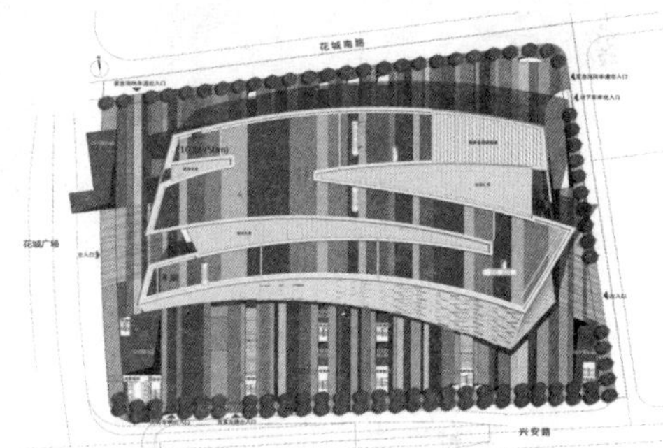

图 5-26　广州图书馆屋顶绿化

（来源：2015 年广东省优秀工程勘察设计奖评选项目文本）

图 5-27　广州市南越王宫博物馆屋顶花园

（来源：2015 年广东省优秀工程勘察设计奖评选项目文本）

图 5-28　深圳证券交易所屋顶花园

（来源：2015 年广东省优秀工程勘察设计奖评选项目文本）

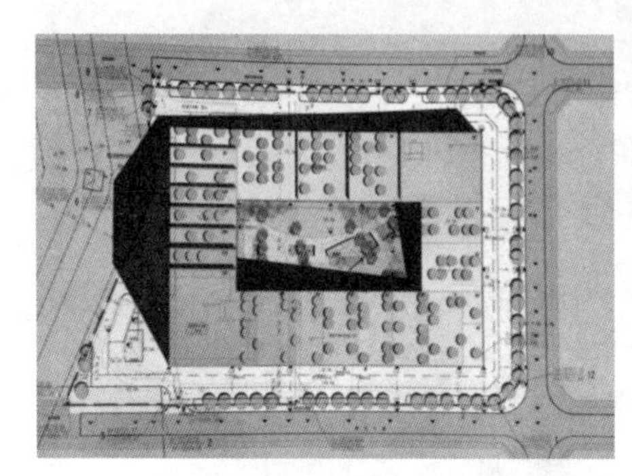

图 5-29　深圳深业·泰然大厦屋顶花园

（来源：2015 年广东省优秀工程勘察设计奖评选项目文本）

5.4.3　垂直绿化生态环境

建筑垂直生态环境主要指种植在墙面、窗体、遮阳构件等空中垂直建筑界面上的绿化植物。垂直绿化不但可以美化建筑立面，彰显建筑的生态特质，还可以有效遮挡太阳光对垂直建筑界面的辐射，起到较好的遮阳隔热作用，同时这些植物也能对附近的建筑空间起到一定的环境蒸发降温作用。测试数据表明，在夏季强烈的太阳辐射下，被植物覆盖的建筑外墙比无植物覆盖的建筑外墙平均温度低 3℃左右[①]。

传统式绿化墙面一般利用阳台、楼板等进行绿化种植，目前常见的建筑立面立体绿化可分为藤蔓式、模块式和铺贴式三种类型。

其中模块式种植箱装配式绿化墙面作为一项新型的绿色建筑技术，施工简单灵活、方便更换，在近年来受到很多关注，并在一些政府投资建设的项目中开始试验性的应用。如深圳国际低碳城首期建筑的立面垂直绿化

① 房智勇 . 建筑节能技术 [M]. 北京：中国建材工业出版社，1999：168.

(图 5-30)。但笔者认为，这种墙面绿化方式在技术上并未完全成熟，特别是在植物配置与维护方面仍然存在许多问题，因此，目前的实际应用还是示范性质,离大量推广应用还有距离。另外,即使等到其技术问题完全解决，由于种植箱尺度有限，只能种植较小的花草植物，因此，它的景观作用远大于它在建筑气候适应性方面的作用，而且在建筑气候适应性方面的作用主要还是限于墙面的遮阳隔热，而在环境降温方面的作用非常有限。再加上这种方式对建筑采光影响很大，因此，其真正的推广应用还是限于建筑实体墙面上。

图 5-30 深圳国际低碳城首期建筑立面垂直绿化

（来源：作者拍摄）

在高层建筑垂直生态环境创作设计方面，马来西亚建筑师杨经文的实践探索非常值得关注。他的主要策略是在高层建筑外立面上设计许多内凹的平台空间，通过在平台上种植丰富的植物，使其成为一个个绿意盎然的空中小花园，这些花园紧密相连，从而使整座高层建筑从外观上看犹如一根表面爬满绿色植物的大柱子，令人印象深刻。这种设计策略就像在建筑各个层面上设计了许多阳台或屋面小花园，主要还是运用较为简单传统的方式进行绿化种植，在技术上简单易行，还可以种植较为大型的乔木植物，因而其绿化效果非常丰富，遮阳隔热和环境降温作用也非常明显。可是，在当代岭南建筑的实际应用中，这种植物界面方式就像室内绿化花园一样，要牺牲一定的楼面建筑面积，由于现行建筑法规的限制，同样会因为占用了建筑容积率而难以推广。但毕竟这种植物界面方式无论是从景观美化还是气候适应性方面均效果显著，因而必将成为未来的主要发展趋势。所以相信政府管理部门在不久的将来会逐渐调整相关管理法规，让其得到更广泛的推广应用。

例如，由深圳建科院设计的清华大学深圳研究生院就采用了杨经文式的植物界面设计策略。它将墙面绿化与空中庭院有机融合，在立面上错层设计了大量悬挑绿化平台，除了遮阳隔热和环境降温作用外，也使高层办公空间更加亲近自然，同时在外观形象上彰显了建筑的生态特质[①]（图5-31）。

图 5-31　清华大学深圳研究生院创新基地立体绿化设计效果图

（来源：张炜，周筱然，彭佳冰 . 高校理工科高层综合实验楼绿色建筑设计策略——清华大学深研院创新基地项目绿色设计 [J]. 建筑技艺，2013（02）.）

5.5　本章小结

建筑周边的绿化水体具有环境降温作用，自古以来都是岭南建筑气候适应性的重要策略，在当代大力提倡可持续发展理念的背景下，与自然生态环境紧密结合、重视生态环境营造更加成为建筑创作设计中的重要问题和发展趋势。因此，对于建筑生态环境的研究成为当代岭南建筑气候适应

① 张炜，周筱然，彭佳冰 . 高校理工科高层综合实验楼绿色建筑设计策略——清华大学深研院创新基地项目绿色设计 [J]. 建筑技艺，2013（02）.

性创作策略研究的重要内容。

本章以“整体观”核心思想为指导，分析了与生态环境相融合的传统岭南建筑特点、生态环境在岭南建筑气候应对中的环境降温作用，以及在当代可持续发展理念下重视建筑生态环境营造的发展趋势，并在此基础上充分结合丰富的当代建筑创作实例，从建筑外部生态环境、建筑地面生态环境、建筑立体生态环境三个方面分类分析研究了当代岭南建筑气候适应性创作的生态环境策略。

建筑外部生态环境策略包括了自然山水生态环境因借策略和城市人工生态环境因借策略。大自然的山林、海洋、河流、湖泊等生态环境因素规模宏大，对于局地气候的影响明显，因借自然山水生态环境是传统岭南建筑环境降温的主要策略。但是随着当代城市化的急剧发展，城市范围的不断扩大，使得大部分建筑与自然山水相隔离。因此，需要通过规划设计手段，拓展城市人工生态绿化水体，以发挥其环境降温作用。

建筑地面生态环境策略包括了室外生态环境策略、架空层生态环境策略和室内生态环境策略。在当今多元化的设计倾向和现代技术的支撑下，地面生态环境营造也呈现多样化的趋势。传统的园林化室外生态环境策略仍然是最为简单易行的方法；但在室外用地紧张的高密度的城市环境中，架空层生态环境策略和室内生态环境策略成为有效的补充方法。

建筑立体生态环境策略包括了空中花园生态环境策略和垂直绿化生态环境策略。当代建筑高层化与大型化的趋势对建筑生态环境营造提出了立体化要求。立体绿化占地面积少，可用空间大，具有很大的发展潜力。立体绿化具有增加绿化面积与景观美化作用，还具有良好的隔热保温和环境降温性能，可以改善局部环境微气候，减缓城市的热岛效应。近年来，随着建筑结构与材料技术的进步，建筑立体绿化设计必将逐渐得到广泛的推广应用，成为未来的重点发展方向。

第 6 章　当代岭南建筑气候适应性创作的技术策略

6.1　当代岭南建筑气候适应性创作的技术观

6.1.1　建筑技术双刃剑

人类生产工具的发展经历了石器时代、铜器时代、铁器时代、蒸汽机时代、电子时代以及当今的数字时代。从最原始的穴居、巢居，到今天的现代建筑，人类建筑技术的发展由简单低级到复杂先进，经历了由原始技术、生土技术、传统技术到现代技术、数字信息技术的漫长发展过程。

《北京宪章》指出：技术是一种解放的力量。从原始技术到今天的现代技术，技术有先进与落后、高级与低级的区分，这是从技术能够帮助人类改造自然、征服自然的力量大小的角度来评价的。经过数千年对先进技术的不懈追求与发展积累，如今的我们已经获得了空前强大的改造自然的能量，技术发展不但极大地改变了人类的生活，同时也大大改变了人和自然的平衡关系。

20 世纪 50 年代后，空调设备开始广泛应用到建筑中，建筑完全依赖机器设备精确调节室内气候，创造与自然隔离的令人感觉极端舒适的人工环境空间。这种方式虽然使人们获得了前所未有的舒适环境，但却是以消耗大自然有限的不可再生资源为代价，体现了人对自然的凌驾和破坏。现代工业化的急剧发展导致了全球性的环境危机和能源危机，人们赖以生存的基本条件受到了冲击，引起了全世界对环境保护问题和人类发展模式问题的高度重视和思考。

20 世纪 80 年代，现代可持续发展思想的提出让人类重新审视人与自然的关系，从人类征服自然的豪情中重新回归到人与自然的和谐共融，这是人类环境意识发展的一个新的里程碑，对全球政治、经济、社会和文化等各个领域产生了深远的影响。

当人们意识到对自然环境与资源无止境的破坏与利用终将危及人类生存的时候，人们也深刻地认识到，技术其实也是一把双刃剑。

6.1.2　基于整体观的适度技术选择

如果按层级来分，“技术”一般可分为低技术、高技术和中间技术三种类型。

1973年，英国经济学家舒马赫（E·F·Schumacher）在其名著《小的是美好的》中，反对使用高能耗的高新技术，提倡尽量使用太阳能、风能、水能和生物能等可再生能源的“中间技术”，或称“适宜技术”。这是在可持续发展观产生的背景下对技术盲目崇拜思想的批判性反思。适宜技术并不是指一种新的技术，而是指在对应特定环境条件下，用最小的资源给应用对象带来最大效益的技术选择。适宜技术可以是先进技术，也可以是低级技术，或者是多种技术的混合。适宜技术的选择强调了技术的经济性、可行性和适用性，综合体现了技术的生态效益与社会效益的整体价值。

中间技术（或称适宜技术）并不是指介于低级和高级之间的“中间级”技术，而是以最小的资源换取最大效益的技术选择。低技术一般指地域传统建筑所运用的成熟技术，具有技术简单、成本低、适应性较强的特点，但是使用效果和精确度不能尽如人意。高技术一般指当下较为前沿的高新技术，其初始投入及使用维护成本较高，但能获得相对精准的使用效果。适宜技术则是兼顾低技术和高技术的特点，在一定的条件下，通过恰当的技术选择或最优化组合来达到人与环境的协调发展。

适宜技术可以是单纯的传统建筑低技术，如印度建筑师查尔斯·柯里亚的“管式住宅”；适宜技术也可以是单纯的高技术，如迈克尔·霍普金斯、尼古拉斯·格雷姆肖和诺曼·福斯特等西方“高技派”建筑师们在建筑中使用的再生能源技术、数字技术以及智能化的精确监控和感应技术；当然，适宜技术也可以是低技术和高技术的混合，如马来西亚建筑师杨经文的生物气候建筑，同时运用当地传统建筑技术和高技术手段来达到建筑生态目的。

技术因素对建筑的影响非常巨大。建筑技术是建筑得以实现的物质基础和手段，人类的技术水平总是处在不断的发展进步当中，不同的技术造就了不同的建筑。虽然建筑气候问题不能简单地视为技术问题，但建筑气候问题必须通过建筑技术措施来解决，在建筑技术多元发达的今天，如何选择和运用合适的建筑技术手段，是应用建筑适应性策略无法回避的问题。建筑气候适应性的核心目的是满足人的舒适性要求，而这种舒适性的程度是相对的，需要相应的技术作支撑。技术应用与经济投入密切相关，受到地区经济发展水平的制约。所以，在研究建筑气候适应性问题时，技术的选择必然要与本地区的经济与技术发展水平相适应，进行整体考虑。

岭南建筑历经了从原始建筑、传统建筑到现代建筑的发展，建筑技术的发展也历经了由低技术到高技术的全过程。而且，由于从古至今岭南文化对外来文化的开放性与兼容性特点，岭南建筑技术也具有了丰富性与多元性的特点。岭南建筑气候适应性的整体观表明，岭南建筑气候适应性策略受到技术因素的影响，是与一定的技术发展水平相适宜的。因此，在运用建筑气候适应性策略时，要应用适宜的建筑技术，强调多种技术层级的优化整合，充分发掘传统技术的潜力，同时改进和完善现有技术，并恰当选择当代的高新技术手段，共同创造人与自然和谐共融的环境空间。

6.2 当代岭南建筑气候适应性创作的总体技术策略

6.2.1 建筑气候适应性创作的总体技术策略

自然气候是随着地点和时间的不同而变化的，在大多数情况下，建筑室外的自然气候与建筑室内热舒适环境之间总是存在着或冷或热的差异，建筑气候适应性的核心问题就是要缩小两者之间的差异，这就需要运用一定的建筑技术手段与方法进行调节。

通常我们按照技术水平的高低将建筑技术划分为低技术、中间技术和高技术。这种划分是相对的，低技术一般指传统成熟技术，高技术一般指当代较为前沿的新技术，中间技术一般指介于前两者之间的技术。技术并非是越新、越先进就越好，而是受到所在地区经济发展水平的制约。因此，技术种类的选择应用一定要与本地区的经济与技术发展水平相适应。另外，如前文所述，技术也是双刃剑，先进技术也可能带来许多不利影响，在实际应用中要注意从整体角度权衡选择。

在有限的建筑技术水平的基础上，传统建筑气候适应性主要运用“被动式”的策略方式，即通过建筑本身形式的塑造、空间的组织与构造细部的处理等建筑手法来应对不利的自然气候因素。建筑物本身成为一个能量隔离控制系统，可以减少或促进建筑内部与外部的能量交换，从而降低外部不利气候条件的影响，改善建筑室内环境状况。这种调节机制对技术要求相对简单，但建筑室内舒适度较低，且受制于室外自然气候因素波动的影响，所以称之为被动式建筑气候适应性调节策略。

20 世纪中叶以后，建筑技术有了跨越式的发展，特别是空调技术设备的成熟应用，使得现代建筑气候适应性在“被动式”策略方式的基础上，增添了“主动式”策略方式，即利用空调等技术设备手段，主动创造出一个理想恒定的建筑室内热舒适环境。这种调节手段对技术要求相对较高，且完全不必受制于室外自然气候状况，只是根据人体舒适度要求进行主动控制调节，所以又称为主动式建筑气候适应性调节策略。

被动式建筑气候适应性调节策略是以一种利用自然潜能的低技术的调节路线，是以无能耗或低能耗手段去适应环境，其理念本质上是生态的、和谐的；而主动式建筑气候适应性调节策略需要通过环境设备进行调节，是通过高耗能手段创造出新的热环境的高技术的调节路线，其理念本质上是非生态的、不和谐的。在可持续发展观念已经成为全人类共识的今天，大力提倡发掘利用生态节能手法，尽量运用被动式建筑气候适应性调节是非常必要的。

但是，毕竟传统的被动式建筑气候适应性调节的建筑室内舒适度并不理想，无法完全满足当代日益提高的生活水平的要求，因此，在经济和技术条件许可的情况下，主动式建筑气候适应性调节策略仍然是有必要的。另外，根据适度技术理念，可以采取被动式建筑气候适应性调节策略与主动式建筑气候适应性调节策略相结合的方法，这样既可以在传统低技术和高技术应用的经济性之间找到平衡点，也可以兼顾解决可持续发展与舒适性要求之间的矛盾。因此，在一定的技术与经济发展水平下，被动式与主动式相结合的建筑气候适应性调节策略应该是一个更具灵活性与适应性的选择。

综上所述，建筑气候适应性的总体技术策略可以分为三种，分别是：低技术的被动式建筑气候适应性策略、高技术的主动式建筑气候适应性策略、中间技术的混合式建筑气候适应性策略。

在进入 21 世纪后，在经济技术水平提高与人们对更高的建筑热舒适度的追求下，主动式与混合式的气候适应性调节方法得到普及应用。但是，也有相当一部分建筑师忽略了低技术的被动式建筑气候适应性调节方法，把建筑气候问题完全交给了设备工程师，让他们通过机器设备来解决，设计出一大批严重脱离岭南地域气候要求、外观华而不实的作品。这不但对自然环境资源造成严重破坏与浪费，也使得我们的城市面貌失去了地域特色，因此，应该引起我们的深刻反思。

6.2.2 低技术的被动式气候适应性策略

低技术是传统地域建筑的技术特点，成本低、技术简单、区域适应性强。通过对传统地域建筑技术的适度改进，也可以用来解决现代建筑的气候适应性问题。特别是在经济技术都相对落后的地区，低技术的被动式气候适应性策略具有积极的现实意义，甚至可以创造出极其优秀的现代建筑作品。

如埃及的著名建筑师哈桑·法赛（Hassan Fathy），被公认为是运用低技术进行气候适应性建筑设计的代表。他借助现代物理学等相关学科的成果，对传统建筑技术进行重新评估，进而提出了经过更新改造的基于传统低技术的建筑设计策略，设计出很多经济性强、适应当地气候环境的建筑。再如印度的著名建筑师查尔斯·柯里亚（Charles Correa），他基于印度炎热的气候，专注于从印度传统建筑中发掘有效的低技术策略，总结出“向天开放”“管式空间”等空间组织模式，并成功运用到许多低造价的现代建筑作品当中。

岭南建筑一直继承和发展充分利用自然气候规律的被动式气候适应性

调节方法。在20世纪中下叶岭南建筑实现现代转型的过程中，以夏昌世、莫伯治等为代表的老一辈岭南建筑师，在传统建筑气候适应性的现代应用创新方面完成了大量的成功实践，在岭南地区甚至全国产生了巨大的影响，后来有很多岭南建筑师继续坚持这种富有特色的可持续发展的创新方法。

案例分析1：何镜堂建筑创作工作室

何镜堂建筑创作工作室位于华南理工大学校园内，由6栋1930年代老中山大学时期的教授别墅和4栋1970年代建成的双拼别墅组成。为更好地保护和利用这组历史建筑，学校将其作为何镜堂院士建筑创作研究基地并进行更新改造。改造以“整体观”“生态观”为原则，注重环境空间的整体品质及对岭南气候适应性的考虑。

在总体布局设计上，更新改造以“整体观”为原则，保留了原有自然错落、与地形结合的自由布局。在此基础上，再适度加建，在外部空间的关键位置嵌入新的建筑体量，使各独立建筑之间建立必要的空间联系，同时划分和围合出丰富的庭园空间。更新改造把植根于岭南地域气候和文化环境的岭南庭园作为设计重点，通过整合零碎的绿地使其成为一个完整的中央庭园共享空间，并在中间部位加入通透的连廊和一个透明的讨论室，将过于狭长的庭园分隔为前后两个院落空间。在生态环境方面除了保留了原有的高大乔木，还增添了果树花卉、锦鲤鱼池等绿化园景设计，从而形成因地制宜、通透流动、收放有序、绿意盎然的新岭南庭园空间（图6-1）。

在岭南气候适应性设计上，更新改造以“生态观”为原则，主要通过借鉴传统岭南建筑策略方法，运用低技术的被动式气候适应性策略达到生态节能的目标。

首先，在自然通风设计方面，充分利用原有的分散式总体布局，在东南向建筑之间采用通透式连廊进行连接，尽量保留了南、北各建筑之间的缺口，作为建筑群体的进风口和出风口，保证引入良好的外部风环境状况；庭园中部新加建的功能用房也考虑了风道走向，不会阻断夏季主导风穿透中心庭园，有效引导了自然通风。本项目在通风设计中通过利用计算机模拟庭园的风环境来优化设计。该模拟结果显示：在夏季主导风向下，建筑组团内部庭院及周边人行区内不存在大面积的弱风区，保证了夏季在室外休憩、活动时的热舒适状况；在东南向各工作室单体之间设置开口，有利于夏季穿堂风的形成，为室内引入自然通风降温创造了条件；夏季建筑组团内行人高度（1.5m高）的平均风速约为1.05m/s，为舒适风速范围内。①

① 何镜堂，等．一组岭南历史建筑的更新改造——何镜堂建筑创作工作室设计思考[J]．建筑学报，2012（08）．

图 6-1 何镜堂建筑创作工作室

（来源：华南理工大学建筑设计研究院）

其次，在遮阳隔热设计方面，尽量利用原有保留的高大乔木，有效遮挡了夏季强烈阳光对建筑物与庭院空间的辐射；在所有建筑屋顶上采用了可移动式佛甲草绿化屋面，种植土层薄、无须浇水打理、灵活性强的佛甲草绿化屋面非常适合这种改造项目，同时达到了生态环境立体化与屋面隔热节能的双重效果。在建筑单体遮阳设计中采取了灵活的遮阳策略，除了尽量利用植物遮阳外，还通过设计连廊、阳台等凹空间形成建筑立面的有效遮阳，并在部分向阳建筑立面上设计了固定遮阳百叶和遮阳篷等多种遮阳设施，从而达到良好的综合遮阳效果。

再次，在环境降温设计方面，积极借鉴传统岭南园林手法，建筑组团内部庭院不但保留了原有高大的乔木，还增添配置了大量的果树花卉，并在庭院中间设计了锦鲤鱼池等水体设施，大量丰富多样的生态绿化配置确保庭院与建筑能够获得良好的生态环境降温效果。

由于出色的整体环境空间品质以及对岭南气候特点的积极应对，该项目获得了 2012 年首届岭南特色建筑设计金奖。

案例分析 2：深圳大学师范学院教学实验楼

深圳大学师范学院教学实验楼位于深圳大学正门的北侧。该项目在空间设计组织上充分利用了地形高差，将整座建筑形体化整为零嵌入地形，由南向北形成层层退台，结合多样的架空层与庭院设计，创造了变化丰富的开放性空间形态。在高容积率的条件下，这种分散、开放性的建筑形态不但显得更加亲切宜人，同时也使建筑更好地融入自然，非常适应岭南的湿热气候特点（图 6-2）。

图 6-2 深圳大学师范学院教学实验楼总平面图及实景照片

（来源：覃力．深圳大学师范学院教学实验楼 [J]. 城市・环境・设计，2012（05）.）

该项目在设计中充分运用了低技术的气候适应性设计策略，主要通过建筑形态空间方面的设计策略来控制建筑的太阳辐射得热以及促进自然通风。

在促进自然通风设计方面，主要采用分散式的体量组合，通过营造开放性的空间系统、增大建筑的透风系数来增强建筑的自然通风能力。建筑底层设计了灵活多样的架空层与庭院；立面结合功能和造型要求局部断开留出通风洞口；在剖面设计中水平方向的架空层与竖直方向的庭院及平台空间相互交织，联成一个整体贯通的自然通风空间系统。由于建筑在各朝向均设置一定比例的通风洞口，在市区风向多变的条件下保证了自然通风顺畅，不但盛行风可以顺畅地穿越建筑群，在静风条件下，也能依靠不同空间和高度的气温差形成较好的热压通风。CFD 软件模拟结果表明，在盛行风条件下，庭院 1.5m 标高处的平均风速为 1.95m/s；而在静风条件下，庭院 1.5m 标高处的风速最高达到了 1.5m/s[①]。实测数据表明，在最炎热的夏天，建筑室内温度比室外温度降低了 2℃左右[②]。

在控制建筑的太阳辐射得热方面，一方面，通过分散体块的密集式布局组合，控制庭院的空间尺度，形成建筑体块之间对阳光的相互遮挡。庭院空间的高宽比较大，使其在夏季也能处于建筑阴影遮挡之中，大大减少了庭院内部的太阳辐射得热。另一方面，通过立面设计和构造材料来控制太阳辐射得热。立面大量采用了百叶遮阳和挡板遮阳两种形式的外窗遮阳技术措施，减少通过外窗的辐射得热。教室和实验室部分的东、南、西三个外立面采用铝合金方通形成水平百叶遮阳，办公部分采用木质挡板式遮阳的复合墙体，有效遮挡了太阳辐射，并充分保证了室内视野（图 6-3）。

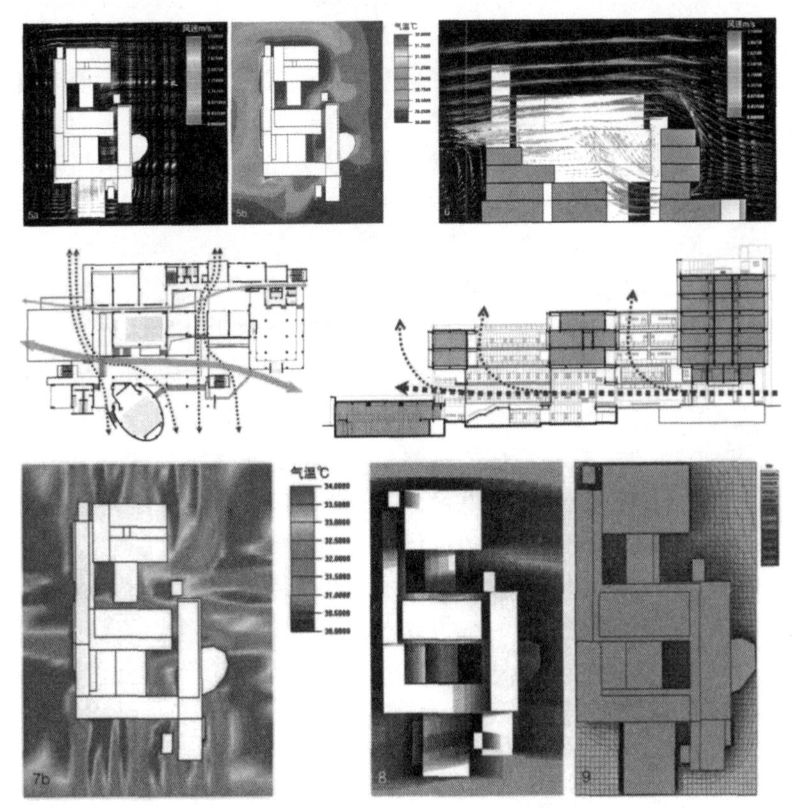

图 6-3　深圳大学师范学院教学实验楼通风及温度分析图

（来源：袁磊，覃力 . 结合气候的生态设计——以深圳大学师范学院教学实验综合楼为例 [J]. 新建筑，2011（03）.）

---

① 袁磊，覃力 . 结合气候的生态设计——以深圳大学师范学院教学实验综合楼为例 [J]. 新建筑，2011(03.)

② 覃力 . 深圳大学师范学院教学实验楼 [J]. 城市 · 环境 · 设计，2012（05）.

此外，该项目也运用了生态环境降温策略，通过在架空层、庭院和屋面等部位设计绿化与水面，再加上通透的建筑对周边良好的校园绿化环境的因借，因而获得了较好的生态环境降温效果。

值得注意的是，正是在设计之初校方要求限额设计，使该建筑采用了低技术的被动式气候适应性技术策略。通过采用廉价的建筑材料和平实的设计手法，该建筑的造价控制在 1800 元 /m^2 之内，在朴素和简约的造型设计中达到了良好的气候适应性及节能效果，同时也表现出一种平实简朴的建筑效果与审美价值。①

6.2.3 高技术的主动式气候适应性策略

对先进科学技术的崇尚和追求是技术进步及人类社会进步的基础，更是人类智慧与力量的集中体现。在建筑领域也不例外，表现技术发展、讲究技术精美一直是一个重要的现代建筑设计思想。在 20 世纪七八十年代的西方发达国家，高技术在建筑领域开始得到推广应用，极大地丰富了建筑的外观与内涵。高技派建筑师打破了传统建筑单纯从建筑美学角度表现建筑艺术的框限，将各种高新技术融入建筑艺术之中，使技术与艺术统一起来，开创了以技术为创作着眼点的高技派建筑设计路线，并迅速演变成一种具有国际性影响的样式。

在提倡可持续发展理念及建筑生态化的背景下，高技派建筑师在创作设计中也十分关注气候适应性问题，高度关注建筑与气候环境的关系，强调运用高新技术手段使建筑对气候作出更理想的回应，利用高技术手段解决建筑气候问题。

高技术的主动式气候适应性策略注重提高建筑技术效率，主动采用先进技术和新型材料，应用于建筑设计、建造以及使用过程中的监控和智能化的感应和调整，以此来提高建筑环境的舒适度与精确度，并同时确保建筑物在使用过程中能源的高效利用。虽然高技术的应用在建筑前期的一次性投入较大，在使用过程中的维护成本也较高，但因为其具有环境控制精确、能源利用效率高的优点，在气候适应设计及建筑节能方面的效果还是很明显的。再加上对高技术的崇尚和追求，因此，在经济条件允许的情况下，高技术的主动式气候适应性策略仍然具有广阔的发展应用空间。

由于社会经济技术发展水平的局限，总的来说，现代岭南建筑在高技术运用方面还处于初探阶段，但在某些中外合作设计的项目中，也走出了较为成功的一步。

---

① 覃力 . 深圳大学师范学院教学实验楼 [J]. 城市・环境・设计，2012（05）.

案例分析：广州珠江城大厦

珠江城大厦位于广州珠江新城核心地带，高度为309m，由美国SOM建筑事务所与广州市设计院共同承担设计。项目采用了多项国际领先的高科技建筑节能技术，是一座名副其实的现代高科技摩天大楼。该项目采用的高技术性能的节能技术措施主要包括：智能型内呼吸式幕墙连遮阳百叶、日光响应控制、风力发电、太阳能发电、辐射制冷带置换通风、高效空调系统与能量回收技术、输配电系统节能高效节能光源灯具、智能控制系统等。在气候适应性方面，该项目主要运用了高技术的主动式气候适应性策略。

在通风设计方面，珠江城大厦重点关注建筑外部的风环境问题。由于超高层建筑的风速会随着建筑高度变化而发生质的变化（如果地面高度10m处的地面风速为3m/s，高度超过100m时风速达到4m/s，200～300m时最高风速可达5m/s以上），高空中强烈的风速不但难以利用，相反还会成为不利因素。因此，超高层建筑的自然通风设计是一个世界性难题。珠江城大厦通过独特的体型以及高空体量上的大开口设计，有效降低了高空中的高风速对超高层建筑结构的不利影响，同时也保证了本区域内良好的外部风环境状况，尽量减小自身风影对后面建筑的影响（图6-4）。同时，通过在建筑高空体量上的2个大开口内设置一体化的风涡轮发电机，也很好的利用了亚热带地区丰富的风力资源，实现无能耗、无污染的风力发电。①

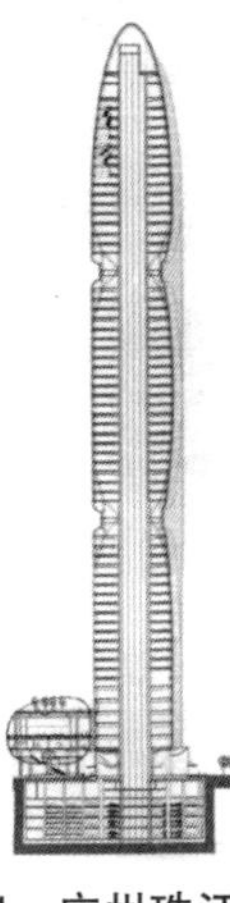
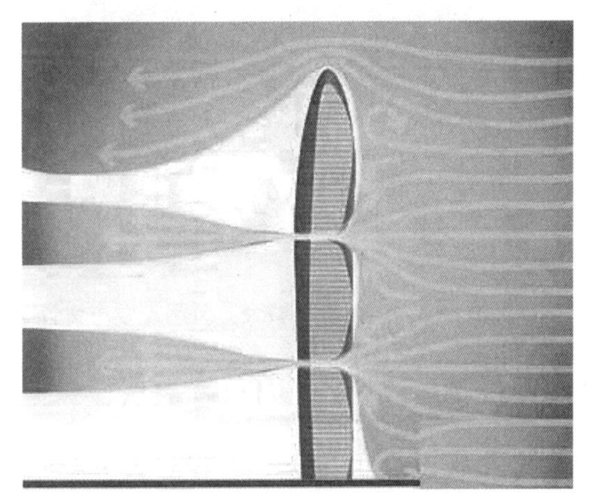

图6-4 广州珠江城大厦效果图、剖面图及通风分析图

（来源：黄惠菁，马震聪.珠江城项目绿色、节能技术的应用[J].建筑创作，2010（12）.）

① 黄惠菁，马震聪.珠江城项目绿色、节能技术的应用[J].建筑创作，2010（12）.

在建筑界面的遮阳隔热设计方面，针对亚热带气候的特点，珠江城大厦采用了300mm宽的单元式双层内呼吸幕墙以及智能遮阳技术。这种新型复合的建筑外围护结构是一个可以操纵光、热、空气、声等流动的智能型建筑外皮系统。在双层幕墙空腔内的铝合金遮阳百叶可以进行统一智能控制，实时追踪阳光以实现不同角度遮阳，或根据外部气候条件变化情况与室内空间需要调节角度与高度，既可以遮挡强烈的太阳光对室内空间的直接辐射，降低室内得热，消除临窗外区的高辐射与眩光带给人的不适感，同时也能通过间接反射将柔和的自然光引入办公室深处，从而大大增强了遮阳和采光的综合效果和灵活性，并节约了人工照明的能耗。

此外，珠江城大厦的建筑外立面全部采用了高遮阳系数的Low-E中空玻璃，其中，南、北立面玻璃的遮阳系数为0.77，可见光透射比为85%，东、西立面玻璃的遮阳系数为0.5，可见光透射比为50%，大大提升了玻璃本身的遮阳性能。另外，在太阳辐射比较严重的东、西立面还设计了固定的通风式遮阳板与光伏遮阳板，在发电的同时也提高了建筑不利部位的遮阳效果（图6-5）。

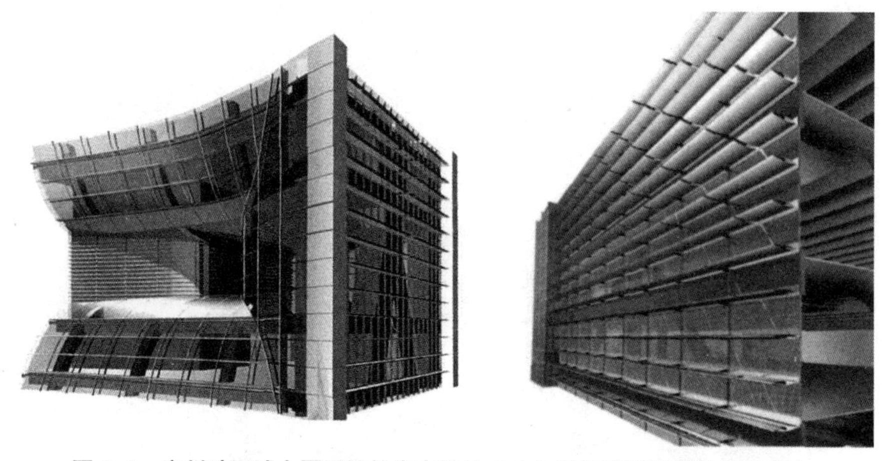

图6-5 广州珠江城大厦风涡轮发电设计（左）及智能型建筑外皮（右）

（来源：黄惠菁，马震聪．珠江城项目绿色、节能技术的应用[J]. 建筑创作，2010（12）.）

珠江城大厦通过采用高技术的主动式气候适应性策略，在营造高舒适度环境空间的同时也取得了较好的综合节能效果，还创造了新颖独特的高技派建筑美学造型，成为一座将建筑艺术与生态技术融为一体的摩天大楼。但是另一方面，这种高技术策略所需的昂贵经济投入也不容忽视。在当前我国经济技术发展水平的背景下，这种高技术应用项目因为经济投入高，一般多在政府和外资项目中进行试探性尝试。

6.2.4 中间技术的混合式气候适应性策略

中间技术一般指介于高技术和低技术之间的技术，所以往往高技术和低技术兼而有之，甚至出现综合多种技术的整合使用，其使用的主要目标是根据本地区的经济与技术发展水平，尽量选择与之相适宜的技术或技术组合，用最小的资源来换取最大的社会效益。

技术的效益涉及技术应用的投入与产出两方面，在通常情况下，技术层级越高，它的能力就越强，产出就越大，高技术比低技术的产出要大；但另一方面，因为高技术往往是比较新、比较前沿的技术，它的初始成本和使用成本要比成熟的低技术高很多，因此综合权衡看，高技术的效益通常要比低技术的效益小。在技术应用中为了取得最佳的技术效益，要在技术应用的投入与产出中寻找一个平衡点，这个平衡点与技术应用地区的经济与技术发展水平密切相关。目前我国的经济与技术发展水平还处于中等水平，所以，各种不同程度的中间技术比较适合我国的国情，是我们最为惯常的选择。对于当代岭南建筑气候适应性创作的技术策略应用来说，中间技术的混合式气候适应性策略的应用也是最为广泛的。

应该注意的是，中间技术并不是要排斥高技术或者低技术，可以通过把高技术与低技术组合成为中间技术，或者通过单纯对引进的高技术或者传统的低技术进行针对性改造，得到适合本地区的中间适宜技术。所以，在应用中间技术的混合式气候适应性策略的实践中，可以根据实际情况灵活选择各种技术措施。当代岭南建筑的技术发展水平一直在快速提升，因此也要重视高新技术的推广应用。

案例分析：深圳建科大楼

深圳建科大楼位于深圳市福田区北部，是深圳市建筑科学研究院自建的科研办公楼。建筑高 12 层，总建筑面积约 1.8 万 m^2，包括了办公、科研、学术、地下停车及生活辅助设施等多种类的功能空间。

深圳建科大楼作为一座独立的高层办公综合楼，在造型空间设计上，其最显著的特色就是把多种类的功能空间通过立体叠加的方式组合在一起，不同的功能空间分别安排在不同的竖向空间体块中，各个空间体块的平立面及外围护构造都分别根据各自功能性质的需求进行针对性设计，从而形成了丰富独特的建筑形态（图 6-6）。

在技术设计应用方面，为了达到国家绿色示范建筑的设计目标，深圳建科大楼采用了 40 多项相对成熟的中间适宜技术，这一系列的技术充分结合独特的建筑功能体块需求，分布在建筑的各个部位中。在气候适应性方面，深圳建科大楼应用了中间技术的混合式气候适应性策略，其中涉及

图 6-6　深圳建科大楼效果图

（来源：深圳建科大楼项目设计文本）

的主要适宜技术措施有：

1. 在自然通风设计方面，整幢大楼在竖向上设计了底层与空中架空层，上部体量还一分为二成为两个相对独立的体块，从而促进了建筑外部的通风状况。上部办公功能体块设计成“凹”字形平面，既缩小了平面进深，又增加了通风面，并且室内还采用无隔墙的开放式大空间办公室，因此非常容易形成穿堂风。另外，在立面设计上根据室外风场规律进行了窗墙比控制，并根据室内空间的不同功能需求，分别采用了不同的外窗开窗形式，使室内环境获得舒适的自然通风。

2. 在遮阳隔热设计方面，根据不同建筑功能体块需求分别进行有针对性的外围护结构设计，不同部位分别采取了不同类型的建筑界面材料与界面形式。其中，在部分西南立面采用了透光比为 20% 的光电幕墙；而东立面、北立面和南立面均设计遮阳反光板等外遮阳措施；5 层及 5 层以下外墙采用挤塑水泥外墙板和装饰一体化的内保温结构，7 层以上外墙则采用加气混凝土砌块，外贴 LBG 金属饰面保温板。外窗玻璃部分采用遮阳系数 SC ≤ 0.40 的中空 Low-E 玻璃铝合金窗，屋顶采用了 30mm 厚 XPS 倒置式隔热构造，同时南北主要区域采用种植屋面。

3. 在生态环境设计方面，建科大楼在只有 $3000m^2$ 的用地里通过设计地面首层 6m 高的架空层绿化花园、空中绿化花园和屋顶花园等，营造出远远超过 $3000m^2$ 的生态“花园”；大楼的西立面还种植了绿色的爬藤植物，这些多样化的生态环境设计，使人们在更亲近自然的环境中工作，同时由于生态绿化具有降温作用，从而可以获得更加舒适的环境空间。[①]

得益于合理的建筑形态设计和有针对性的适宜技术应用，深圳建科大

① 袁小宜，叶青，刘宗源 . 实践平民化的绿色建筑——深圳建科大楼设计 [J]. 建筑学报，2010（1）.

楼取得了显著的气候适应性能及良好的绿色节能效果。数据统计表明，深圳建科大楼在过渡季节能够更有效地利用自然气候条件来创造适宜的室内环境，其全年空调能耗比深圳当地同类建筑平均水平低 50%。①

该项目在设计中应用了 BIM 技术，对项目进行了精细化协同设计，并利用计算机对太阳能、通风、采光、噪声、能耗等进行模拟分析、定量验证与优化组合。在运用了大量的绿色适宜技术的情况下，项目建设成本仍然控制在相对较低的水平（工程单方造价 4300 元 /m^2），建筑设计总能耗达到了国家绿色建筑评价标准三星级和美国 LEED 金级的要求，取得了较为突出的社会效益，较适合在我国南方地区推广应用。

6.3 当代岭南建筑气候适应性创作的具体技术应用

6.3.1 新型材料技术应用

随着科技水平的进步，近 20 年来建筑材料有了飞跃式的发展，新材料层出不穷、令人眼花缭乱。在如此多的新型材料中，从对岭南建筑气候适应性起作用的角度来看，主要是涉及建筑遮阳隔热的外层界面材料，其中主要包括新型轻型复合隔热材料以及具有隔热遮阳功能的新型玻璃材料两大类。新型轻型复合隔热材料一般用于屋面及不透明实体墙面等部位，对于建筑师的设计创作影响较小；而具有隔热遮阳功能的新型玻璃材料对于建筑外观造型效果影响极大，因而成为当代岭南建筑气候适应性创作策略关注的重要内容之一。

1851 年，约瑟夫·帕克斯顿为世界博览会设计了著名的“水晶宫”，开启了以玻璃为主要材料的建筑形式新纪元。由于玻璃的视觉透明性以及其平滑光洁的外观特性，符合现代建筑的设计理念与美学要求，使其一开始便成为现代主义建筑理想的外立面材料，并得到了早期现代主义建筑大师的大力倡导，现在已经成为现代建筑、特别是高层建筑最为普遍的界面材料。

随着当代技术的发展，玻璃材料在外观形式、颜色以及物理功能特性方面变得更加丰富，可以满足更多的艺术表现与复合功能需求。当代玻璃技术的发展使玻璃的种类变得异常丰富，但与建筑气候适应性相关的常用新型玻璃主要有以下几种。

1. 节能玻璃

建筑节能玻璃主要通过一定的工艺把普通平板玻璃的性能进行改良，使其增加对室外可见光和长波辐射的反射，或者减少向室外的辐射散热，

---

① 张炜．夏热冬暖地区绿色示范建筑的实践运营分析——以深圳建科大楼为例 [J]. 建筑技艺，2013(02).

以增加玻璃的保温隔热性能，减少室内外热量的交流，减少采暖和空调费用。目前，常用的建筑节能玻璃主要有热反射镀膜玻璃、吸热玻璃、中空玻璃、低辐射玻璃（Low-E 玻璃）等。

1）热反射镀膜玻璃：热反射镀膜玻璃是在普通平板玻璃表面用真空磁控溅射的方法镀一层或多层金属或化合物薄膜，能有效降低室外可见光和长波辐射的入射量，因而具备一定的隔热性能，适合太阳辐射强烈的热带气候地区建筑使用。但因其反射了一部分室外可见光，容易对周边建筑及城市环境产生光污染，所以通常会被城市规划管理部门限制使用。另外热反射镀膜玻璃也会明显降低室内的自然采光量，增加室内的人工照明能耗；热反射镀膜玻璃上的金属或化合物镀膜通常带有一定的颜色，会对建筑室内光色产生较为明显的影响，不符合对光色有特殊要求的建筑要求。这些较为明显的缺点使热反射镀膜玻璃的应用受到了很大的限制。

2）吸热玻璃：吸热玻璃是在玻璃本体内掺入金属离子，使玻璃呈现灰色、茶色、蓝色、绿色等不同的颜色，这些金属离子可以有选择地吸收太阳光，并将光能转化为热能散发到室外去，从而使其具有一定的隔热作用。吸热玻璃与热反射镀膜玻璃类似，同样也存在可见光的透过率较低以及明显的光色问题，因此限制了它的实际应用范围。

3）中空玻璃：中空玻璃是由两片或两片以上平板玻璃在彼此之间留出一定的空间组合而成，空间内一般为干燥的空气、惰性气体或真空层。这种复合结构大大降低了结构的传热系数，因而具有良好的保温性能，而且由于其无色透明，可见光透过率较高，有利于利用太阳能被动式取暖，因此特别适合于寒冷气候地区建筑使用。中空玻璃的隔热性能不佳，不太符合岭南气候的要求，但因为当今大部分建筑物都使用了空调，对建筑界面有一定的保温性能要求，再加上中空玻璃还具有良好的隔声性能，可以减小城市噪声对建筑室内的影响，所以综合权衡各种因素，中空玻璃在岭南地区仍然具有广阔的应用前景。如果中空玻璃的中部空间采用真空层，且两片玻璃中至少有一片是低辐射玻璃时，就可以同时减少玻璃的辐射、对流和传导传热，节能效果更好。

4）低辐射玻璃：低辐射玻璃（Low-E 玻璃）是在普通平板玻璃表面用真空磁控溅射的方法镀一层或多层含银的薄膜，这层薄膜可以反射太阳中的热辐射，有选择地降低遮阳系数，使其具有良好的遮阳隔热性能，降低夏季室外向室内的热辐射；还可以反射远红外热辐射，有效降低玻璃的传热系数，因而具有一定的保温性能。低辐射玻璃具有良好的光选择性透过性能，不但保温隔热效果良好，而且具有较高的可见光透过率，对光色影响很小，是一种高性能的节能玻璃，也是目前节能玻璃发展的主要趋势。根据镀层数量，低辐射玻璃可以分为单银、双银、三银 Low-E 玻璃。双银

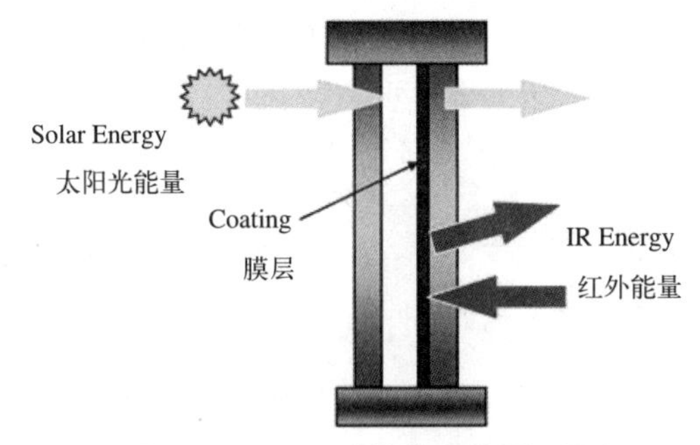

图 6-7　LOW-E 玻璃工作原理图

（来源：上海耀皮玻璃集团股份有限公司官方网站 http：//www.sypglass.com）

玻璃太阳红外热辐射透过率约为单银玻璃的三分之一甚至更低，三银玻璃的太阳红外热辐射透过率已经接近于零（图 6-7）。

由于低辐射玻璃的性能突出，同时满足了遮阳隔热以及空调用房的保温要求，而且透光率也能满足基本要求，所以近年来在岭南地区得到广泛的应用，特别是在设计了中央空调系统的公共建筑当中。但是也要看到，低辐射玻璃仍然还有缺点，其含银的薄膜镀层会使玻璃变成浅灰色，而且灰色会随着镀层数量增加而变得更深，不但会降低室内的自然采光量，同时也使得建筑外观受到很大影响。例如，很多采用双银、甚至是三银 Low-E 玻璃的全玻璃幕墙高层建筑，经常呈现出灰黑色的呆板外观形象。因此，建筑师在应用时要注意利用一些设计手法加以改善。

以下为几种常用玻璃的光热参数（表 6-1）及近年来广州市与深圳市几座重要公共建筑的外墙玻璃应用情况（表 6-2）。

几种常用玻璃的光热参数　　表6-1

玻璃名称	玻璃种类、结构	透光率(%)	遮阳系数 Sc	传热系数 K（$W/m^2 \cdot K$）
单片透明玻璃	6c	89	0.99	5.58
单片绿着色玻璃	6F-Green	73	0.65	5.57
单片灰着色玻璃	6Grey	43	0.69	5.58
普通中空玻璃	6c+12A+6c	81	0.87	2.72
单片热反射镀膜	6CTS140	40	0.55	5.06
热反射镀膜中空玻璃	6CTS140+12A+6c	37	0.44	2.54
Low-E 中空玻璃	6CEF11+12A+6c	35	0.31	1.66

（来源：上官安星 . 玻璃节能技术在建筑设计中的研究及应用 [D]. 天津：天津大学，2009：12.）

注：6c 表示 6mm 透明玻璃，CTS140 是热反射镀膜玻璃型号，CEF11 是 Low-E 玻璃型号。K 值是按 ISO 10292 标准测得的，Sc 是按 ISO 15099 标准测得的。

近年来广州市、深圳市几座大型公共建筑的玻璃应用情况　　表6-2

广州烟草大厦
项目类别：写字楼
玻璃种类：双银 Low-E 中空玻璃
项目用量：90000m²

广州珠江新城西塔
项目类别：写字楼
玻璃种类：夹层双银 Low-E 中空玻璃
项目用量：120000m²

深圳京基金融中心
项目类别：写字楼
玻璃种类：超白双银 Low-E 中空玻璃
项目用量：80000m²

深圳证券交易所
项目类别：写字楼
玻璃种类：超白压花彩釉镀膜夹层玻璃
项目用量：60000m²

续表

广州太古汇 项目类别：写字楼 玻璃种类：双银 Low-E 中空玻璃 项目用量：100000m^2	广州万菱汇 项目类别：写字楼 玻璃种类：Low-E 中空玻璃 项目用量：75000m^2

广州新白云国际机场 项目类别：交通枢纽 玻璃种类：镀膜钢化彩釉夹层玻璃以及 Low-E 中空玻璃 项目用量：140000m^2	深圳湾体育中心 项目类别：大型场馆 产品结构：双银 Low-E 中空玻璃、夹层彩釉玻璃 项目用量：70000m^2

（来源：作者根据中国南玻集团股份有限公司官网 http：//www.csgholding.com/ 相关资料整理）

2. 彩釉玻璃

彩釉玻璃是在平板玻璃的表面涂上一层陶瓷釉料，然后通过高温加热处理，将釉料膜层永久烧结在玻璃的表面上。彩釉玻璃可以形象的看作是在表面全部或者局部涂了陶瓷层的玻璃，有陶瓷层的部分能够遮挡阳光进入室内，因而具有良好的遮阳功能。同时彩釉玻璃也能起到遮挡视线的作用，具有很好的遮蔽性功能，可以满足特殊部位的功能需要。彩釉玻璃颜色丰富、图案多样，装饰效果突出，可进行镀膜、夹胶、合成中空等复合加工，获得多重使用性能，在室外有很好的装饰效果，在室内产生不同的光影效果（图 6-8）。

现代建筑外墙设计需要一些不透、半透或特殊图案的玻璃，彩釉玻璃正越来越多的应用于现代建筑，创造出个性化的风格。将彩釉玻璃与 Low-E 玻璃结合搭配应用，不仅能进一步丰富建筑外围护结构用玻璃板材的外观效果，而且能提供附加的节能作用，为建筑师独特的设计理念提供新颖多样的选择。

图 6-8　彩釉玻璃

（来源：中国南玻集团股份有限公司官网 http：//www.csgholding.com/）

3. 透过率可调玻璃

随着材料科技的迅猛发展，各种新型的玻璃材料层出不穷，为了更好的满足当代建筑多样化的更高要求，玻璃性能也变得更加多元化以及智能化。其中，透过率可调玻璃就是一种正在大力发展的性能灵活可变的高性能智能玻璃。

透过率可调玻璃可以随着建筑室外不同的气候状况而实时改变其性能，具体分为光敏玻璃、热敏玻璃、电敏玻璃三种。光敏玻璃又称为光致变色玻璃，可以随着光照强度的变化改变玻璃的颜色；热敏玻璃又称为热致变色玻璃，可以随着温度变化改变玻璃的颜色；电敏玻璃又称为电致变色玻璃，可以随着电流通过的变化改变玻璃的颜色。当玻璃的颜色发生改变时，其可见光透射率和太阳辐射能透射率也随之发生或强或弱的变化，从而实现在不同气候状况下对玻璃性能的动态控制，满足更加精确的高标准性能要求。光致变色玻璃的可见光透射率可变范围在 23% ~ 53% 之间；而电致变色玻璃可在 5 分钟之内实现可见光透过率从 10% 变化至 67%，太阳辐射能透射率从 10% 变化至 67%。[①]

---

① 上官安星 . 玻璃节能技术在建筑设计中的研究及应用 [D]. 天津：天津大学，2009：57.

透过率可调玻璃不但具有动态智能的热工性能，而且因为其颜色也会随着不同的气候条件发生动态变化，因此，能够给建筑外观造型的艺术创作多样性提供更多的可能性，这正是建筑师喜闻乐见的。因此可以预见，透过率可调玻璃将会成为未来建筑玻璃的重要发展趋势。

6.3.2 智能控制技术应用

从宏观上理解，“建筑环境控制技术”包括了一切可以对建筑环境产生作用和影响的技术。通常可以将其分为两类：一类是侧重于利用自然潜能的被动式气候适应性调节技术；另一类是侧重于利用空调等技术设备手段的主动式气候适应性调节技术。主动式气候适应性调节完全不必受制于室外自然气候状况，只是根据人体舒适度要求进行主动控制调节，创造出一个理想恒定的建筑室内热舒适环境。但主动控制调节全部依靠设备创造环境，以需要消耗大量不可再生的能源为代价，其理念本质上是非生态的、不和谐的。因此，在可持续发展观念已经成为全人类共识的今天，应该大力提倡发掘利用生态节能手法，尽量运用被动式建筑气候适应性调节。

可是，毕竟传统的被动式建筑气候适应性调节的建筑室内舒适度并不理想，无法完全满足当代人们日益提高的生活水平要求。因此，在经济和技术条件许可的情况下，一方面，可以适度运用主动式建筑气候适应性调节技术；另一方面，则可在传统被动式建筑气候适应性调节方法中加入现代化的计算机智能化控制技术，通过低能耗的设备辅助作用提高建筑室内环境的舒适度和稳定性。

基于计算机技术的自动化控制技术与人工智能技术在近年来得到快速的发展与应用，使得建筑可以通过环境感应器感知建筑室内外的环境气候状况，经过计算机对收集的数据进行分析判断后做出动态反应。通过控制建筑界面上的窗户、遮阳板、进排气口等构件的状态，实现对建筑室内环境的自动化和智能化控制，从而达到健康、节能与高效率的目的，创造出更加舒适与人性化的生活环境空间。

20 世纪 80 年代由法国建筑师让·努维尔（Jean Nouvel）设计的巴黎阿拉伯世界文化中心是早期智能化控制技术应用的著名实例。建筑的南立面上全部放置了以阿拉伯几何装饰为母题的金属窗格，这些金属窗格在形状和构造上都如同照相机的光圈快门，大部分光圈都可以通过内部的液压装置驱动，并由光电管根据室外太阳光的强度智能控制光圈的开合与大小，可以起到很好的遮阳作用，并实现对室内自然采光强度的稳定控制。这些具有强烈的图案表现力和高科技感的光圈金属窗格，同时赋予建筑强烈的阿拉伯文化感染力和鲜明的科技时代特征。让·努维尔的成功也引起了建筑师的关注，并由此推动了智能控制技术在建筑创作设计中的运用（图 6-9）。

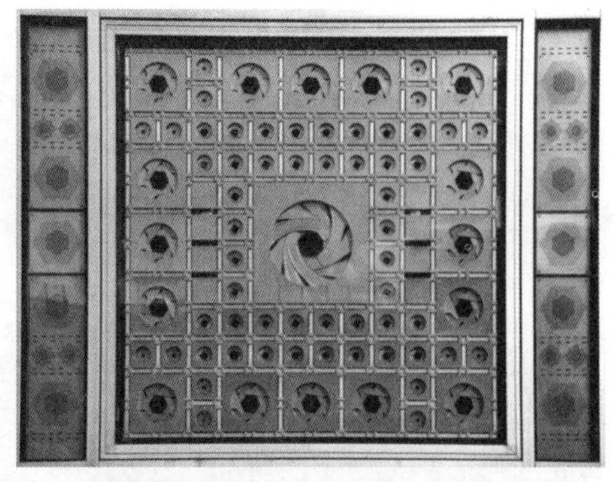

图 6-9　阿拉伯世界文化中心（外观、室内及智能控制窗）

（来源：百度图片 http：//image.baidu.com）

自动化控制技术与人工智能技术不仅限于控制建筑界面上局部构件的状态，甚至还可以控制整座建筑的动态变化。例如，1994 年由罗尔夫·迪施（Rolf Disch）设计的德国弗莱堡“旋转别墅”，就是最为著名的整体智能控制建筑之一。该建筑自身重达 100t，却完全支撑在一根基底面积只有 9m^2 的巨大柱子上。通过智能感知太阳的方向变化，整个建筑可以以柱子为轴随着太阳的方位旋转，从而使其获得足够的太阳光照射量，满足所有房间利用太阳能被动采暖的要求（图 6-10）。

利用类似智能控制技术原理的案例还有诺曼·福斯特设计的德国柏林议会新穹顶。出于自然采光的需要，位于玻璃穹顶上的遮阳板并没有满铺，而是只占据整个穹顶的一小部分面积，但也是由计算机智能控制的，能够一直随着太阳方位转动，从而既起到遮挡直射阳光对穹顶内部的照射，又保证了玻璃穹顶的非直射自然采光量（图 6-11）。

由于社会经济技术发展水平的局限，现代岭南建筑在智能化的环境控制技术应用方面还处于初探阶段，目前在某些中外合作设计的项目中已经有建成实例。这些实例主要把自动化控制技术与人工智能技术应用在遮阳板等遮阳构件上，以解决遮阳隔热与室内自然采光及观景实现遮挡之间的矛盾；而对于通风控制方面的应用还鲜有实例。

图 6-10　德国弗莱堡旋转别墅图

（来源：百度图片 http：//image.baidu.com）

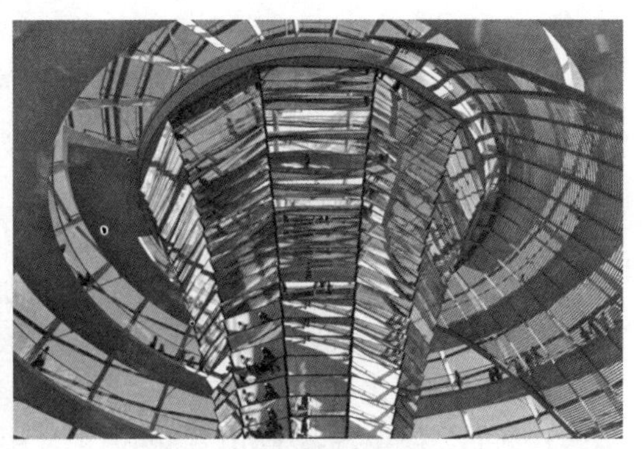

图 6-11　德国议会新穹顶

（来源：作者拍摄）

例如，广州发展中心大厦的建筑立面外遮阳采用了先进的智能控制活动立面遮阳构造。整个建筑玻璃幕墙外立面由梁柱构成的方格网分割成一个个单元格，每个单元格在玻璃幕墙外立面外侧设置了 3 块宽 900mm、高 8000mm 的可转动调节竖向遮阳板，梭形的铝合金遮阳板全部由智能控制系统自动调节，可根据传感器感测得太阳方向、风向和光线强弱等室外状况，通过电脑控制的电动机自动调节遮阳板的开启和转动角度，起到遮阳、采光、通风和隔热保温的作用，不同角度的银色遮阳板与其后的深蓝色玻璃幕墙还形成不同的虚实变幻效果，体现出鲜明的建筑地域气候性特征[①]（图 6-12）。

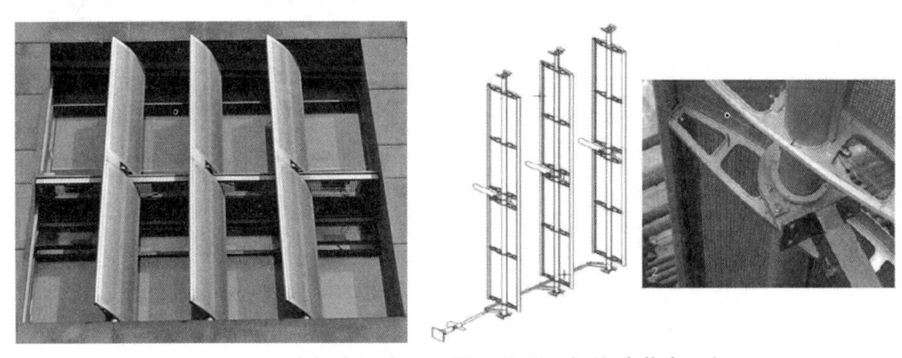

图 6-12　广州发展中心大厦智能遮阳板构造节点细部

（来源：左：作者拍摄；右：李飞 . 多孔金属表皮在湿热地区建筑中的适应性设计研究 [D]. 广州：华南理工大学，2012：41.）

再如，广州珠江城大厦也大量应用了智能化的环境控制技术。其中，外墙上采用了智能型双层内呼吸式幕墙连遮阳百叶，在双层幕墙空腔内设

① 郭建昌 . 广州发展中心大厦智能遮阳系统设计 [J]. 华中建筑，2011（01）.

置的铝合金遮阳百叶可根据气候与天气条件的变化进行统一智能控制，增强了采光和遮阳的效果和灵活性。智能化的铝合金遮阳百叶可以追踪阳光实现实时动态的遮阳，并综合权衡协调遮阳隔热与室内自然采光及观景实现遮挡之间的矛盾。

智能控制技术应用需要增加智能控制设备，不但需要增加数目庞大的额外设备成本，同时在使用过程中也要增加一定的设备能耗成本和维护成本，因此，在设计应用中要在建筑智能化需求与经济性之间寻求一定的平衡。

另外，智能化控制技术应用不仅需要考虑各种设备系统效能的最适化运转，更需要使设备系统和空间的使用及构造材料、施工方法等整体结合，与建筑感观及美学要求充分结合，并在设计阶段就集成一体，以满足高性能及高感观的人性化设计需求。随着经济与技术发展水平的提高，相信未来将会有越来越多的现代岭南建筑采用智能化的环境控制技术。

6.3.3 辅助设计技术应用

计算机辅助设计自 20 世纪 60 年代开始进入建筑设计领域，至今经过了几十年的发展，主要经历了三个发展阶段：第一阶段，计算机辅助设计技术主要用来帮助人们完成繁重的绘图与设计计算工作；第二阶段，在建筑生态化的背景下，开始重视利用数字技术进行与建筑物理性能相关的量化模拟分析，通过相关建筑物理环境的模拟技术让设计更加理性和科学；现在已进入了第三阶段，建筑设计过程已经实现完全数字化，建筑师可以借助计算机进行“参数化设计”，或者“用代码写建筑”，通过利用计算机辅助技术，可以积极探索创作新颖独特或极端复杂的建筑形态。

在西方发达国家，一批强调技术与建筑环境关系的高技派建筑师很早就开始利用计算机辅助设计手段来帮助人们协调解决建筑气候与建筑创作问题，他们与环境工程师紧密合作，借助先进的计算机辅助设计技术，通过相关建筑物理环境的模拟让设计方案更加理性和科学，同时在艺术造型上也能达到建筑师的预期目标。

例如，伦佐·皮亚诺在设计 Tjibaou 文化中心过程中，通过利用计算机辅助设计技术，制作实验模型和局部全比例模型，对模型进行流体力学计算 CFD（Computational Fluid Dynamics），模拟气流分析，并对模型进行风洞实验，使设计项目最终在自然通风方面与建筑造型完美结合，取得非常良好的效果。

再如，由诺曼·福斯特设计的伦敦新市政厅，这个外观非常独特的异形球体建筑体型就是建筑师借助计算机辅助设计技术，以该地区全年的阳光照射规律的分析为依据，经过对方案的模拟对比分析和优化设计而得到的。这个异形球体不但能够实现自体遮阳，而且外表面积与同体积的长方体相比减少了 25%，从而减少了能耗损失。[①]

同样还是由诺曼·福斯特设计的伦敦瑞士再保险大厦，“子弹型”的独特建筑造型也是建筑师借助计算机辅助设计，在设计过程中通过数字模拟方法，对建筑方案进行风环境模拟与风洞流体力学计算，通过对比分析和优化设计得到的。这个建筑形体不但减少了建筑的上部风阻，同时也减少了沿着建筑向下的紊乱气流对地面层的影响，获得了更宜人的城市公共空间。瑞士再保险总部大楼成为利用计算机辅助设计进行建筑形体防风设计的典型案例。[②]

计算机辅助设计技术带来了建筑设计思维的转变，让建筑师可以将各种设计策略更直观的展示出来，不同策略应对相同问题的效果可以进行更直观、更理性的对比评价，从而使建筑创作更趋于策略上的考虑[③]。同时，通过利用计算机强大的储存和计算能力，可以实现设计方案在复杂、多变条件下，对多元组合进行无限的比较和优化，并达到史无前例的精确性[④]。这些优势特点已经大大超出了建筑师的能力范围，仅仅依靠建筑师个人想象力和经验的传统建筑设计方法是永远无法企及的（图 6-13）。

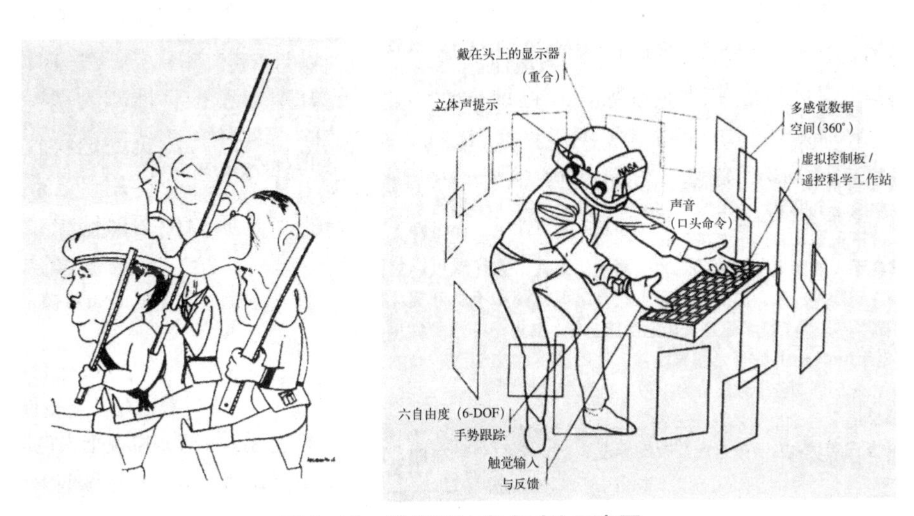

图 6-13　建筑设计方式对比示意图

（左：传统尺规设计方式；右：计算机辅助设计方式）

（来源：左：（意）布鲁诺·赛维. 现代建筑语言 [M]. 席云平，译. 北京：中国建筑工业出版社，2005；右：（美）克里斯·亚伯. 建筑·技术与方法 [M]. 项琳斐，等译. 北京：中国建筑工业出版社，2008.）

---

① 尹楠. 基于生态准则的高层建筑设计方法研究 [D]. 天津：天津大学，2009.

② 尚晓茜，霍博. 技术之巅的生态表达——诺曼·福斯特建筑创作新趋势 [J]. 华中建筑，2006（1）：34-36.

③ 秦媛媛. 数字技术辅助建筑气候适应性设计方法初探——以夏热冬冷地区为例 [D]. 重庆：重庆大学，2011.

④ 谭峥. 数字化的意匠——数字化设计与造型的认知学反思 [J]. 建筑学报，2009（11）.

同时，计算机辅助设计技术对建筑气候适应性设计也产生了巨大的影响，数字技术所具有的智能化和信息化特点，对于建筑物理环境的模拟检测与设计调节起到积极的作用。通过运用数字模拟软件，对建筑日照、通风、采光等气候环境因子进行模拟分析与量化计算，可以为设计师的设计策略提供佐证，同时为设计的调整或深化提供直观的反馈与技术依据，并最终设计出舒适、美观的建筑环境空间。

当代岭南建筑在气候适应性设计方面，早期对气候的处理基本上是以建筑师的简单分析与归纳为主，而计算机的普及以及学科交叉使得地域建筑对气候的处理由简单分析走向多维定量等转变①。

近年来，岭南建筑在建筑创作和气候适应性设计方面也越来越多地开始积极应用计算机辅助设计技术。许多项目通过相关建筑物理环境的模拟技术让设计更加理性和科学，并且已经开始迈出建筑设计过程完全数字化的第一步，甚至有些建筑师已经借助计算机进行“参数化设计”的创作探索。计算机辅助设计技术的应用已经成为岭南建筑创作设计的重要手段。

但是，我们也应清醒的认识到，计算机辅助设计技术本质上还是一种辅助设计手段，是一种高效、智能型的设计工具，不可能完全代替人的主导作用。因此，还是应该以建筑师的设计思想与设计策略为中心，通过计算机调整与优化性能参数，理性地推演出建筑的合理形式，将性能的理性需求与外观的美学与空间感受结合起来。实践证明，不管是传统还是现代的气候适应性策略，都可以与当代的数字新技术工具紧密结合运用，在获得更好的气候适应性的同时，创造出更多姿多彩的高品质的优秀地域建筑作品。

6.4 本章小结

建筑的发展依托于科学技术的进步，建筑技术是建筑得以实现的物质基础和手段，建筑气候问题必须通过建筑技术措施来解决。当代高新技术与材料的跨越式发展为建筑创作以及解决建筑气候问题提供了更多的空间和可能。但同时技术也是一把双刃剑，滥用或过度依赖技术不符合当代可持续发展理念的要求。在建筑技术多元发展的今天，如何选择和运用合适的建筑技术手段，是建筑适应性创作策略应用无法回避的问题。

本章以“整体观”核心思想为指导，在分析当代建筑技术特点和发展趋势的基础上，结合丰富的当代建筑技术应用实例，从总体技术策略和具体技术应用两方面分析研究了当代岭南建筑气候适应性创作中适度技术策

---

① 陈昌勇，肖大威．以岭南为起点探析国内地域建筑实践新动向[J]．建筑学报，2010（02）．

略的选择与应用。

从技术层级的角度出发，当代岭南建筑气候适应性创作的总体技术策略可以分为三种：低技术的被动式建筑气候适应性策略、高技术的主动式建筑气候适应性策略、中间技术的混合式建筑气候适应性策略。低技术的被动式建筑气候适应性策略技术简单、成本低，是传统建筑的主要技术策略，经过适度改进，可以用来解决当代岭南建筑的气候适应性问题，甚至可以创造出极其优秀的现代建筑作品。高技术的主动式建筑气候适应性策略注重提高技术效率，以提高建筑环境的舒适度与精确度，同时确保建筑物对能源的高效利用。由于其成本较高，当代岭南建筑在高技术运用方面还处于初探阶段。中间技术的混合式建筑气候适应性策略往往高技术和低技术兼而有之，甚至将两者整合使用，以用最小的资源换取最大的效益。其成本适中，比较适合我国国情，因此具有广阔的发展前景。

当代岭南建筑气候适应性创作的具体技术应用主要涉及新型材料技术应用、智能控制技术应用和辅助设计技术应用三个方面。新型建筑外围护材料技术发展很快，其中各种新型建筑玻璃由于适应岭南气候特点，且符合现代建筑设计理念与美学要求，因此在建筑创作中得到广泛的应用。通过应用低能耗的现代化计算机智能控制技术，可以提高建筑环境的舒适度和稳定性，创造出更加舒适与人性化的环境空间，达到健康、节能的目的。数字辅助设计技术应用可以使建筑气候适应性创作更高效、更趋于策略上的考虑，计算机强大的储存和计算能力可以对建筑环境因子进行快速精确的量化分析和无限的比较优化，为设计策略的调整或深化提供直观的反馈与客观的技术依据。

第7章　当代岭南建筑气候适应性创作策略的整体应用

7.1　策略整体应用原则

何镜堂先生在其“两观三性”建筑创作理论中指出：“建筑是一个有机的整体，它涉及社会、政治、经济、文化和科技的方方面面。建筑学是一门交叉学科，它涉及社会学、生态学、工程学等学科，包含对相关学科知识的融会和整合……面对错综复杂的影响因素，建筑师首先需要从整体上去把握，要树立正确的建筑整体观。建筑的整体观既是一种设计理念和思想，也是一种规划设计的方法。”[①]“建筑整体观的核心是和谐和统一。一个优秀的设计，从本质上讲就是要处理好设计对象中各影响因素的对立统一关系……建筑实施的全过程，就是一个整体优化综合的过程……”[②]

笔者认为，建筑的整体性主要可以分为三个层面：建筑自身的整体性、建筑与环境的整体性以及建筑与社会经济的整体性。首先，建筑是艺术和技术的结合、是形式与功能的统一，因此，建筑自身的整体性主要体现在建筑设计与实施过程中对建筑技术、艺术、功能及形式等诸多因素的整体性考虑；其次，建筑是特定地区的实体构建，世界上没有抽象的建筑，只有具体的、地区的建筑，它总是扎根于具体的地域环境之中，受到所在地区的自然环境和人文环境的影响，因此，建筑与环境的整体性主要体现在建筑与自然环境的整体性以及建筑与人文环境的整体性上；最后，建筑作为人造的物化环境，还必然依靠一定的现存技术、耗费大量的社会资源与资金，才能从无形的设想成为具体的物质实体，因此，建筑离不开特定社会经济的支撑，并且受到社会经济的制约，建筑与社会经济的整体性主要体现在建筑应用材料技术的性能作用与当地社会经济发展水平的综合平衡上。

当代岭南建筑气候适应性创作策略涉及形态空间、生态环境和技术三个大方面，这些不同方面的策略并非是各自独立的，而是相互联系在一起的，在实际创作设计中必须把握好其整体应用原则。当代岭南建筑气候适

---

① 何镜堂．基于“两观三性”的建筑创作理论与实践[J]．华南理工大学学报（自然科学版），2012，40（10）．

② 何镜堂．现代建筑创作理念、思维与素养[J]．南方建筑，2008（1）．

应性创作策略的整体应用原则主要包括：提倡整体设计思维、遵循协调发展原则、应用当代适宜技术、注重策略综合运用。这四个原则分别从设计方法——建筑自身的整体性，环境平衡——建筑与环境的整体性，技术应用——建筑与社会经济的整体性，综合运用——建筑系统的整体性四个不同方面表现“整体观”的系统论核心思想。归根到底，建筑作为一个有机的整体，在创作过程中还是要注重不同策略的整体运用。

7.1.1 提倡整体设计思维——建筑自身的整体性

建筑本身具有双重性，即既有技术的一面，又有艺术的一面。建筑自身的整体性的主要内涵是强调建筑是艺术和技术的统一、是形式与功能的统一，这些因素一起影响、构成了建筑的主要特征，任何一个因素的改变都会带来建筑特征的差异性。

建筑技术和艺术密不可分，建筑的功能与形式之间也存在密不可分的合理逻辑关系，它们相互融合、共同满足人们的物质需求和精神需求，也是建筑创新的源泉和支撑。但同时，建筑虽然是技术与艺术的结合，却并不是技术与艺术的简单叠加。把建筑技术与艺术、功能与形式问题分开来单独处理解决，然后再把它们组合在一起，这样并不能获得一个优秀的建筑。因此，“建筑师首先要掌握辩证思维的方法，既要有数学家一样的逻辑思维能力，又要有艺术家一样的形象思维能力；既要懂得 1+1=2 的道理，更要学会常常 1+1≠2 的辩证思维方法。[①]”

单纯认为建筑仅仅是为了解决人类的物质功能需求，或者单纯认为建筑不过是一门创造性的艺术，或者将两者简单地叠加，都不能真正完整体现随着社会发展不断更新变化的建筑内涵。所以，如果建筑师单纯把建筑气候适应性问题简单地视为技术功能问题，而把建筑创作简单地视为艺术形式问题，然后把两者分开来分别处理解决，那肯定是一种偏颇片面的认识和错误的方法。

比如，近年来，某些建筑师在设计中完全不顾功能要求，只是片面注重建筑外观形式的创造，而把建筑气候适应性问题完全交给环境设备工程师，通过依赖空调等耗能设备来解决，这导致了建筑地域性的缺失，甚至产生了许多徒有其表、缺乏生命力的“奇”“怪”“丑”的“非建筑”的出现。另一方面，在当今大力倡导绿色生态建筑的背景下，也存在某些建筑师打着低碳节能的旗号，忽视建筑的艺术形式问题，盲目照搬甚至是堆砌所谓的西方国家先进气候应对技术，产生了一些让人无法理解的“怪异机器”的“非建筑”，这也同样导致了建筑地域特性的缺失。

---

① 何镜堂 . 建筑创作与建筑师素养 [J]. 建筑学报，2002（09）.

因此，在建筑创作设计中，建筑师要避免分离的、片面的设计思维，而要提倡注重“整体”的设计思维，必须把建筑自身的诸多因素作为一个整体进行考虑研究。从建筑气候适应性创作策略方法方面来说，单纯分析气候与建筑的关联性是不够的，还必须把建筑气候适应性问题与建筑艺术创作结合起来，特别是要将形态空间方面的气候适应性策略贯彻到建筑整体创作设计中，才能完整地得到既具有良好的气候适应性功能、又具备鲜明地域艺术特色的优秀建筑作品。

7.1.2 遵循协调发展原则——建筑与环境的整体性

建筑总是扎根于具体的地域环境之中，受到所在地区的自然环境和人文环境的共同影响，建筑与环境的关系本来就密不可分，因此要考虑建筑与环境的整体性。建筑师在对待建筑的创作问题时不能仅局限于建筑自身内部的各种因素，还要合理的看待与处理建筑与它所处环境间的相关因素，不要仅仅把建筑设计单纯视为视觉艺术上的创意，而且也要把建筑自身这个小整体融入到外部环境这个大整体当中，使建筑与环境相互关联形成一个有机整体。

建筑与环境关系的协调性

建筑的气候适应性主要考虑解决建筑与环境气候之间的问题，所以首先要注意建筑与自然环境关系的协调性。建筑的形成与发展首先是对自然的适应，自然环境、气候条件、资源与能源等是建筑形成与发展的直接物质基础及背景条件，其中气候因素的影响起到决定性作用。严酷多变的自然气候环境是建筑产生的根源，建筑为人们提供一个适合生存、相对稳定舒适的安全庇护所，以抵御自然界恶劣环境的侵扰。建筑空间就是一个更加稳定宜人的微气候环境，是相对于自然大环境的经过人工创造改良的小环境。自然环境的改变必然会影响建筑小环境，反之在营建和维持这个相对稳定舒适的建筑小环境的过程中，必定也会对所在的自然大环境产生影响，这就是建筑与自然环境的相互影响关系。因此，应该采取适当的方法和措施来营建和维持建筑环境空间，以同时协调人类自身生存环境与自然环境之间的可持续发展。

在解决自然环境功能问题的同时，建筑还必须满足与社会人文环境的协调性。各地区不同文化和生活方式表现出一定的地域性特征，以文化为中心的社会环境对当地建筑的影响非常巨大。由于文化差异，气候条件基本一致的区域内会出现不同的建筑形式；相同的文化在不同的自然气候条件下，建筑特征也具有很大的差异性，这是文化与气候对建筑的双重复合作用，必须作为一个整体进行考虑研究。因此，在建筑创作设计中除了关注自然环境因素，也要符合地域人文环境的特征要求。

建筑与环境关系的发展性

不管是自然环境还是人文环境，都随着时间处在不断的变化发展之中，同时人在对待自身与环境关系问题上的思想观念也会随着人类社会的发展而不断的发展变化，因此，在对待建筑与环境关系时还要充分考虑环境的发展性。

从自然环境方面看，一个特定地域的宏观气候环境及宏观自然地形、地貌特征是相对稳定的，不会随着时间的发展而变化。但是微观的气候环境及自然地形、地貌特征由于受到了人类生产、生活等活动的影响，则会随着人类社会的发展而不断的变化。例如由于人类居住模式的转变，由原始的分散小聚落到今天的范围广阔、高层高密度的现代都市，人们生活空间的微观气候环境及自然地形、地貌特征也发生了极大的改变，建筑必须面对许多新的自然环境问题。

从人文环境方面看，一个特定地域的社会文化特征总是随着社会自身的发展进步而不断变化，同时也受到不同区域文化交流的影响而不断发生改变。特别是近一两百年以来，随着人类科学技术的飞跃式发展，世界区域文化的多样性越来越多的受到全球化的影响从而变得愈加趋同，这种地域人文环境的急剧变化在当代更具有不断加速的趋势，对地域建筑创作产生了极大的影响，因此，建筑师必须跟上时代发展变化的步伐。

另一方面，20 世纪中叶以来，现代工业化的急剧发展导致了全球性的环境危机，引起了全世界对环境保护问题和人类发展模式问题的高度重视和思考。人类从这些教训中开始重新审视人与自然的关系，从人类征服自然的豪情中重新回归到人与自然的和谐共融，逐渐懂得了“可持续发展”的道理，在当今已得到了全世界的普遍认同。这种在对待自身与环境关系问题上的思想观念的转变，对全球政治、经济、社会和文化等各个领域产生了深刻的影响，对于建筑创作设计来说也是一个新的里程碑。

因此，在应用建筑气候适应性创作策略方法的时候，应该遵循协调发展原则。不但要注意建筑自身因素的整体性，还必须注意建筑与环境的协调发展性。要全面综合考虑当地的自然环境特点与人文环境特征，并注意跟上时代发展的步伐，让建筑和谐地介入到当地的自然环境和人文环境之中，使建筑与环境都得到协调平衡和整体提升，共同形成一个有机整体。

7.1.3 应用当代适宜技术——建筑与经济的整体性

建筑技术是建筑得以实现的物质基础和手段，技术因素对建筑的影响非常巨大。人类的技术水平总是处在不断的发展进步当中，不同的技术造就了不同的建筑。与过去相比，当代建筑技术发生了飞跃式的发展进步，已经变得更加多元，如何选择和运用合适的建筑技术手段，是应用建筑气候适应性创作策略无法回避的问题。建筑技术应用离不开资源与经济的大量投入，并与一个地区的技术发展水平及社会经济发展水平密切相关，因此，技术应用时要注意建筑与经济的整体性原则，应尽量选择与本地区社会经济发展水平相当的适宜技术。

从最原始的穴居、巢居到今天的现代建筑，人类建筑技术的发展由简单低级到复杂高级，经历了由原始技术、生土技术、传统技术到现代技术的漫长发展过程。从原始技术到今天的现代技术，技术有先进与落后、高级与低级之分，这是从技术能够帮助人类改造自然、征服自然的力量大小的角度来进行评价的。对于技术本身而言，当代通常将其分为低技术、中技术、高技术三种层级。这三种技术层级的划分大致与技术发展的时间先后相对应，但是三者之间并没有非常明确的界限，具体要视其所在地域的实际发展状况决定，比如在发达地区的中技术，到了落后地区就有可能变成了高新技术，因此技术层级的划分具有一定的相对性。

低技术、中技术和高技术除了在技术本身上具有先进与落后、高级与低级的区别外，在其他相关因素上也存在很大的区别。低技术一般指地域传统技术，它经过长期实践积累而成，具有成熟、简单、易实施、成本低、适应性较强的特点。但是，低技术是一种相对被动的技术，其使用效能和精确度不能尽如人意。高技术以当今最新科技为支持，一般指当下较为前沿的高新技术，是一种更为主动的技术，其初始投入及使用维护成本较高，材料和条件限制严苛，但是能够获得精确性与高性能的使用效果。高科技是当代社会发展的必然走向，高技术应用也是建筑未来的发展趋势之一，因此具有非常广阔的应用前景。顾名思义，中技术是介于低技术与高技术之间的技术，它兼顾了低技术与高技术的主要优点，而相对避免了两者的缺点，因此在实际工程中得到非常广泛的应用。

适宜技术是指在对应特定环境条件下，用最小的资源给应用对象带来最大效益的技术选择，通过恰当的技术选择或最优化组合来达到人与环境的协调发展。适宜技术并不是某一层级或某一项具体的技术，也不能简单的认为就是中技术，中技术从某种意义上说只是适宜技术的重要组成部分。适宜技术可以是先进的高新技术，也可以是传统的低级技术或者中间技术，或者是多种技术的混合。适宜技术的选择强调了技术的经济性、可行性和适用性，综合体现了技术的生态效益与社会效益的整体价值。所以说，适宜技术选择是基于整体观思想的技术应用原则，是强调自然、人文、经济各方面综合效益的正确的技术观。

岭南建筑历经了从原始建筑、传统建筑到现代建筑的发展，建筑技术的发展也历经了由低技术到高技术的全过程。由于从古至今岭南文化对外来文化的开放性与兼容性特点，岭南建筑技术也具有丰富性与多元性的特点。因此，在应用岭南建筑气候适应性创作策略方法的时候，应该选择当代适宜技术，强调多种技术层级的优化整合，充分发掘传统技术的潜力，同时改进和完善现有技术，在本土传统技术基础上吸收外来新技术的优点，整合生成新的适宜技术；并在局部高标准需求的情况下，恰当选择当代的高新技术手段，在自身特定的社会经济发展条件下，利用好有限的经济技术能力，努力创造出更加舒适的环境空间。

7.1.4 注重策略综合运用——建筑系统的整体性

建筑的设计、建造与发展是一项复杂的系统工程，它是在特定的社会背景下，综合了自然环境、社会文化、经济技术等多方面因素的复杂系统。建筑系统既作为独立系统存在，同时也属于更大范围的地球环境的子系统。进入 21 世纪后，在全球一体化加剧及信息时代的大背景下，社会对建筑设计提出了更高的要求，建筑已经成为一个涉及面更广、程度更深的系统工程。因此，在建筑设计研究及实践中需要整体思维及相应的系统科学方法。

建筑是时代的产物，是社会的综合反映。时代的发展使自然环境和社会状况以及思想观念都发生了很大的转变，为此，建筑师要有一个整体观念，视建筑创作为一个动态变化的系统工程，既要强调建筑系统内部各因素的整体协调性，也要注重系统作为一个整体的动态持续发展性。

时代的发展变化对建筑气候适应性也提出了一些新的和更高的要求，具体表现在以下三个方面：

首先，建筑的外部环境状况日趋恶化。从宏观上看，工业化大发展和石化能源的广泛使用已经导致了全球气候变暖问题的出现，全球的平均气温逐年上升，区域温度的上升也无法避免。而厄尔尼诺现象对于区域气候的影响更大，直接导致了区域极端气候的程度加大加深，并且出现的概率也更加频繁和无序。从中观上看，城市化的急剧发展带来城市气候环境的改变，导致建筑外部环境条件的恶化。城市区域的不断扩大与建筑密度的增加，一方面使城市产生了热岛效应，城市中心区域外部环境平均温度比郊区上升 2℃以上；另一方面也改变了城市外部风环境状况，城市中心区域外部环境平均风速比郊区大为减弱。因此，与过去相比，现今的建筑必须面对和解决更加恶劣的气候环境问题。

第二，现代建筑自身日趋大型化和复杂化。技术进步、功能多元以及土地的集约利用共同促使现代建筑变得愈加大型化和复杂化。一方面，建筑尺度不断加大。高层建筑越来越多，并在竖向上不断刷新纪录；水平向不断扩大的建筑综合体也越来越多，单体建筑的界限变得模糊。另一方面，多种建筑及多元功能空间的复合化发展使得建筑空间变得更加复杂。这些大尺度、复杂化的现代建筑不但使内部产生的热量大大增加，同时也使得通过自然通风散热变得更加难以实现。

第三，现代人们对于环境舒适度的要求标准变得更高。由于经济水平的提高和对健康生活的更高追求，现代社会相比传统社会对建筑舒适度的期望值更高，对建筑热环境稳定性和精确度要求的更高，因此，必然对建筑气候适应性设计提出了更高的要求。

以上的几种变化使得建筑应对气候问题的难度加大，我们在进行建筑设计时，要注重综合运用多种气候适应性策略，以达到最佳的效果。不管是宏观总体策略还是微观具体策略，都可以根据实际需要优化组合应用，以产生最佳叠加效应。另外，可以充分利用现代高新技术手段，提高传统被动式气候适应性策略的效果，同时适当结合主动式的气候适应性策略方法，以获得更加稳定和精确的环境舒适度。只有综合运用所有的设计策略，才能在满足现代建筑更高的使用舒适性要求，并有效保护和利用环境资源，建设更有效率、更加宜人的人居环境。

7.2 策略整体应用实例分析

7.2.1 偏重形式与环境策略的实例——深圳万科中心

万科中心是深圳万科集团公司的总部大楼，位于深圳市盐田区大梅沙旅游度假区，由美国著名建筑师斯蒂文·霍尔（Steven Holl）主持设计，2009 年 10 月竣工投入使用。

该建筑总建筑面积约 12 万 m^2，其中地上部分约 8 万 m^2，地下部分约 4 万 m^2。主要由万科总部、SOHO 办公、产权式酒店和经营式酒店四个相对独立的功能区组成。由于规划限高的原因，地上部分建筑最高为七层，东半部高 24m，西半部高 35m。地上一层几乎全部架空，建筑底部架空距地高度分别为 9m 和 15m。底部架空层内仅留一系列散落的交通核、门厅、餐饮吧、商店等功能空间，以保证底层绿地的最大化。

万科中心的设计主题是“一个位于最大化景观园林之上的水平向超高层建筑”“漂浮的地平线”“水平的摩天楼”等。通过将整个建筑抬离地面，形成架空漂浮的水平树枝状体量，化解了建筑形式功能与用地的矛盾，使首层形成一个有活力的开放式场所，将基地最大程度地还原给自然。

万科中心在能源与大气、场地与室内环境等方面采用了许多绿色技术策略手段，是中国首个获得 LEED 白金认证的项目。其中，在气候适应性策略方面也运用了很多被动式和低能耗的主动式策略，并且把这些策略手段与建筑创意紧密结合，使该项目成为一个适应岭南地域气候、且在造型方面令人赞叹的高性能建筑作品。

1. 形态空间策略应用

万科中心在形态空间方面主要采用了分散式建筑群组布局、小进深体型、架空体型、水平流动空间、垂直流动空间、半透明式表皮界面等气候适应性创作策略。

1）分散式群组布局：建筑分为地下和地上两大部分，将三分之一以上、约 4 万 m^2 的功能空间放在地下部分，以减少地面的体量；其次，地上部分采取完全架空体型及不规则的树枝状平面形式，形成立体空间化的分散式建筑群组布局，对于改善与保证建筑外部风环境非常有利。

2）小进深体型：建筑采用了树枝状的平面形式，树枝状平面呈不规则的水平展开，并控制整个建筑的折线型平面的平均进深宽度在 20m 左右，虽然略大于理论上 15m 的有利自然通风的进深深度限值，但在兼顾使用功能的基础上，仍非常有利于自然通风和采光，实际自然采光面积超过 75%（图 7-1）。

3）架空体型：这座"水平的摩天楼"采用了"斜拉桥上盖房"的创新方式，使其完全架空在基地上方，通过 12 个极小的落地筒体、实腹厚墙与柱支承离地 10 ~ 15m 的上部 4 ~ 5 层结构，中间跨度达到 50 ~ 60m，端部悬臂 15 ~ 20m，使建筑底部形成连续的开放大空间。降低了建筑物外部风阻，保证建筑外部空间获得良好的自然风环境，同时拓展了地面层的生态绿化空间面积（图 7-2）。

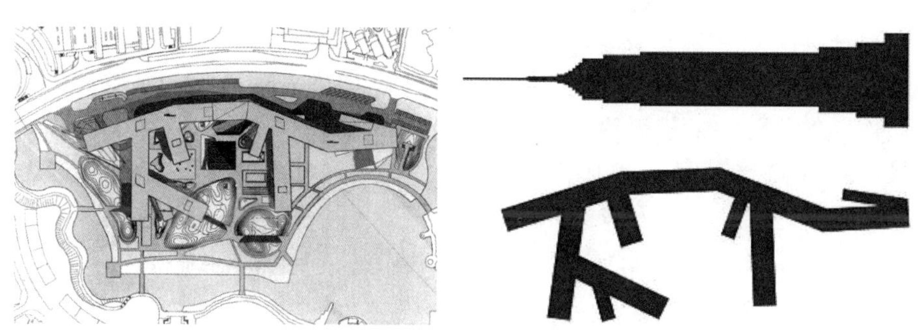

图 7-1　深圳万科中心树枝状小进深体型

（左：总图；右：与纽约帝国大厦比较）

（来源：左图：建筑创作 2011（01）；右图：城市环境设计 2013（06）.）

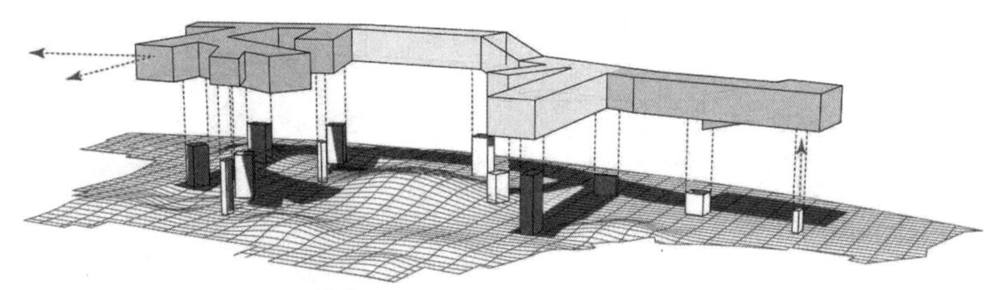

图 7-2　深圳万科中心大楼架空层

（来源：城市环境设计 2013（06）.）

4）水平流动空间：作为一座最高为七层、坐落于海边的多层建筑，万科中心充分发掘了水平自然通风的潜力，不规则的树枝状的平面形式，建筑平面平均进深宽度为 20m 左右，保证开窗面积比超过 30%，这些措施保证了建筑内部穿堂风的形成，从而，使室内具有良好的通风效果。

5）垂直流动空间：建筑为了增加内部空间的趣味性与流动性，在均质的水平矩形空间内穿插了几个“变异空间”。如在万科总部内有一处从二层斜向穿插至六层的不规则异型空间，通过结合开放式的楼梯以及具有放松休息和交流功能的空间，塑造了立体雕塑状的内部流动空间，打破了狭长矩形空间的沉闷单调感。在室内物理环境方面，巧妙利用流动空间的气流原理，在风压通风的基础上适度叠加热压通风作用，从而获得良好的自然通风效果（图 7-3）。

6）半透明式表皮界面：万科中心按照太阳的不同照射角度，将整个主体建筑的外立面遮阳体系分为全玻璃幕墙、水平固定遮阳和电动遮阳等。其中，大部分外立面采用了独特的具有椰树叶纹理的半通透曲面穿孔铝合金遮阳板。这种具有独特纹理的多孔弧形遮阳板是斯蒂文·霍尔从当地一片椰子树的树叶纹理中获得灵感，并由工程师通过计算机模拟设计出最佳的弧度与穿孔形式，使其在遮阳、采光与通风三方面达到综合最佳的效果。这个遮阳百叶系统还根据整个树枝状建筑平面的不同朝向，结合深圳全年太阳运行的高度角分别做了垂直固定、水平固定与电动可调等不同形式的处理。这种独特的半透明式表皮界面在发挥最佳气候性能的同时，也使得建筑外部形成了丰富的立面表皮肌理。同时又尽量不阻挡窗外的风景，当阳光透过百叶照进室内时，也给室内带来斑驳而生动的阴影效果（图 7-4）。

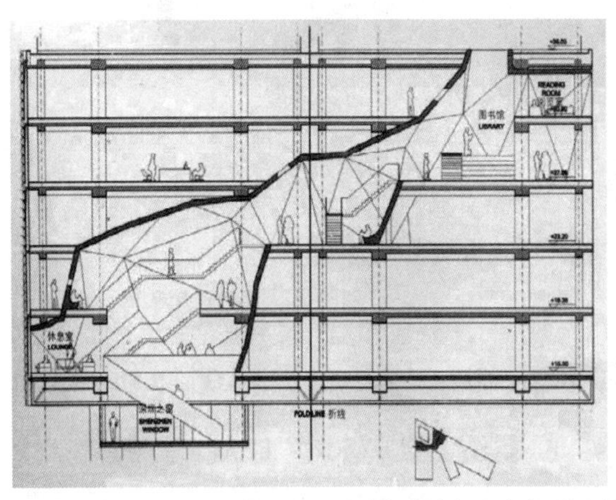

图 7-3　深圳万科中心内部垂直流动空间设计

（来源：城市环境设计 2013（06）.）

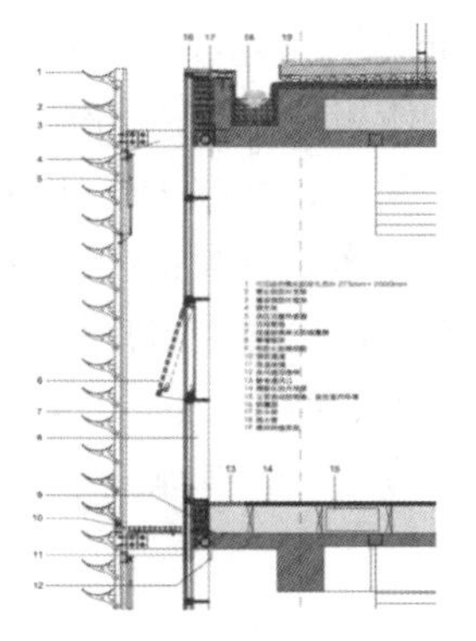

图 7-4　万科中心遮阳板外观、设计详图与室内效果

（来源：从左到右分别出自世界建筑 2010（02）、城市环境设计 2013（06）、建筑创作 2011（01）.）

2. 生态环境策略应用

万科中心在生态环境方面主要采用自然山水生态环境因借、室外生态环境与架空层生态环境、空中花园生态环境等气候适应性创作策略。

1）自然山水生态环境因借：基地位于深圳市盐田区大梅沙旅游度假区一块北高南低的台地上，北面靠山，南面隔着一个大型湖面与不远处的大海相邻，建筑的主要创意是建筑师对山—湖—海等自然景观和当地气候理性解读的结果。通过采取完全架空体型及分散不规则的树枝状平面形式，建筑不但没有对自然景观形成干扰，反而使其完全融入其中，让人们能够没有障碍地欣赏青山、绿湖、蓝海，领略美丽辽阔的大自然风景；同时，通过因借山、湖、海规模宏大的自然生态环境，对建筑及其周边区域的微气候起到极好的调节改善作用（图 7-5）。

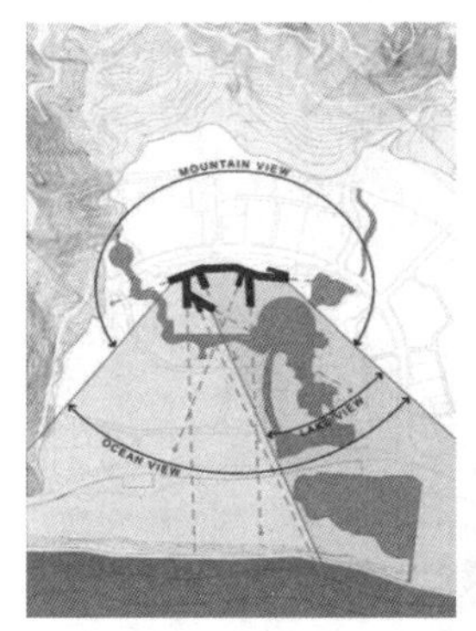

图 7-5　深圳万科中心与自然生态环境的融合

（来源：城市环境设计 2013（06）.）

2）室外生态环境与架空层生态环境：这个项目最大的设计特色就是，虽然在 6 万 m^2 用地上建设了 12 万 m^2 的建筑，最后却实现了使整个地面层变成一个几乎也有 6 万 m^2 的开放式生态绿化公园。通过采取“斜拉桥上盖房”的创新技术方法，使用地范围内的室外生态环境与架空层生态环境完全融为一体，占据每个角落。这些生态环境包括了一系列起伏的原生态植物草坡、反射降温水池等多元景观搭配，种植了适应亚热带气候特点的各种野花、狼尾草和芒类植物，最大限度地恢复了场地内原有的生态系统，同时形成了一处充满野趣的城市公园。不但为城市提供了更多的公共活动场所，而且由于规模尺度较大，非常有利于改善建筑基地的微气候状况（图 7-6、图 7-7）。

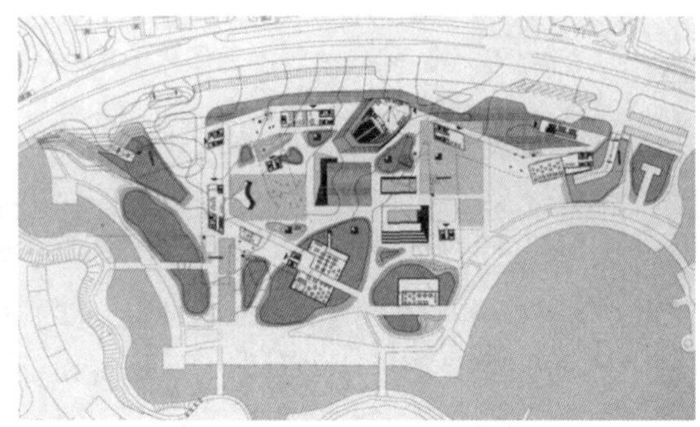

图 7-6　深圳万科中心大楼架空层

（来源：左：百度图片 http：//image.baidu.com；右：时代建筑 2010（04）.）

图 7-7　深圳万科中心室外及架空层生态环境

（来源：(1) - (2)：世界建筑 2010（02）；(3)：低碳世界 2012（07）；(4)：住区 2011（02）.）

3）空中花园生态环境：主体建筑楼顶全部种植绿化，做成生态绿化屋面；地面上较矮小的各种餐厅、酒吧、展廊和会议厅等建筑体量则采用景观掩土方式，设计成一系列高低起伏、长满原生态花草的绿意盎然的“山体”。多元立体式的绿化方式使该项目的绿化率达到140%，无论是从景观还是生态环境气候调节方面都起到显著的作用（图7-8）。

图7-8　深圳万科中心屋顶绿化

（来源：城市环境设计2013（06）.）

3. 技术策略应用

万科中心在技术方面主要采用了中间技术的混合式气候适应性策略，应用了新型材料技术、智能控制技术等气候适应性创作策略。

1）中间技术的混合式气候适应性策略：万科中心在技术应用策略方面，是高技术和低技术兼而有之，既运用了如斜拉索桥梁建造技术、智能控制遮阳技术等高新技术手段，也采用了大量成熟的低技术策略，如形体设计、内部空间设计、界面设计及生态环境营造等策略。从总体上说，万科中心运用了中间技术的混合式气候适应性策略，通过对不同技术的整合统筹运用，用最小的资源换取最大的效益。

2）新型材料技术应用：大楼采用了大面积玻璃幕墙，幕墙玻璃为双银中空Low-E玻璃，隔热性能较高；不同立面均采用经过特别设计的半通透弧形穿孔铝合金遮阳板；局部建筑表皮还应用了“会呼吸”的半透明强化轻质碳纤维材料；采用挤塑聚苯乙烯泡沫塑料板保温材料。另外，还创造性的应用斜拉索桥梁技术与材料建造地面上的主体建筑，支承离地10～15m的上部4～5层结构，中间跨度50～60m，端部悬臂15～20m，底部形成连续的大空间。

3）智能控制技术应用：外立面设置了电动可调的遮阳系统，水平电动遮阳百叶可以通过室内传感器感知室外太阳方位以及室内的照度，自动调节0°～90°的开启范围，以达到理想的遮阳效果，同时兼顾了室内空间的观景需求，员工们可以在90%的室内空间直接欣赏室外美景。在夏季阳光照射强烈的时候现场测量计算发现，在遮阳板关闭的状态下阳光透射率为 15%，可以减少 70% 的太阳辐射得热量，并能满足 75% 的空间采光需要，无须人工照明。[①]

4. 小结

深圳万科中心由于地处深圳市盐田区大梅沙旅游度假区，自然环境条件非常优越，建筑师充分利用环境资源，主要通过整体大跨度的架空体型策略，确保对周边环境资源的最大化挖掘利用，同时也营造了用地内部优美舒适的开放性生态环境空间。另外，项目也运用了多种形式且有针对性的界面设计及绿化屋面设计，以及桥梁结构技术与智能控制化技术等先进技术，充分考虑了气候应对与建筑造型的双重效果。总的来说，深圳万科中心在气候适应性创作策略的整体应用上偏重于形态空间和生态环境方面的策略应用，无论在艺术创作还是建筑气候适应性方面都获得了极佳的效果。

7.2.2 偏重形式与技术策略的实例——深圳建科大楼

深圳建科大楼位于深圳市福田区北部，是深圳市建筑科学研究院自建的科研办公楼。建筑高 12 层，总建筑面积约 1.8 万 m^2，包括了办公、科研、学术、地下停车及生活辅助设施等多种类的功能空间。

深圳建科大楼作为一座独立的高层办公综合楼，在造型空间设计上，其最显著的特色就是把多种类的功能空间通过立体叠加的方式组合在一起，不同的功能空间分别安排在不同的竖向空间体块中，各个空间体块的平立面及外围护构造都分别根据各自功能性质的需求进行针对性设计，从而形成了丰富独特的建筑形态。项目采用了 40 多项相对成熟的绿色适宜技术，这一系列的技术充分结合独特的建筑功能体块需求，分布在建筑的各个部位中（图 7-9）。

该项目是中国绿色建筑设计评价标识三星级项目、首个获得国家“双百工程”（百项绿色建筑与百项低能耗建筑示范工程）称号的项目、深圳市可再生能源利用城市示范工程，获得广东省注册建筑师第四届优秀建筑创作佳作奖、2010 香港环保建筑奖新建建筑类优异奖。

1. 形态空间策略应用

深圳建科大楼在形态空间方面主要采用了小进深体型、架空体型、水平流动空间、多元混合式表皮界面等气候适应性创作策略。

1）小进深体型：建科大楼上部办公功能体块设计成“凹”字型平面，中间为开放的室外平台。大楼实际上相当于两个小进深体量的并置组合，

---

① 李楠．一座生态建筑的可持续设计策略——解读斯蒂文・霍尔设计的深圳万科中心 [J]. 中国市场，2015（02）．

图 7-9　深圳建科大楼效果图

（来源：深圳建科大楼项目设计文本）

既缩小了平面进深，又增加了通风面，非常有利于自然通风与采光。室内还采用无隔墙的开放式大空间办公室，因此非常容易形成穿堂风（图 7-10）。

2）架空体型：建筑首层为 6m 高的开放的架空绿化门厅，与一片人工绿化湿地结合起来，形成一个环境优美的共享空间。另外，第六层也设置了整层架空的空中花园；标准层平面的中间连接部位也设计了大型的架空室外绿化平台，使整个建筑形成了一个在多层面上均较为通透的架空体型（图 7-10）。

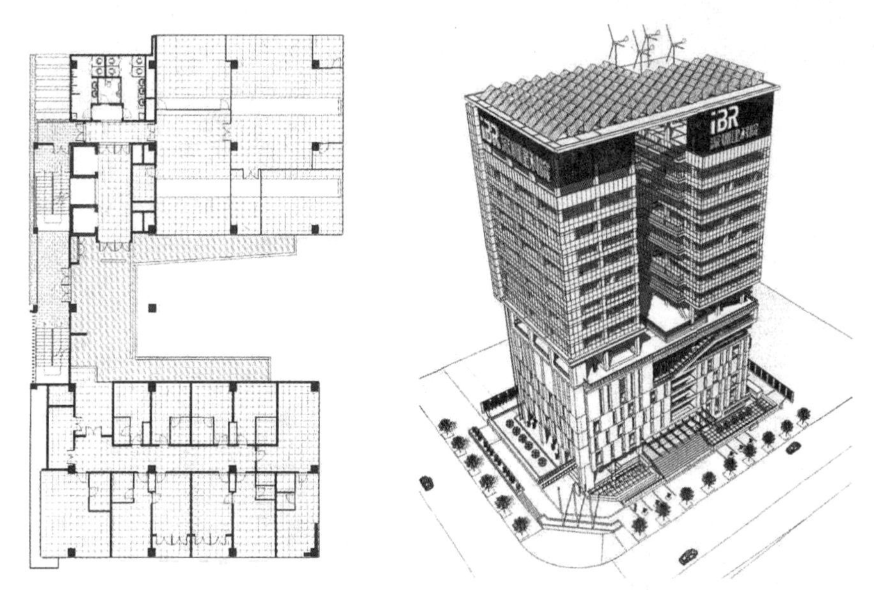

图 7-10　深圳建科大楼标准层平面及体型效果

（来源：张炜，王毅立，唐永政 . 深圳建科大楼绿色生态建筑三维信息化设计 [J]. 建筑创作 2010（03）.）

3）水平流动空间：建科大楼的小进深体型保证了每层空间的水平流动性，在建筑平面上采用了大空间和多通风面设计，使办公空间具有良好的自然穿堂风，实现室内舒适的通风环境。

4）多元混合式表皮界面：深圳建科大楼在外观设计上的最大特色就是其根据功能量身定做的多元混合式"外衣"。整个建筑外表皮从头到脚采取了分段式处理，根据建筑内部使用功能分别设计不同的表皮，从而形成变化丰富的多元混合式表皮界面。其中主要包括了凹凸式遮阳界面、构件式遮阳界面和半通透的表皮式界面：

1～5层是展厅、实验室、会议室等，低区的外墙面使用较为封闭的ASLOC水泥纤维预制墙板，狭窄的开窗内凹500mm，形成凹凸式界面，起到一定的遮阳效果。7～12层多为大开间办公室，东、南、北三个立面主要采用大面积的带型玻璃幕墙，窗墙比达到了70%，为室内争取最多的自然采光、通风和优美的景观，三个方向的立面均设计了遮阳反光板等外遮阳措施，形成了构件式遮阳界面。西立面由半通透的光电幕墙与通风百叶组合而成，形成了半通透的表皮式界面（图7-11）。

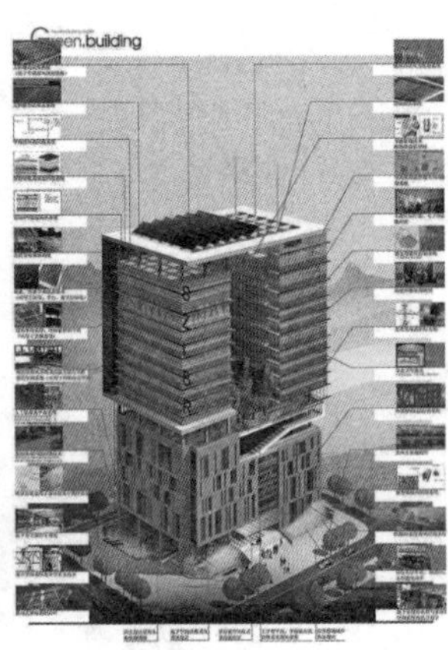

图7-11　深圳建科大楼多元混合式界面

（来源：张炜．夏热冬暖地区绿色示范建筑的实践运营分析——以深圳建科大楼为例[J]．建筑技艺2013（02）．）

2. 生态环境策略应用

深圳建科大楼在生态环境方面主要采用了室外生态环境、架空层生态环境、空中花园生态环境、垂直绿化生态环境等气候适应性创作策略。

立体多层面的生态环境营造：深圳建科大楼的建设用地只有约3000m²，总建筑面积达到1.82万m²。在如此高密度、高容积率的条件下，却努力营造了远远超过3000m²的生态"花园"。其设计策略主要是：建筑基底占地面积只有1500m²，留出一半用地作为一片人工湿地和绿化相结合的室外生态花园；建筑首层设计成 6m 高的完全开放的架空绿化门厅，与室外生态花园连成一个整体，从而使整个地面层形成一个约 3000m^2 的开放性生态花园；建筑第六层整层架空，形成空中花园，其他层也设计了多个大型的架空室外绿化平台；建筑屋顶南北主要区域采用了种植屋面；另外，在大楼的西立面也种植绿色爬藤植物，成为一个垂直的绿化墙面（图 7-12）。

图 7-12　深圳建科大楼立体多层面的生态环境（架空层绿化、空中花园、屋顶花园）

（来源：作者根据相关资料整理）

3. 技术策略应用

深圳建科大楼在技术方面主要采用了中间技术的混合式气候适应性策略、应用新型材料技术、辅助设计技术等气候适应性创作策略。

1）中间技术的混合式气候适应性策略：从设计到建设，建科大楼共采用了 40 多项适宜技术，这一系列技术中既有高新技术，也有成熟的常用技术，其中被动、低成本技术占 68% 左右。深圳建科大楼作为一座自行策划、自主设计、兴建的科研办公楼，在技术策略选择上充分考虑了对技术应用的经济承受能力，因此选择了中间技术路线，以发挥适宜混合技术的优势，在有限的经济投入基础上给使用者带来最大的效益。通过适宜混合技术应用，建科大楼以 4300 元 /m^2 的工程单方造价，达到了国家绿色建筑评价标准三星级和美国 LEED 金级的要求，取得了较为突出的社会效益。

2）新型材料技术应用：主要通过采用多种类的新型材料，形成了量体裁衣式的节能外围护结构，其中主要包括：传热系数 K ≤ 2.6，遮阳系数 SC ≤ 0.40 的中空 Low-E 玻璃铝合金窗；透光比为 20%的深色光电幕墙；挤塑水泥外墙板；加气混凝土砌块外贴铝饰面板的 LBG 复合板外保温墙板。

3）辅助设计技术应用：该项目在设计中应用了 BIM 技术（建筑信息模型 Building Information Modeling），对项目进行了精细化协同设计，并利用计算机对太阳能、通风、采光、噪声、能耗等进行模拟分析、定量验证与优化组合，实现建筑设计从方案推敲阶段便开始与技术模拟的同步化（图 7-13）。

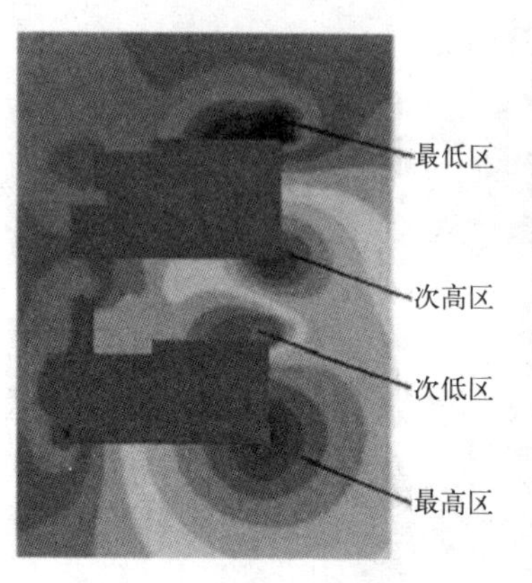

图 7-13　深圳建科大楼通风分析图

（来源：袁小宜，等 . 实践平民化的绿色建筑——深圳建科大楼设计 [J]. 建筑学报，2010（1）.）

4. 小结

深圳建科大楼地处城市中心地带，地形狭小，容积率高，周边环境条件不佳，因此，在气候适应性创作策略的整体应用上主要偏重形态空间与技术方面的策略应用，特别是在绿色节能界面技术应用及计算机辅助设计技术应用方面较为突出，创造了体现功能的分段体块式的独特造型，在建筑气候适应性方面也获得了很好的效果。

7.3　本章小结

建筑是一个有机的整体，建筑设计创作和实施的全过程就是一个整体优化综合的过程，因此，当代岭南建筑气候适应性创作策略必须贯彻整体应用原则，主要包括：提倡整体设计思维、遵循协调发展原则、应用当代适宜技术、注重策略综合运用。这四个原则分别从建筑自身的整体性、建筑与环境的整体性、建筑与社会经济的整体性、建筑系统的整体性四个不同方面表现了系统论“整体观”的核心思想。归根到底，建筑作为一个有机的系统，在创作过程中还是要注重不同策略的整体运用。

提倡整体设计思维，是要把建筑自身的诸多因素作为一个整体进行考虑研究，要避免分离的、片面的设计思维。单纯分析气候与建筑的关联性是不够的，必须把建筑气候适应性问题与建筑艺术创作结合起来，特别是要将形态空间方面的气候适应性策略贯彻到建筑整体创作设计中，才能完整地得到既具有良好的气候适应性功能、又具备鲜明地域艺术特色的优秀建筑作品。

遵循协调发展原则，是必须要注意建筑与环境的协调发展性。要全面综合考虑当地的自然环境特点与人文环境特征，并注意时代发展的需求，让建筑和谐地介入到此时此地的自然环境和人文环境之中，使建筑与环境都得到协调平衡和整体提升，共同形成一个有机的整体。

应用当代适宜技术，是强调多种技术层级的优化整合。既要发掘传统技术的潜力，也要吸收外来新技术的优点，改进和完善现有技术，并根据局部高标准需求，恰当选择当代高新技术手段，在自身有限的社会经济条件下，选择利用经过优化整合的适宜技术，创造出更加舒适的环境空间。

注重策略综合运用，是根据实际需要把不同策略优化组合应用，以产生叠加效应，达到最佳效果。在全球一体化及信息化加剧的大背景下，建筑已经成为一个涉及面更广、程度更深的系统工程。只有综合运用各种策略，才能满足当代社会对建筑的更高要求，并有效保护和利用环境资源，建设更有效率、更加宜人的人居环境。

本章最后以两个实际工程项目为例，结合前几章的策略分类内容进行具体分析，从中可以探究当代岭南建筑气候适应性创作策略整体应用的实际可能性，同时也能够较为直观地看到不同策略组合的实施效果，以期对建筑师的实际创作应用有所帮助。

结 语

行文至此，笔者最后想对本书的主要内容进行简要的总结梳理，分别从研究动机、研究成果、研究感想、研究创新点、研究不足五个方面简要阐述，以便能够更清楚地显示本研究的逻辑思路、内容构架、主要观点、现实意义以及不足之处。

一、研究动机

面对当代岭南建筑三个“片面化”问题，寻求“整体”解决的设计策略。

本研究缘自对当代背景下三个岭南建筑相关现象的思考：一是在全球一体化和地域性博弈背景下，当代岭南建筑存在地域特色相对缺失现象；二是在环境危机和提倡可持续发展理念背景下，当代岭南建筑气候适应性设计存在片面化现象；三是在科技跨越式发展和建筑多元化背景下，当代岭南建筑创作存在非理性化现象。片面孤立的建筑气候适应性设计完全依赖空调设备解决气候问题，漠视岭南自然气候特征对建筑的基本要求；非理性建筑创作盲目照搬照抄西方现代建筑的文化、美学符号与建筑形式，漠视岭南地域自然与文化特征对建筑的基本要求；因此，两者都导致了当代岭南建筑地域特色的相对缺失。另一方面，固化的、片面的把传统岭南建筑气候适应性策略直接应用于当代建筑，或者把传统岭南建筑特征符号直接应用于当代建筑创作，两者都无法完全满足当代建筑已经发展变化的新需要，或转而又回到依赖设备和照搬西方的老路，这也同样导致了当代岭南建筑特色的相对缺失。

笔者认为，以上三个问题产生的主要原因都是由于在设计中采用了片面、孤立化的思维与策略方法。建筑是一个在特定的社会背景下，综合了自然环境、社会文化、经济技术等多方面因素的复杂的人工物质系统。因此，对建筑设计的研究需要整体思维及相应的系统科学方法，从综合性、复杂性和动态演化的多方位、多角度对其进行研究。无论是岭南建筑气候适应性问题还是建筑创作问题，都需要以系统的思维进行整体分析与设计处理。本书主要以系统论的整体观核心思想为指导，把气候适应性问题与建筑创作相结合，探索一条在全面兼顾多种因素的基础上、侧重从气候的技术性问题切入的、重塑岭南建筑地域特色的理性创作之路。

二、研究成果

1. 岭南建筑气候适应性的整体协调发展观

本书从建筑气候适应性的狭义概念与广义概念两方面对岭南建筑气候适应性进行整体全面分析。狭义的气候适应性是指建筑适应外界自然气候环境的能力，目的是为建筑内部的人类提供安全与舒适的室内环境。在狭义方面，本书主要利用建筑气候学的相关知识原理对岭南气候要素进行深入分析，总结得出岭南气候的基本特征及其对岭南建筑的基本要求。广义的建筑气候适应性不单单是解决人类安全与舒适度的问题，它还涉及气候与建筑的辩证关系，涉及建筑应对气候的思维方式的演变。在广义方面，本书主要对不同历史时期的岭南建筑气候适应性策略发展进行了深入对比分析。

通过研究发现，岭南建筑气候适应性是岭南自然气候对建筑的基本要求，也是岭南建筑地域特色的重要体现。虽然岭南气候是相对稳定的，但是岭南建筑气候适应性却表现为一个多因素影响下不断变化的动态发展过程。首先，由于自然气候要素的相对稳定性，岭南气候对岭南建筑的基本要求是不会变化的。通过利用建筑气候学的相关知识原理对岭南气候要素进行分析，可以得出岭南气候对岭南建筑的“遮阳隔热”“通风散热”“环境降温”等基本要求，这些基本要求是研究岭南建筑气候适应性的基础。其次，岭南建筑气候适应性也呈现出一个不断变化的动态发展过程。通过对不同历史时期岭南建筑气候适应性策略发展的对比分析可以得出，由于自然、文化和技术等因素的共同影响，不同时期的岭南建筑通过“完全开放”“外封闭内开放”“选择性开放”等不同的气候适应性策略来应对气候，在总体上均满足了岭南气候的基本要求，同时，不同的策略也使不同时期的建筑表现出多样化的外在形式特征。

岭南建筑气候适应性的发展历史充分证明，岭南地区的自然环境、社会文化与技术材料等因素总是共同影响甚至制约着岭南建筑气候适应性策略的形成、选择和运用，这些因素相互作用、相互协调，构成一个整体，共同影响岭南建筑气候适应性的发展。本书把岭南建筑气候适应性的这种内在的整体协调发展特性称之为岭南建筑气候适应性的整体协调发展观，它主要表现在三个方面：自然因素的整体性，文化因素的协调性，技术因素的适宜性。

岭南建筑气候适应性的整体观表明，岭南建筑气候适应性问题本质上不是一个固化的建筑形式问题，而是一个受到多种因素影响下的动态发展的应对策略问题。面对当下已经剧烈变化的自然环境、社会文化、经济技术以及人们的观念等复杂因素，岭南建筑气候适应性的整体协调发展观成为研究当代岭南建筑气候适应性策略发展的重要理论依据。

2. 当代岭南建筑气候适应性创作策略

本书以系统论的整体观核心思想为指导，从岭南建筑气候适应性整体观以及建筑创作整体观的角度出发，把气候适应性问题与建筑创作相结合，从必要性、理论依据、实践基础、影响因素和策略构成等几个方面，对当代岭南建筑气候适应性创作策略进行了理论探索，并在此基础上结合丰富的建筑创作实例，对当代岭南建筑气候适应性创作策略进行了详细的分类分析研究，最后总结归纳了这些策略的整体应用原则。

1）理论探索

从岭南建筑气候适应性整体观分析，在当前全球一体化深入发展以及信息技术普遍应用的大背景下，影响建筑气候适应性的自然因素、文化因素与技术因素都越趋复杂，从而使岭南建筑的气候应对问题变得更加复杂，单一的技术性应对并不能全面解决当下的问题；从建筑创作整体观分析，当代岭南建筑存在片面的非理性创作倾向，这里面既有客观原因也有主观原因，其中理性方法论缺失是最为重要的原因，也是建筑师自身最有可能努力改变的方面。因此，有必要把气候适应性问题与建筑创作策略相结合，探索一条在全面兼顾多种因素的基础上、侧重从气候的技术性问题切入的、重塑岭南建筑地域特色的理性创作之路。

当代岭南建筑气候适应性创作研究具有两个坚实的指导思想和理论基础：系统论和"两观三性"理论，其核心思想是系统的"整体"观念。当代岭南建筑气候适应性创作研究具有三个积累了丰富经验的实践基础：以形态空间为主导的实践、以环境融合为主导的实践，以及以技术支撑为主导的实践。国外现代建筑大师和岭南现代建筑大师的相关实践都蕴含了许多成功经验与方法启示。当代岭南建筑气候适应性创作策略包括了多样性的总体策略和符合时代要求的局部策略，其中局部策略主要可以分为形态空间策略、生态环境策略和技术策略。

2）策略分析

被动式建筑气候适应性策略主要通过建筑的形态空间设计来达到适应地域气候的目的，建筑形态空间也是建筑创作的主要对象，因此，形态空间策略是当代岭南建筑气候适应性创作策略最重要的内容。当代岭南建筑气候适应性创作的形态空间策略主要分为建筑群体布局、建筑体型、建筑空间和建筑界面四个方面。它们分别受到了当代建筑城市化与高层化、风格多元化与新技术、大型化与复合化、审美观念与新材料的影响。这四个方面的策略又可以进一步细分为多种类别的具体策略。这些不同类别的形态空间策略从不同方面、不同程度综合解决了岭南建筑气候适应性的遮阳隔热与通风散热问题，同时也反映了当代建筑形式的设计与审美趋向。

建筑生态环境具有环境降温作用，自古以来都是岭南建筑气候适应性的重要策略，在当今大力提倡可持续发展理念的背景下，生态环境营造更加成为建筑创作的重要内容。当代岭南建筑气候适应性创作的生态环境策略主要分为建筑外部生态环境、建筑地面生态环境、建筑立体生态环境三个方面的策略。在多元设计倾向和现代技术的支撑下，生态环境营造也呈现多样化的发展趋势，立体空间化的建筑生态绿化设计逐渐得到大力推广应用。

技术的跨越式发展是时代的重要特征，当代高新技术与材料为建筑创作以及解决建筑气候问题提供了更多的空间和可能，同时也要注意技术的双刃作用。当代岭南建筑气候适应性创作的技术策略可以分为总体技术策略和具体技术应用两方面。总体技术策略可以分为低技术的被动式、高技术的主动式、中间技术的混合式三种策略。具体技术应用主要涉及新型材料技术应用、智能控制技术应用和辅助设计技术应用三个方面。

3）应用原则

建筑是一个有机的整体，建筑设计创作和实施的全过程就是一个整体优化综合的过程，因此，当代岭南建筑气候适应性创作策略必须贯彻整体应用原则，主要包括：提倡整体设计思维、遵循协调发展原则、应用当代适宜技术、注重策略综合运用。这四个原则分别从建筑自身的整体性、建筑与环境的整体性、建筑与社会经济的整体性、建筑系统的整体性四个不同方面表现了系统论“整体观”的核心思想。归根到底，建筑作为一个有机的整体，在创作过程中还是要注重不同策略的整体运用。

三、研究感想

1. 岭南建筑气候适应性不是单纯的技术问题

建筑气候适应性不仅仅是解决人类安全与舒适度的问题，它还涉及气候与建筑的辩证关系，以及文化与思维方式的演变。岭南建筑气候适应性的发展历史表现为一个多因素影响下不断变化的动态发展过程，不同时期的自然环境、社会文化与技术材料等因素总是共同影响甚至制约着岭南建筑气候适应性策略的形成、选择和运用。因此，单一的技术性应对并不能全面反映建筑气候适应性的整体含义。由于岭南宏观气候的相对稳定性，把建筑气候适应性单纯理解为对气候的技术应对会导致片面、固化的设计思维，使建筑跟不上时代发展的要求。另一方面，单纯通过依靠技术设备来解决气候问题，不但不符合可持续发展理念与低碳节能的环境保护要求，同时也会把气候应对问题与建筑设计分离开来，使建筑丧失对地域环境的反映，从而导致岭南建筑地域特色的缺失。所以，建筑师在设计创作中要坚持岭南建筑气候适应性的整体协调发展观，从更整体、更全面的角度看待岭南建筑的气候适应性问题。

2. 岭南建筑气候适应性要与建筑创作紧密结合

把建筑气候适应性与建筑创作紧密结合的设计策略，符合系统论的整体观核心思想的要求，符合“两观三性”建筑创作理论要求，也符合岭南建筑气候适应性的整体协调发展观要求。它既是对岭南现代建筑理性创作传统精神的继承，也是在当下剧烈变化的复杂环境下综合解决建筑创作现实问题的需要。当代岭南建筑气候适应性创作策略的运用，有利于整体全面地面对当前日渐复杂的建筑系统问题，既保证了完整反映建筑气候适应性的需求，同时也有利于加强建筑创作的技术理性思维，突显当代岭南建筑的地域特色。

3. 岭南建筑气候适应性创作应更注重策略性的考虑

在当前全球一体化深入发展以及信息技术普遍应用的大背景下，世界上多元的文化与技术更加快速深入地传播、交流与融合，当代岭南在自然环境、社会文化、经济技术以及人们的观念方面都发生了剧烈的变化，从而使建筑设计问题变得更加复杂。对于建筑师来说，面对错综复杂的问题，更应注重整体策略上的选择考虑，以便把握好正确的方向。当代数字信息技术的发展应用使建筑师可以借助数字模拟技术将各种设计策略更直观地展示出来，这也促使建筑师的建筑创作更趋于策略性的考虑。不同策略的效果可以进行更客观理性的对比评价。同时，数字信息技术能够帮助完成繁杂的建筑气候适应性量化计算与论证工作，使建筑师可以解放出来，专注于建筑气候适应性创作策略的运用，从而创作出形式多样并精确满足气候适应性要求的建筑作品。

四、研究创新点

1. 系统、整体、动态的建筑气候适应性研究思路与方法

引入系统论整体观核心思想审视和研究岭南建筑气候适应性问题，突破片面的、着重从人体舒适度和安全性的纯技术性角度的研究思路，以及综合性、复杂性和动态演化的角度对其进行研究，以尽量还原建筑气候适应性的整体含义，更好地应对当代愈加复杂的自然、社会与经济环境需求。

2. 首次提出了“岭南建筑气候适应性整体观”概念

通过对岭南气候特征、岭南建筑气候适应性的基本要求以及不同历史时期岭南建筑气候适应性策略发展的系统论述与深入对比分析，创造性地总结提出了“岭南建筑气候适应性整体观”概念，并具体分析了其应该整体考虑的相关影响因素。

3. 初步构建了当代岭南建筑气候适应性创作策略理论与方法

以“岭南建筑气候适应性整体观”为基点，在系统论整体观核心思想

指导下，把建筑气候适应性与建筑创作相结合，从必要性、理论基础、实践经验、影响因素和策略构成等方面探索研究，初步构建了当代岭南建筑气候适应性创作策略理论及研究构架；并通过对大量创作实践案例的详细分析解读，分类梳理和归纳出较为系统的当代岭南建筑气候适应性创作策略，为建筑师的创作实践提供了可操作性较强的理性创作策略方法及其整体应用原则。

五、研究不足

1. 量化论证支撑研究有所欠缺

由于本书主要侧重于指导执业建筑师创作实践的设计策略研究，再加上笔者作为一名建筑师，知识水平所限，因此，在建筑气候适应性的量化分析与论证研究方面是有所欠缺的。但是，好在当代数字信息技术的发展已经使建筑创作更趋于策略上的考虑，建筑创作作为一个由理念到空间形式的理性思维过程，建筑师掌握建筑气候设计的基本原理和策略方法，并在最初的方案阶段用以指导设计是最为关键的一步。而在后续的深化设计中，则可借助其他专业技术工程师的协助或计算机模拟与辅助设计技术，进行进一步的深化和调整修正。

2. 对案例研究的广度与深度存在不足

本书在岭南建筑气候适应性创作策略的分类研究中主要采用了案例分析的方法，大量的实际案例主要以近 20 年来发生在广州、深圳等地区的项目为主，虽然进行了初步的分类与系统梳理分析，但相对于岭南这个广阔的地域范围以及实际案例的问题复杂程度，本书在案例研究的广度与深度方面仍然是存在不足的。由于篇幅与能力所限，主要目的还是抛砖引玉，有待今后能够作进一步的深入研究。

参考文献

一、参考出版书籍

[1] 吴良镛 . 人居环境科学导论 [M]. 北京：中国建筑工业出版社，2002.

[2] 吴良镛 . 国际建协《北京宪章》——建筑学的未来 [M]. 北京：清华大学出版社，2002.

[3] 魏宏森，曾国屏 . 系统论——系统科学哲学 [M]. 北京:清华大学出版社，1995.

[4] 杨柳 . 建筑气候学 [M]. 北京：中国建筑工业出版社，2010.

[5] 刘加平，谭良斌，何泉 . 建筑创作中的节能设计 [M]. 北京：中国建筑工业出版社，2009.

[6] 华南工学院亚热带建筑研究室 . 建设防热设计 [M]. 北京：中国建筑工业出版社，1978.

[7] 华南理工大学 . 建筑物理 [M]. 广州：华南理工大学出版社，1988.

[8] 曹劲 . 先秦两汉岭南建筑研究 [M]. 北京：科学出版社，2009.

[9] 中国气象局气象信息中心 . 中国建筑热环境分析专用气象数据集 [M]. 北京：中国建筑工业出版社，2005.

[10] 荆其敏 . 中国传统民居 [M]. 天津：天津大学出版社，1999.

[11] 编委会 . 中国著名建筑师——林克明 [M]. 北京：科学普及出版社，1991.

[12] 曾昭奋 . 莫伯治集 [M]. 广州：华南理工大学出版社，1994.

[13]《当代中国建筑师》丛书编委会 . 当代中国建筑师——何镜堂 [M]. 北京：中国建筑工业出版社，2000.

[14] 华南理工大学建筑设计研究院 . 何镜堂建筑创作 [M]. 广州：华南理工大学出版社，2011.

[15] 陆元鼎，魏彦钧 . 广东民居 [M] . 北京：中国建筑工业出版社，1990.

[16] 陆元鼎 . 岭南人文 · 性格 · 建筑 [M]. 北京：中国建筑工业出版社，2005

[17] 林其标 . 亚热带建筑——气候 · 环境 · 建筑 [M]. 广州：广东科学技术出版社，1997

[18] 林兆璋 . 林兆璋建筑创作手稿 [M]. 北京：国际文化出版公司，1997

[19] 吴庆洲 . 广州建筑 [M]. 广州：广东省地图出版社，2000

[20] 汤国华 . 岭南湿热气候与传统建筑 [M]. 北京：中国建筑工业出版社，2005.
[21] 彭长歆 . 现代性 · 地方性——岭南城市与建筑的近代转型 [M]. 上海：同济大学出版社，2012.
[22] 李华东 . 高技术生态建筑 [M]. 天津：天津大学出版社，2002.
[23] 刘先觉 . 现代建筑理论 [M]. 北京：中国建筑工业出版社，1999.
[24] 吴向阳 . 杨经文 [M]. 北京：中国建筑工业出版社，2007.
[25] 汪芳 . 查尔斯 · 柯里亚 [M]. 北京：中国建筑工业出版社，2003.
[26] 邵松 . 岭南意匠——广东省优秀建筑创作奖（2012）[M]. 广州：华南理工大学出版社，2012.
[27] 周铁军，王雪松 . 高技术建筑 [M]. 北京：中国建筑工业出版社，2009.
[28] 林基深 . 广州地区高层建筑现状及其火灾预防工作 [M]// 广东省消防协会 . 2012 年广东省高层建筑消防安全管理高峰论坛论文选 . 北京：当代中国出版社，2012.
[29] 房智勇 . 建筑节能技术 [M]. 北京：中国建材工业出版社，1999.
[30] 李保峰，李刚 . 建筑表皮：夏热冬冷地区建筑表皮设计研究 [M]. 北京：中国建筑工业出版社，2010.
[31] 陈晓扬，等 . 建筑设计与自然通风 [M]. 北京：中国电力出版社，2012.
[32] 中华人民共和国建设部 . 建筑气候区划标准 GB 50178—93[S]. 北京：中国计划出版社，1994.
[33] 中华人民共和国建设部 . 民用建筑热工设计规范 GB 50176—93[S]. 北京：中国计划出版社，1993.
[34]（法）勒 · 柯布西耶 . 走向新建筑 [M]. 陈志华，译 . 天津：天津科学技术出版社，1998.
[35]（法）勒 · 柯布西耶 . 明日之城市 [M]. 李浩，译 . 北京：中国建筑工业出版社，2009.
[36]（法）马克斯 · 比尔 . 勒 · 柯布西耶全集：第三卷 [M]. 北京：中国建筑工业出版社，2005.
[37]（美）阿尔温德 · 克里尚，等 . 建筑节能设计手册——气候与建筑 [M]. 刘加平，等译 . 北京：中国建筑工业出版社，2005.
[38]（美）诺伯利 · 莱希纳 . 建筑师技术设计指南 [M]. 张利，等译 . 北京：中国建筑工业出版社，2004.
[39]（美）巴鲁克 · 吉沃尼 . 建筑设计和城市设计中的气候因素 [M]. 北京：中国建筑工业出版社，2011.
[40]（美）克里斯 · 亚伯 . 建筑 · 技术与方法 [M]. 项琳斐，项瑾斐，译 . 北京：中国建筑工业出版社，2009.

[41]（美）马克·德凯，等. 太阳辐射·风·自然光：建筑设计策略 [M]. 常志刚，等译. 北京：中国建筑工业出版社，2009.
[42]（英）埃比尼泽·霍华德. 明日的田园城市 [M]. 北京：商务印书馆，2002.
[43]（英）诺曼·福斯特. 诺曼·福斯特 [M]. 林箐，译. 北京：中国建筑工业出版社，1999.
[44]（英）彼得·F·史密斯. 适应气候变化的建筑——可持续设计指南 [M]. 北京：中国建筑工业出版社，2009.
[45]（英）舒马赫. 小的是美好的 [M]. 李华夏，译. 北京：译林出版社，2007.
[46]（日）原广司. 世界聚落的启示 100[M]. 北京：中国建筑工业出版社，2003.
[47]（意）布鲁诺·赛维. 现代建筑语言 [M]，席云平，译. 北京：中国建筑工业出版社，2005.
[48]（意）萨玛. 勒·柯布西耶 [M]. 王宝泉，译. 大连：大连理工大学出版社，2011.

二、参考期刊文章

[1] 夏昌世. 亚热带建筑的降温问题——遮阳、隔热、通风 [J]. 建筑学报，1958（10）.
[2] 何镜堂. 建筑创作要体现地域性、文化性、时代性 [J]. 建筑学报，1996(03).
[3] 何镜堂. 建筑创作与建筑师素养 [J]. 建筑学报，2002（09）.
[4] 何镜堂，王扬. 当代岭南建筑创作探索 [J]. 华南理工大学学报（自然科学版），2003（7）.
[5] 何镜堂. 基于“两观三性”的建筑创作理论与实践 [J]. 华南理工大学学报（自然科学版），2012，11（10）.
[6] 何镜堂，等. 一组岭南历史建筑的更新改造——何镜堂建筑创作工作室设计思考 [J]. 建筑学报，2012（08）.
[7] 倪阳，何镜堂. 环境·人文·建筑——华南理工大学逸夫人文馆设计 [J]. 建筑学报，2004（05）.
[8] 朱光亚. 直面制约建筑创作的深层课题《当代中国建筑设计现状与发展研究》报告介绍 [J]. 时代建筑，2013（07）.
[9] 章明，张姿. 当代中国建筑的文化价值认同分析（1978-2008）[J]. 时代建筑，2009（03）.
[10] 梅洪元，张向宁，朱莹. 回归当代中国地域建筑创作的本原 [J]. 建筑学报，2010（11）.

[11] 蔡守秋 . 论“人与自然和谐共处”的思想 [J]. 环境导报，1999（02）.
[12] 王路 . 人・建筑・自然 [J]. 建筑学报，1998（05）.
[13] 关滨蓉，马国馨 . 建筑设计和风环境 [J]. 建筑学报，1995（11）.
[14] 肖大威，胡珊 . 试论岭南建筑中的绿文化 [J]. 华南理工大学学报（自然科学版），2002（10）.
[15] 陈昌勇，肖大威 . 以岭南为起点探析国内地域建筑实践新动向 [J]. 建筑学报，2010（02）.
[16] 陶郅，倪阳 . 广州国际会议展览中心建筑设计 [J]. 建筑学报，2003（07）.
[17] 覃力 . 深圳大学师范学院教学实验楼 [J]. 城市・环境・设计，2012（05）.
[18] 袁磊，覃力 . 结合气候的生态设计——以深圳大学师范学院教学实验综合楼为例 [J]. 新建筑，2011（03）.
[19] 孟庆林，蔡宁 . 关于城市气候资源研究 [J]. 城市环境与城市生态，1998，11（1）.
[20] 孟庆林，张磊 . 广州西塔超高层玻璃幕墙选型的节能评价 [J]. 暖通空调，2006，36（11）.
[21] 孟庆林 . 超高层建筑要重视节能设计 [J]. 广东建设报，2006-6-2.
[22] 张磊，孟庆林 . 华南理工大学人文馆屋顶空间遮阳设计 [J]. 建筑学报，2004（08）.
[23] 张磊，孟庆林 . 广州地区屋顶遮阳构造尺寸对遮阳效果的影响 [J]. 绿色建筑与建筑物理——第九届全国建筑物理学术会议论文集（二），2004.
[24] 杨小山，赵立华，孟庆林 . 广州亚运城居住建筑节能 65% 设计方案分析 [J]. 建筑科学，2009，25（2）.
[25] 王珍吾，高云飞，孟庆林 . 建筑群布局与自然通风关系的研究 [J]. 建筑科学，2007，23（6）.
[26] 陈卓伦，赵立华，孟庆林 . 广州典型住宅小区微气候实测与分析 [J]. 建筑学报，2008（11）.
[27] 蔡德道 . 两座旧住宅的推断复原 [J]. 南方建筑，2010（03）.
[28] 汤国华 .“夏氏遮阳”与岭南建筑防热 [J]. 新建筑，2005（06）.
[29] 肖毅强 . 岭南现代建筑创作的“现代性”思考 [J]. 新建筑，2008（05）.
[30] 肖毅强 . 关于低碳时代建筑空间形态设计的思考 [J]. 南方建筑，2011（01）.
[31] 肖毅强，王静，林瀚坤 . 基于节能策略的建筑空间设计思考 [J]. 华中建筑，2010（06）.
[32] 齐百慧，肖毅强，赵立华 . 夏昌世作品的遮阳技术分析 [J]. 南方建筑，2010（02）.

[33] 曾志辉，陆琦．广州竹筒屋室内通风实测研究 [J]. 建筑学报，2010 年学术论文专刊．
[34] 彭长歆．地域主义与现实主义：夏昌世的现代建筑构想 [J]. 南方建筑，2010（02）．
[35] 庄少庞．架空底层的主题转换与原义再现 [J]. 华中建筑，2011（09）．
[36] 庄少庞．三位岭南建筑师思想策略的异同解读 [J]. 华中建筑，2011（10）.
[37] 李婉华．把植物种到建筑上去 [J]. 绿色家园，2004（09）．
[38] 陈杰，梁耀昌，黄国庆．岭南建筑与绿色建筑——基于气候适应性的岭南建筑生态绿色本质 [J]. 南方建筑，2013（03）．
[39] 江刚，许滢．掀开历史的珠帘——广东省博物馆新馆设计 [J]. 建筑学报，2010（08）．
[40] 冯路．表皮的历史视野 [J]. 建筑师，2004（08）．
[41] 孙喆．谈全球化环境下的气候适应性建筑 [J]. 南方建筑，2004（03）．
[42] 钟波涛．数字建构：建筑设计手段的更新与变革 [J]. 华中建筑，2012(02).
[43] 林京．杨经文及其生物气候学在高层建筑中的运用 [J]. 世界建筑，1996（04）．
[44] 黄惠菁，马震聪．珠江城项目绿色节能技术的应用 [J]. 建筑创作，2010（12）．
[45] 隋杰礼，王少伶，高钰琛．走向模糊界面的建筑形态 [J]. 四川建筑科学研究，2008（08）．
[46] 朱建平．一个绿色巨构——深圳万科中心 [J]. 建筑创作，2011（01）．
[47] 李虎，傅学怡．水平的摩天楼——深圳万科中心 [J]. 建筑技艺，2012(05).
[48] 王骏阳．都会田园中的建筑悬浮评斯蒂文·霍尔的深圳万科中心 [J]. 时代建筑，2010（04）．
[49] 费双，魏春雨．建筑界面的绿色营造 [J]. 中外建筑，2012（02）．
[50] 袁小宜，叶青，刘宗源．实践平民化的绿色建筑——深圳建科大楼设计 [J]. 建筑学报，2010（01）．
[51] 张炜．夏热冬暖地区绿色示范建筑的实践运营分析——以深圳建科大楼为例 [J]. 建筑技艺，2013（02）．
[52] 张炜，周筱然，彭佳冰．高校理工科高层综合实验楼绿色建筑设计策略——清华大学深研院创新基地项目绿色设计 [J]. 建筑技艺，2013(02).
[53] 谭峥．数字化的意匠——数字化设计与造型的认知学反思 [J]. 建筑学报，2009（11）．
[54] 尚晓茜，霍博．技术之巅的生态表达——诺曼·福斯特建筑创作新趋势 [J]. 华中建筑，2006（01）．
[55] 李延钊，林超楠．基于 BIM 技术的绿色建筑设计方法——以南宁市城

市规划展示馆为例 [J]. 暖通空调，2012.
[56] 广州市城乡建设委员会 . 面向未来的低碳建筑——广州市建筑节能与绿色建筑示范案例，2011.
[57] 唐孝祥，郭谦 . 岭南建筑的技术个性与创作哲理 [J]. 华南理工大学学报（社会科学版），2002（09）.
[58] 秦佑国，李保峰 ."生态"不是漂亮话 [J]. 新建筑，2003（02）.
[59] 庄少庞 . 底层架空主题转换与原义再现——以广州为例 [J]. 华中建筑，2011（09）.
[60] 彭怒 . 多元化的总体趋势与新的主体文化的可能——战后西方建筑思潮的演变 [J]. 时代建筑，1999（12）.
[61] 杨经文，单军 . 绿色摩天楼的设计与规划 [J]. 世界建筑，1999（02）.
[62] 李楠 . 一座生态建筑的可持续设计策略——解读斯蒂文 · 霍尔设计的深圳万科中心 [J]. 中国市场，2015（09）.
[63] 何镜堂，王世福，费彦 . 地域化的城市设计方法初探——以广州国际金融城方案为例 [J]. 南方建筑，2012（08）.
[64] 邱文明，孙清军 . 热带气候影响下的建筑形态研究 [J]. 华中建筑，2007（01）.
[65] 麦华 . 现代岭南建筑气候适应性策略探析 [J]. 华中建筑，2015（06）.
[66] 黄惠菁，马震聪，李继路 . 绿色节能建筑技术在亚热带地区超高层建筑中的应用 [J]. 建筑学报，2009（09）.
[67] 郭建昌 . 广州发展中心大厦智能遮阳系统设计 [J]. 华中建筑,2011(01).

三、参考学位论文

[1] 燕果 . 珠江三角洲建筑二十年（1979-1999）[D]. 广州：华南理工大学，2000.
[2] 林冲 . 骑楼型街屋的发展与形态的研究 [D]. 广州：华南理工大学，2000.
[3] 汤国华 . 岭南传统建筑适应湿热气候的经验和理论 [D]. 广州：华南理工大学，2002.
[4] 王扬 . 当代岭南建筑创作趋势研究：模式分析与适应性设计探索 [D]. 广州：华南理工大学，2003.
[5] 曾志辉 . 广府传统民居通风方法及其现代建筑应用 [D]. 广州：华南理工大学，2010.
[6] 夏桂平 . 基于现代性理念的岭南建筑适应性研究 [D]. 广州：华南理工大学，2010.
[7] 卢峰 . 重庆地区建筑创作的地域性研究 [D]. 重庆：重庆大学，2004.
[8] 陈飞 . 建筑与气候——夏热冬冷地区建筑风环境研究 [D]. 上海：同济大

学，2007.
[9] 赵红斌 . 典型建筑创作过程模式归纳及改进研究 [D]. 西安：西安建筑科技大学，2010.
[10] 李飞 . 多孔金属表皮在湿热地区建筑中的适应性设计研究 [D]. 广州：华南理工大学，2012.
[11] 李强 . 结合湿热气候的建筑形体设计 [D]. 重庆：重庆大学，2004.
[12] 左力 . 适应气候的建筑设计策略及方法研究 [D]. 重庆：重庆大学，2007.
[13] 秦媛媛 . 数字技术辅助建筑气候适应性设计方法初探——以夏热冬冷地区为例 [D]. 重庆：重庆大学，2011.
[14] 尹楠 . 基于生态准则的高层建筑设计方法研究 [D]. 天津：天津大学，2009.
[15] 上官安星 . 玻璃节能技术在建筑设计中的研究及应用 [D]. 天津：天津大学，2009.
[16] 付卓群 . 垂直花园绿色景观设计初探 [D]. 北京：中国林业科学研究院，2013.
[17] 杨柳 . 建筑气候分析与设计策略研究 [D]. 西安：西安建筑科技大学，2003.
[18] 刁建新 . 文化传承与多元化建筑创作研究 [D]. 天津：天津大学，2010.
[19] 王国光 . 基于环境整体观的现代建筑创作思想研究 [D]. 广州：华南理工大学，2013.
[20] 李晋 . 湿热地区体育馆与风压通风的协同机制及设计策略研究 [D]. 广州：华南理工大学，2011.
[21] 李愉 . 应对气候的建筑设计 [D]. 重庆：重庆大学，2006.

四、参考网络资料

[1] 广东省气象局官方网站 www.grmc.gov.cn
[2] 百度图片 http：//image.baidu.com
[3] 中国南玻集团股份有限公司官方网站 http：//www.csgholding.com
[4] 上海耀皮玻璃集团股份有限公司官方网站 http：//www.sypglass.com
[5] 广东创明遮阳科技有限公司官方网站 http：//www.wintom.net
[6] 杨鸿智，系统论的综合介绍，新浪博客，http：//blog.sina.com.cn/s/blog_43b0f4b301018mfb.html

致 谢

搁笔回望，寒来暑往，时光如梭，多年艰辛的学习探究历程终于可以告一段落，其中的种种，非言语所能尽述，其中的收获，将让我受益终身。

衷心感谢恩师何镜堂院士对我的悉心教导和关爱！正是先生持续不断给予我的指导和鼓励，才使我能够一步一步克服困难与艰辛，最终完成本书。先生为人宽厚、学识渊博、洞察敏锐、敬业进取，闪耀的人格魅力让我常有感悟，时刻激励我迎难而上，在各个方面更加努力奋进！这是我跟随先生学习多年的最大收获。同时，也衷心感谢师母李绮霞老师一直以来对我的关爱与鼓励。

感谢吴庆洲教授、吴硕贤院士、孟建民院士、肖大威教授、郭明卓大师、郭卫宏教授、冒亚龙教授等专家学者在各个阶段对本书的悉心指导与评阅，他们敏锐、精辟、独到的宝贵意见让本书得以更加完善。

感谢华南理工大学建筑学院许多老师与同学给予我的大力帮助。感谢同窗刘立欣博士、刘利雄博士、刘卫博士、朱雪梅博士；感谢邵松师兄、王国光教授、王扬教授、夏桂平博士、邱建发博士、吴中平博士、苏朝浩博士、产斯友博士。他们为我提供了许多宝贵的资料，对本书的写作给予了许多重要的帮助、建议与鼓励。

最后感谢我挚爱的家人对我的无私关爱与支持。感谢我的妻子李一，正是她对我的宽容、理解与默默奉献，使我得以在困难中坚持不懈，最终完成学业。

谨以此书献给我最深爱的父母，你们是我所有一切的源泉！

麦 华

2018 年 6 月 6 日